千華數位文化
Chien Hua Learning Resources Network

U0165303

考前充分準備　臨場沉穩作答

千華公職資訊網
http://www.chienhua.com.tw
每日即時考情資訊　網路書店購書不出門

千華公職證照粉絲團 f
https://www.facebook.com/chienhuafan
優惠活動搶先曝光

千華 Line@ 專人諮詢服務

☑ 有疑問想要諮詢嗎？
歡迎加入千華 LINE @！

☑ 無論是考試日期、教材推薦、
勘誤問題等，都能得到滿意的服務。

☑ 我們提供專人諮詢互動，
更能時時掌握考訊及優惠活動！

108課綱

升科大／四技二專

專業科目 ▶ 機械群

機件原理
1.機件原理、2.螺旋、3.螺紋結件、4.鍵與銷、5.彈簧、6.軸承及連接裝置、7.帶輪、8.鏈輪、9.摩擦輪、10.齒輪、11.輪系、12.制動器、13.凸輪、14.連桿機構、15.起重滑車、16.間歇運動機構

機械力學
1.力的特性與認識、2.平面力系、3.重心、4.摩擦、5.直線運動、6.曲線運動、7.動力學基本定律及應用、8.功與能、9.張力與壓力、10.剪力、11.平面的性質、12.樑之應力、13.軸的強度與應力

機械製造
1.機械製造的演進、2.材料與加工、3.鑄造、4.塑性加工、5.銲接、6.表面處理、7.量測與品管、8.切削加工、9.工作機械、10.螺紋與齒輪製造、11.非傳統加工、12.電腦輔助製造

機械基礎實習
1.基本工具、量具使用、2.銼削操作、3.劃線與鋸切操作、4.鑽孔、鉸孔與攻螺紋操作、5.車床基本操作、6.外徑車刀的使用、7.端面與外徑車削操作、8.外徑階級車削操作、9.鑄造設備之使用、10.整體模型之鑄模製作、11.分型模型之鑄模製作、12.電銲設備之使用、13.電銲之基本工作法操作、14.電銲之對接操作

機械製圖實習
1.工程圖認識、2.製圖設備與用具、3.線條與字法、4.應用幾何畫法、5.正投影識圖與製圖、6.尺度標註與註解、7.剖視圖識圖與製圖、8.習用畫法、9.基本工作圖

～以上資訊僅供參考，請參閱正式簡章公告為準！～

千華數位文化股份有限公司
新北市中和區中山路三段136巷10弄17號
TEL: 02-22289070　FAX: 02-22289076

英文 完全攻略 4G021122

依108課綱宗旨全新編寫，針對課綱要點設計，例如書中的情境對話、時事報導就是「素養導向」以「生活化、情境化」為主題的核心概念，另外信函、時刻表這樣圖表化、表格化的思考分析，也達到新課綱所強調的多元閱讀與資訊整合。有鑑於新課綱的出題方向看似繁雜多變，特請名師將以上特色整合，一一剖析字彙、文法與應用，有別於以往單純記憶背誦的英文學習方法，跳脫制式傳統，更貼近實務應用，不只在考試中能拿到高分，使用在生活中的對話也絕對沒問題！

機械基礎實習 完全攻略 4G141131

依據最新課程標準編寫，網羅各版本教科書之重點精華，利用具象化的圖表讓你好讀易記，另外特別針對108課綱內容加以細化分項，像是第5單元「車床基本操作」中，車床的啟動、停止和轉速的變換等，在實務操作中是很重要的內容，因此特別獨立出來，讓你不僅能以循序漸進熟讀單元內容，由淺入深、漸廣，更能特別注意這些特殊的重點。第8至第14單元是新課綱全新的單元，建議在機械基礎實習的課程上應多加用心，除了「做」之外，對於實習課的各種專業知識也要有所了解，應試時才能得心應手。

機械群

共同科目

4G011122	國文完全攻略	李宜藍
4G021122	英文完全攻略	劉似蓉
4G051122	數學(C)工職完全攻略	高偉欽

專業科目

4G111122	機件原理完全攻略	黃蓉
4G121122	機械力學完全攻略	黃蓉
4G131122	機械製造完全攻略	盧彥富
4G141131	機械基礎實習完全攻略	劉得民・蔡忻芸
4G151131	機械製圖實習完全攻略	韓森・千均

了解教材

目次

編寫特色與決勝要領

機械基礎實習學科要得高分，實習課學習的態度十分重要，手工具、量具、加工流程與方法隨時都存在我們實習課的周遭，把它視為**專業能力**的一部分，統測時它必定用分數來回饋你。機械基礎實習的命題方式以「基礎」為主，所謂「基礎」就是最基本、最重要的知識與技能。

本書依據最新課程標準編寫，網羅各版本教科書之重點精華，易懂易讀，本書特別針對**108課綱**內容加以細化分項，讓你能以**循序漸進**熟讀單元內容，由淺入深、漸廣，特別提醒你留意，**第8至第14單元**是新課綱全新的單元，建議在機械基礎實習的課程上應多加用心，除了「做」之外，對於實習課的各種專業知識也要有所了解，應試時才能得心應手。

考試獲得高分秘訣不外乎多看多寫，選定好書後，加以精讀與融會貫通，拿高分並不困難，整體而言，未來考題仍是以「**實務技能**」為主，「**專業知識**」為輔的命題方式，顯然科技大學端非常重視各位的實務技能與專業知識，相信以後的試題還是會以此方式呈現，期勉各位皆能金榜題名。

近年試題分析

112年試題分析

112年機械基礎實習考了17題，整體難易度**中間偏難**，少部分實務試題太難、選項較細，學生作答困難。試題編排按課綱課程順序出題，試題選項皆橫跨各章節單元重點，著重現場實務操作技能，**務實致用精神**，學生須具備現場實務經驗，作答須耐心逐字逐項選出，計算題型共計二題，難度適中，整體題型偏實務應用，結合實習課程非純背型題型。

在部份銲接試題，命題陳述與實際操作層面不符，容易混淆作答。例如第28、29題銲接試題，第28題選項電流太小，須陳述電流數值範圍而非單一數值，第29題氬銲不須起弧，且銲接角度太小，具有爭議。對於鑄造、銲接實習部份，應額外投入時間融入技能及多版本知識，考驗學生實務技能。

另外，**第48題至第50題為塞規檢測、加工與裝配之素養試題**，融合機械專業二跨領域試題整合，結合產業趨勢，並跨科目結合，訓練學生融會貫通的能力，以視圖角度帶入機械加工領域，落實機械專業素養，務實致用結合業界需求。一般同學在16題中應該可答對9題以上，細心認真之同學可答對13題以上，跟去年相比難易度類似。

111年試題分析

111年機械基礎實習考了16題，技術型高中108課綱「機械基礎實習」課程標準有14單元，**唯有第六章外徑車刀的使用未命題，其餘皆有題目出現，配分還算恰當**。機械基礎實習試卷整體難易度**中間偏難**，題目設計

者極具巧思，但對多數人而言難度偏高，多題作答須用刪去法來確認答案，另外第19、25題筆者認為偏向某一版本且問得太細，就算有實際操作過，也不易正確選擇答案。

面對111統測，範圍更為廣泛題目更深入，且加入題組型題目（第3～4題、19～20題），題目新穎，非傳統命題方式，考驗學生思考邏輯、判斷答題的能力，必須有融會貫通之能力才能順利答題。**整體試題難易度為中間偏難，一般同學在16題中應該可答對9題以上，細心認真之同學可答對12題以上。**整體而言，試題不偏重於傳統機械加工，因此不獨厚機械科的學生，能讓其他科的學生（例如：板金科、配管科、鑄造科、模具科與製圖科等學生），有各自發揮所學的空間。

第1單元　基本工具、量具使用

重點導讀

機械基礎實習學科要得高分，實習課學習的態度十分重要，手工具、量具、加工流程與方法隨時都存在我們實習課的周遭，把它視為專業能力的一部分，統測時它必定用分數來回饋你。機械基礎實習的命題方式以「基礎」為主，所謂「基礎」就是最基本、最重要的知識與技能。本單元的基本知識就是各種手工具的種類、規格、使用方法與注意事項以及各種量具的使用與保養維護，歷年來統測考題皆有出現，要拿下分數並不困難，好的開始就是成功的一半，加油！

1-1　鉗工工作內容

一、鉗工工作（bench work）

1. 是利用**手工具**在工作台或工作台虎鉗上之工作。
2. 常配合簡單機械及各種工具、量具，從事製造、組立、裝配及修整的工作。

二、鉗工工作範圍

1	一般鉗工工作	包括劃線、銼削、鋸切、鏨削、鑽孔、攻螺絲、鉸螺絲、鉸孔、維修等工作。
2	廣泛鉗工工作	包括設備的組立裝配、機台的調整校正及設備保養維修等。

三、鉗工桌

1. 鉗工桌之桌面以硬質木板或鋼板製成，需堅固平穩。
2. 鉗工桌高度約800～900mm左右為宜。

牛刀小試

(　　) 有關鉗工工作的敘述，下列何者<u>不正確</u>？　(A)識圖能力為鉗工工作的基本技能　(B)車床為鉗工工作常用的簡單機械　(C)虎鉗為鉗工工作中用於夾持工件之主要工具　(D)零件組裝及設備維修均屬於鉗工工作範圍。　　　　　　　　【109統測】

—— 解答與解析 ——
(B)。鉗工會使用到鑽床，但並不會使用到車床。

1-2 基本手工具的種類與功用

一、手工具的種類與功用

1. 手錘（榔頭）

　　(1) 功用：手錘又稱榔頭，主要用於**敲擊工作**。

　　(2) 種類：

1	硬頭錘	鋼錘是頭部以**高碳工具鋼**以鍛造或熱處理方式製成。
2	軟頭錘	軟頭錘頭部以木材、塑膠、橡膠、鉛、黃銅等製成。軟頭錘主要用於**避免損傷工件面**或在機械上調整工作等。

　　(3) 特性：

　　　　A. 手錘規格以**錘頭重量**表示。

　　　　B. 手錘用重量自100公克至1.35公斤多種，**0.45公斤（1磅）最常用**。

　　　　C. 手錘手柄於靠近錘頭1/3處縮小，其目的在**減震**。

　　　　D. 使用手錘鏨削工件時，眼睛應注視著鏨子刀口進行鏨削。

2. 起子

　　(1) 功用：起子用於**鬆緊螺絲**。

　　(2) 種類：

1	平口螺旋起子	又稱一字型，刃口為扁平形，用於平口形螺絲釘頭。
2	十字螺旋起子	刃口為十字形，用於十字槽螺絲釘頭。
3	雙頭螺旋起子	刀桿兩側成90°交刃，使用在空間受限處。

(3) 特性：

A. 起子為**高碳工具鋼**經鍛造或熱處理製成。

B. 起子規格以**刀桿全長**表示大小，但不包括柄部。

3. 扳手

(1) 功用：拆裝機件、鬆緊螺絲或螺帽。

(2) 種類：

1	開口扳手	開口扳手規格以**開口寬度**表示，開口常與柄之中心線成15°（六角螺帽用）或22.5°（方螺帽用）。開口扳手應用於**外六角頭螺栓或螺帽**的裝卸工作。
2	活動扳手	活動扳手規格以**全長**表示。活動扳手的施力方向應朝向活動鉗口邊施力，讓固定鉗口邊承受主要作用力。
3	梅花扳手	梅花扳手規格以**內角對邊長**表示。梅花扳手各端有12個內角（亦可有6、18個內角），很容易套在螺帽或螺桿頭，不易損壞螺帽或螺桿頭。使用梅花扳手時，每隔30°就可以換角度繼續施力，常使用於**外六角螺帽**的裝卸工作。
4	六角扳手	又稱**愛倫扳手**，其規格以**六角形對邊長**表示，六角扳手適宜拆裝**內六角螺絲**，車床調整複式刀座角度要利用六角扳手。
5	管鉗扳手	其叉頭上有紋齒，最適用於鬆緊管子、管接頭或圓形物體。主要以固定邊受力。
6	轉矩扳手	可以指示螺帽所受扭轉力矩，防止轉矩過大而折斷螺栓或破壞螺帽。
7	棘輪扳手	用於**擺動距極小**時，通常可在10°擺動範圍內運用，可同時快速旋緊或旋鬆螺帽。
8	套筒扳手	具有多種不同尺度為一組，以因應各種螺帽之需。常配合棘輪扳手使用。

4. 手鉗

(1) 功用：

    A. 手鉗係藉**槓桿原理**，產生極大夾持力的手工具，屬於**第一種槓桿**的應用。為**高碳工具鋼**經鍛造或熱處理製成。

    B. 手鉗最常用於夾持工件，可用於剪斷或彎曲小斷面之金屬線或薄板。

(2) 種類：

1	鋼絲鉗	又稱老虎鉗或虎口鉗，用於夾緊線狀、管狀或硬質零件，最適宜剪斷直徑3.2mm以下的鐵絲或電線。
2	尖嘴鉗	又稱尖頭鉗，用於**狹窄地方夾持細小工件**或彎曲軟金屬，因鉗口細長，強度較弱，適宜細小材料的夾持或彎曲。
3	斜口鉗	又稱對角剪鉗，用於軟金屬之剪斷，其剪口處呈**斜角形**，刀口處設有圓孔，可**剝除電線之絕緣皮**等工作。
4	鯉魚鉗	又稱魚口鉗，用於夾緊**圓形工件**。鉗口與把手中間處有兩段式之滑動接頭，可使鉗口寬度加大，亦可做剪斷金屬線之用。

牛刀小試

( ) **1** 有關手工具規格表示，下列何者正確？ (A)螺絲起子以刀桿長度表示 (B)活動扳手以開口寬度表示 (C)硬鎚（鋼鎚）以鎚頭硬度表示 (D)六角扳手以六角形截面積表示。 【107統測】

( ) **2** 有關手工具的敘述，下列何者正確？ (A)小型螺絲起子的規格一般以刀桿直徑大小表示 (B)梅花扳手常使用於內六角螺帽的裝卸工作 (C)鋼鎚（硬鎚）的規格一般以手柄長度表示 (D)使用扳手拆裝時，施力方向應拉向操作者較為安全。 【108統測】

───── 解答與解析 ─────

1 (A)。(B)活動扳手規格以全長表示。(C)硬銼（鋼銼）規格以銼頭重量表示。(D)六角扳手規格以六對邊長表示。

2 (D)。(A)小型螺絲起子的規格一般以刀桿長度大小表示。(B)梅花扳手常使用於外六角螺帽的裝卸工作。(C)鋼錘（硬錘）的規格一般以錘頭重量表示。

二、 使用手工具的注意事項

1. 使用手錘的注意事項

(1) 一般手錘的手柄用**木材**最佳。

(2) 敲擊應該**由輕而漸重**。

(3) 盡量握持手錘柄末端。

(4) 使用手錘鏨削工件時，眼睛應注視著**鏨子刀口**進行鏨削。

2. 使用起子的注意事項

(1) 刀口缺損的一字型起子，研磨時先將刀口端磨平和刀桿成垂直。

(2) 研磨一字型**刀口兩側面，應保持兩面平行**，不應成鏨子形（V形）刀口。

(3) **起子不可當鏨子、撐桿使用。**

3. 使用扳手的注意事項

(1) 扳手使用時，需用**拉力**，不可用推力。**施力方向應拉向操作者較為安全。**

(2) 閉口的梅花扳手優先使用，其次為開口扳手，少用活動扳手。

(3) 扳手柄**不可用套筒套入使用或將扳手套以管子使用。**

(4) 使用活動扳手時，**應朝扳手的活動鉗口方向旋轉，使固定鉗口受力。**

(5) 線型排列螺栓鎖緊，應由**中央向外兩側交替鎖緊並分次鎖緊。**

(6) 圓型排列螺栓鎖緊，採**對角鎖緊。**

(7) 同時鎖緊大小螺栓，**應先鎖大螺栓，再鎖小螺栓。**

4. 使用手鉗、剪鉗的注意事項

(1) **手鉗、剪鉗不可當扳手使用。**

(2) 置於固定位置時，其刃口部位應**向內或向下。**

(3) 不可剪切厚板或經熱處理之硬材料。

(4) **不可敲擊工件。**

1-3 基本量具的種類功用與原理

一、直尺

1. 直尺又稱**鋼尺**，係在不鏽鋼片上刻劃標準長度的量具。
2. 直尺可做**長度量測**、**劃線**及**檢查真平度**。
3. 直尺種類有150mm、200mm、300mm等。
4. 公制直尺**最小刻劃為**0.5mm，英制直尺最小刻劃為1/64吋。
5. 舊鋼尺量測不易準確最可能的原因是尺端磨損成圓角。
6. 加工現場常聽到尺寸單位「條」，1條等於0.01mm或10μm。

二、外卡及內卡

1. 外卡用於量測工件的**外徑**、**長度**及**寬度**。
2. 內卡用於量測工件之**內徑**、**長度**。
3. 外卡及內卡屬於規量（**無法直接讀出尺度值**），須配合直尺度量。
4. 量規（內卡）測桿量測內徑時，沿軸向須取最小值，沿徑向須取最大值。

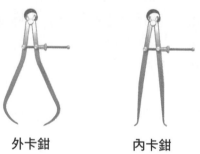 

　　　　外卡鉗　　　　　　　內卡鉗　　　　　　　單腳卡

三、組合角尺（複合角尺）

1. 組合角尺由1支**直鋼尺**、**直角規（角尺）**、**中心規**及**量角器（量角規）**等四件組合而成。
2. **組合角尺可作直接量測長度、直接量測角度及量測水平**。組合尺亦可作為深度規（測量深度）、水平儀校正角等工作。

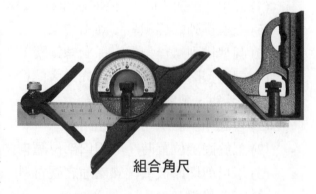

組合角尺

3. 直鋼尺與直角規組合可量測或劃線90°和45°角或可當角尺使用，且具有水平儀，可量測水平。
4. 組合角尺之直尺與中心規組合可求圓桿中心，最為方便。
5. 組合角尺之直尺與量角器（角度儀）組合，可直接量測角度，適用於量測±1°。
6. 組合角尺是以直接式角度量測法來量測工件的角度。
7. 組合角尺若由直尺與角度儀組合，可以劃平行線或任何角度的直線。
8. 組合角尺或角尺皆可在工件上劃垂直線。

四、游標高度規（高度規）

1. 游標高度規除了可量測工件高度外，還可用於劃線。
2. 游標高度規由一帶基座主尺及帶碳化鎢刀口劃刀之游尺組合而成。
3. 游標高度規的劃線刀不可伸出較長，劃的線才會平整。
4. 游標高度規底座與工件參考面必須保持平行。
5. 游標高度規劃線前，應先清潔平板並檢查平板面是否平整。
6. 讀取游標高度規刻度時，視線應和讀取之刻度等高。
7. 利用游標原理之游標高度規精度可調整到0.02mm。
8. 游標高度規常附加裝置量表或電子液晶以利讀取，精度可調整到0.01mm。

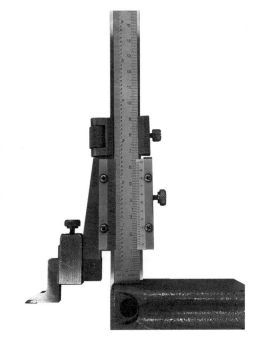

游標高度規

9. 游標高度規可以加裝量錶作平行度量測。
10. 游標高度規劃刀與工件表面成點接觸，向外傾斜15°～30°劃線為宜。
11. 使用游標高度規之前，可將副尺（或稱游尺）固定在零點作歸零檢查。
12. 游標高度規劃線時，除了鎖緊微調裝置固定螺絲外亦需鎖緊滑槽固定螺絲後，才可進行劃線工作。

牛刀小試

(　　)　有關使用高度規劃線，下列敘述何者<u>不正確</u>？　(A)高度規的劃線刀伸出較長，劃的線較平整　(B)高度規底座與工件參考面必須保持平行　(C)使用高度規劃線前，應先清潔平板並檢查平板面是否平整　(D)讀取高度規刻度時，視線應和讀取之刻度等高。　　　　　【105統測】

───── 解答與解析 ─────

(A)。高度規的劃線刀不可以伸出太長，如此穩定性較佳，劃的線較平整。

五、分厘卡（又稱測微器）

1. 構造

如下圖

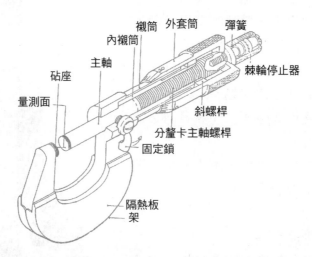

(1) 分厘卡設計原理：**螺紋**的應用。

(2) 分厘卡的量測精度比機械式游標卡尺的量測精度高。

(3) 分厘卡適合用於量測人類頭髮直徑、長度、圓棒外徑及工件厚度等。

(4) **分厘卡精度（R）** $= \dfrac{\text{導程(L)}}{\text{外套筒刻度數(N)}}$ 。

(5) 螺紋轉一圈會轉2π角度，且移動一個導程（L），若旋轉α角時，位移量為 $S = L \times \dfrac{\alpha}{2\pi}$ 。

(6) 螺紋轉一圈會轉360°角度，且移動一個導程（L），若旋轉θ角時，位移量為 $S = L \times \dfrac{\theta}{360°}$ 。

(7) 單線螺紋，導程（L）和節距（P）相同。雙線螺紋，導程為節距的2倍。

公式：

$$L（導程）＝n（螺紋線數）×P（節距）$$

2. 分厘卡種類

(1) 公制外徑分厘卡：**螺距P＝0.5mm**，當外套筒旋轉一圈，心軸（主軸）前進或後退0.5mm，**外套筒邊緣上分為50格，則每格之精度為**0.01mm。分厘卡大小分0～25mm，25～50mm……等每25mm有一支。0～25mm**公制外徑分厘卡之量測範圍為0.01～25mm。**

> **註** 1. 一般公制外分厘卡襯筒上每刻度代表0.5公厘。
> 2. 一般公制外分厘卡外套筒上每刻度代表0.01公厘。
> 3. 分厘卡襯筒上如附有游標刻度線之設置者為游標型分厘卡，可度量最小的精度為0.001公厘。
> 4. 一般分厘卡套筒1格為0.01mm，歸零時需調整套筒。

(2) 英制外徑分厘卡：其螺距為$P＝\dfrac{1"}{40}$（每吋40牙）或0.025"，故外套筒邊緣上分為25格，則每格之精度為0.001吋。

(3) 內徑分厘卡：量測內徑或溝槽寬度。量測範圍由5～25（5～30）mm，25～50mm，……，每25mm一支，其中**最小內孔量測值為**5mm，與外徑分厘卡之刻劃上數字的表示順序方向相反。

(4) 三點式內徑分厘卡：利用三個接觸點量測，是直接內孔量測**最精密及有效的量具**，範圍由6～300mm。

(5) V溝分厘卡：利用三個量測面的接觸以量測**奇數鉸刀、螺紋攻、端銑刀、齒輪**等直徑。

(6) 螺紋分厘卡：專門用於量測**螺紋的節徑**。

(7) 齒輪分厘卡：專門用於量測**齒輪的節徑**。

(8) 圓盤分厘卡：量測大**齒輪之跨齒距及螺紋之大徑。**

外徑分厘卡

內徑分厘卡

螺紋分厘卡

3. 分厘卡的檢驗

(1) 外觀及作用檢驗。

(2) 平面度檢驗：利用**精測塊規及光學平鏡**檢驗。

(3) 平行度檢驗：利用**精測塊規及光學平鏡**檢驗。

(4) 尺度檢驗：利用**精測塊規**。

4. 使用分厘卡注意事項

(1) 砧座與工件輕貼後旋轉棘輪以推進主軸，當棘輪彈簧鈕產生三響後再讀取尺度。

(2) 分厘卡使用時**需作歸零調整**。

(3) 分厘卡可加適當量測壓力的部位是棘輪停止器。

(4) 外分厘卡不使用時，必須將主軸與砧座之量測面分開，以防變形。

(5) 外分厘卡之固定鎖的作用是限制主軸轉動。

(6) 分厘卡為一次元線性量測量具，可直接量測長度、內徑、外徑、階級孔深度、螺栓大徑、鋼珠直徑等。

(7) 分厘卡**無法直接量測角度**工件。

六、精測塊規

1. 精測塊規為一般**精密計量之長度標準**，以合金工具鋼料經淬火硬化與精密加工的長方形標準規。此外亦採用石英或碳化鎢為材料。

2. 目前市面上精測塊規採用耐磨耗且較輕之精密陶瓷塊規為主。

3. 精測塊規種類：

00	(AA)級 參照用	精度誤差（在公稱尺稱25mm以下）為少於 ±0.05μm，用於光學測定或高精密實驗室，使用時維持室溫20°C（68°F）和50%的標準濕度且無塵的情況。
0	(A)級 標準用	精度誤差（在公稱尺度25mm以下）為±0.1μm，用於工具檢驗室作**精密量具**的檢驗。
1	(B)級 檢查用	精度誤差（在公稱尺度25mm以下）為±0.2μm，用於一般量具檢驗，如檢驗**游標卡尺**、**分厘卡**。
2	(C)級 工作用	精度誤差（在公稱尺度25mm以下）為±0.4μm，用於現場，機械工廠中進行製造加工及檢驗工件。

4. 塊規組合要領：

(1) 按所欲組合的尺度數，選擇的**塊規數愈少愈好**。

(2) 塊規組合可採用**旋轉法或堆疊法**。

(3) 規劃計算選擇塊數要領應自**最小單位（最右方）做為基數開始，由薄而厚**，如1.005mm、2.005mm**須先選取**。

(4) 例如組合127.385mm，計算選擇塊數要可利用1.005mm（先選取）、1.38mm、25mm、100mm等四塊塊規組合。

(5) **組合時由厚而薄**。

(6) **拆卸時由薄而厚**。

(7) 塊規要利用**光學平鏡**檢驗其平面度。

牛刀小試

(　) **1** 有關鉗工作業使用的量具，下列敘述何者正確？　(A)鋼尺的最小讀值為0.1mm　(B)加工現場常聽到尺寸單位「條」，1條等於100μm　(C)機械式游標卡尺的量測精度比分厘卡的量測精度高　(D)分厘卡可使用於量測圓棒外徑及工件厚度。　【105統測】

(　) **2** 有關量具的使用，下列敘述何者<u>不正確</u>？　(A)螺紋分厘卡的用途是測量螺紋的外徑　(B)光學平板是利用光波干涉原理檢驗工件　(C)齒輪游標卡尺之平尺用於量測齒輪的弦齒厚　(D)一游標卡尺主尺每刻劃的間隔為1mm，取主尺39刻劃之距離，並將此距離於副尺上分為20等分，則其精度為0.05mm。　【105統測】

(　) **3** 有關塊規之敘述，下列何者<u>不正確</u>？　(A)塊規是精度相當高的量規，也是機械加工中長度的標準　(B)塊規依精度與用途可分成四級，其中游標卡尺檢驗使用1級　(C)塊規選用時塊數越少越好，由薄至厚進行組合　(D)塊規組合方法有旋轉法（轉合法）及堆疊法（推合法）2種。　【106統測】

(　) **4** 以內徑分厘卡進行量測，如圖所示，正確讀值為多少mm？
(A)12.42　(B)12.84　(C)17.42
(D)17.84。　【108統測】

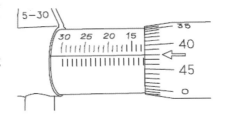

┌── 解答與解析 ────────────────────────────

1 (D)。(A)鋼尺的最小讀值為0.5mm。(B)加工現場常聽到尺寸單位「條」，1條等於0.01mm＝10μm。(C)機械式游標卡尺的量測精度是0.02mm，比分厘卡的量測精度0.01mm低。

2 (A)。螺紋分厘卡的用途是測量螺紋的節徑。

3 (C)。塊規選用時塊數越少越好，由厚至薄進行組合。

4 (A)。$S＝12＋(0.01×42)＝12.42$(mm)。

七、角尺（直角規）

1. 角尺以薄的規片和粗的橫樑組成而形成正90°角。

2. 角尺可劃一與平面或邊緣垂直之垂直線。

3. 角尺用於檢驗工件平面的**真平度**、**垂直度**等最方便。

4. 角尺配合平板使用可檢驗工件垂直度。

5. 劃線針與角尺劃垂直線，**用角尺的短邊緊靠工件的基準邊**，利用長邊來進行劃線工作。

八、量角器（角度儀）

1. 量角器由不鏽鋼片製成，上面具有180°之刻度。

2. 量角器1格為1°，常加入尺規，可配合量角器，量測角度與劃角度之用。

九、正弦桿

1. 正弦桿**配合精測塊規、平板及量表**，而利用**三角正弦定理**間接量測角度。

2. 正弦桿無法直接讀出所量測之角度值，要利用公式計算。

3. 正弦桿可量測到**1分**的精密角度。

4. 正弦桿欲測之傾斜角在45°以下為宜。

5. 正弦桿規格為兩圓柱中心距離，製造時**兩圓柱之直徑要相同**，否則會產生**製造誤差**。

6. 正弦桿**間接量測角度**；需經公式計算如下：

   (1) 墊一組塊規：

   $$H＝L×\sin\theta＝L×T$$
   L：為正弦桿規格　　T：錐度　　θ＝角度　　H＝塊規所墊高度

   (2) 墊二組塊規：$H_{高}＝H_{低}＋L×\sin\theta$

牛刀小試

(　) **1** 如圖所示，若使用長度
（L）200mm正弦桿測量
錐度1：5的工件，則組合
塊規高度（H）應為多少
mm？
(A)200　(B)100
(C)80　　(D)40。【108統測】

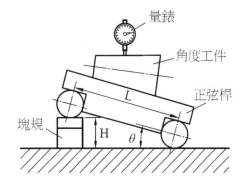

(　) **2** 某生用量角器量得高速鋼外徑車
刀的前間隙角為10°，如果此車刀
的刃高為20mm、刃寬為10mm，
則以直角規接觸刀尖，如圖所
示，直角規與車刀放置於平台以
量測間隙，則底部間隙約為多
少mm？（註：sin10°＝0.173、
tan10°＝0.176）
(A)3.46　　(B)3.52
(C)1.73　　(D)1.76。　【109統測】

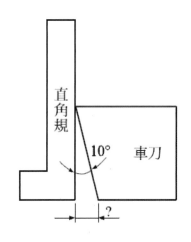

───── 解答與解析 ─────

1 (D)。H＝L×sinθ＝L×T（錐度值）＝$200×\dfrac{1}{5}$＝40（mm）。

2 (B)。底部間隙S＝20×tan10°＝20×0.176＝3.52（mm）。

十、指示量表（針盤指示器）

1. 指示量表為**齒輪系放大作用**之應用，精度可達0.01mm（百分量表）或 0.001mm（千分量表），測量範圍10mm。

2. 錶面刻劃分成連續型及平衡型錶面，平衡型錶面適用於雙向公差。

3. 指示量表之功用：

    (1) **量測真平度（平面度）、平行度、同心度、真圓度、垂直度、錐度等**。

    (2) **檢查迴轉心軸的偏心、校正工件中心、對準夾具或工件、比較尺度高度或大小**。

    (3) 游標高度規可以加裝量錶作平行度量測等。

4. 指示量表注意事項：

    (1) **圓弧形接觸點**測軸要**垂直**於工件表面，否則會產生**餘弦誤差**，其誤差量與測軸偏角成正比。

    公式：

    $$S（正確值）＝M（測量值）×\cos\theta（偏差角度）$$

    (2) 量測高度，壓縮量大時會產生接觸變形誤差。

    (3) **指示量錶不可量測表面粗糙度**。

    (4) 指示量錶之軸心或樞軸部份**不可加潤滑油**。

    (5) 指示量錶之指針對零歸零，最簡易之方式為旋轉錶殼針盤面。

    (6) 指示量錶量測工件長度時，宜裝於磁性台架使用。

十一、萬向槓桿量表

1. 萬向槓桿為**齒輪系放大及槓桿原理**之應用，精度可達0.01mm或 0.001mm。

2. 萬向槓桿量表之功用：

    (1) **量測狹窄或深的內外部位、凹槽之內壁**。

    (2) 量測孔之**錐度、真直度、平行度或同心度**。

    (3) 量測**外垂直面、傾斜面**。

    (4) 比較工件高度。

3. 萬向槓桿量表注意事項：

(1) 測桿可作240°調節，最適合量測10°以下。

(2) 測桿與工件面需平行，所成的夾角應在10°以下，以免發生餘弦誤差。

(3) 萬向槓桿量測量範圍為0.8mm以內為宜。

牛刀小試

( ) 有關指示量錶的敘述，下列何者正確？　(A)指示量錶測軸應與測量面保持約45°的夾角以提高量測精度　(B)配合磁力量錶架使用時，為避免干涉，測桿應儘量伸長　(C)指示量錶主要用於工件真平度、平行度及真圓度等的量測　(D)指示量錶為精密工件的主要量具，可精準量測工件尺寸。　　　　【109統測】

───── 解答與解析 ─────

(C)。(A)指式量錶測軸應儘量與測量面垂直。(B)磁力量錶架之測桿不宜過長，以免造成測量誤差。(D)指示量錶之精度為1條，並非精密量具，無法對精密工件進行量測。

十二、樣規（量規）

1. 卡規（U形卡規；卡板）

(1) 卡規用以大量且快速的測定外徑或長度。

(2) 卡規不通過端係用塗紅色卡口與斜邊緣作為標誌。

(3) 卡規通過端（GO）與不通過端（NO GO），工件皆可通過表示工件太小。

(4) 樣規表面鍍鉻，最主要目的是為增加硬度與耐磨性。

2. 環規（樣圈、套規）

(1) 環規用於大量且快速的測定精密圓棒、圓柱的外徑。

(2) 環規外周有壓花，不通端外周上有凹槽作為標誌。

(3) 環規通過端（GO）與不通過端（NO GO），工件皆可通過表示工件太小。

3. 塞規（樣柱；柱塞規）

(1) 塞規用以大量且快速的測定孔的直徑。

(2) 塞規的不通過端係用紅色環與縮短測定面作為標誌。

(3) 塞規的通過端較長。

(4) 塞規通過端（GO）與不通過端（NO GO），工件皆可通過表示工件太大。

十三、測厚規（厚薄規）

1. 厚薄規用以量測兩工件間之距離（間隙）。
2. 厚薄規常用於測量光學尺安裝間隙。
3. 厚薄規可重疊兩片以進行量測。
4. 厚薄規材質為高碳工具鋼。
5. 厚薄規上的數字是表示厚薄規之厚度。

十四、光學比測儀（投影比測儀；投影機）

1. 光學比測儀又稱投影放大儀或稱輪廓投影機或光學投影機。
2. 主要量測小件產品之輪廓（如縫衣針）、檢查輪廓，屬於非接觸量測。
3. 光學投影比測儀（投影機）無法量測高度、厚度、深度、內孔、盲孔、螺紋之螺旋角等。

十五、工具顯微鏡

1. 檢驗工件加工表面的情況。
2. 量測小形工件輪廓或形狀。屬於非接觸量測。
3. 投射原理投射歷程是工件→物鏡→稜鏡→標準片→目鏡。
4. 無法量測深孔之深度、內孔、盲孔工件厚度等。

十六、三次元座標量測儀（三次元量床；CMM）

1. 三次元座標量測儀（coordinate measuring machine），簡稱CMM。
2. 主要量測三次元（X、Y、Z軸）的立體形狀工件。
3. 三次元座標量測值是由光學尺數值讀出。

牛刀小試

(　) **1** 如圖所示的正視圖及右視圖是光學尺的安裝（黑色部分）圖面，
欲量測間隙D的尺寸是否符合安裝標準，應使用下列何種量具？

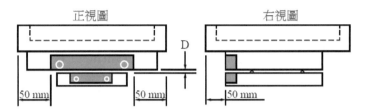

(A)厚薄規　(B)游標卡尺　(C)分厘卡　(D)小型鋼尺。　【105統測】

(　) **2** 有關公差與量測的敘述，下列何者<u>不正確</u>？　(A)真圓度屬於形
狀公差　(B)同心度屬於位置公差　(C)螺紋塞規主要檢驗內螺
紋　(D)光學投影機可檢驗螺旋角。　【109統測】

──── 解答與解析 ────

1 (A)。欲量測間隙的尺寸應使用量具為厚薄規。

2 (D)。光學投影機並無法檢驗螺旋角。

1-4 游標卡尺的原理

一、游標卡尺的原理與認識

1. **游標尺設計原理**：游尺刻度以**本尺刻度n-1格或2n-1格**，等分為n格。游標
尺常附加裝置量表或電子液晶以利讀取，精度可調整到0.01mm。

2. **游標尺精度公式**：

$$精度 = \frac{主（本）尺1格長}{副（游）尺格數}$$

3. **常用游標尺種類**：

1	$\frac{1}{10}$mm（0.1mm）	主尺每格為 1 m m ，副尺取主尺 9 格（9mm）長等分為10格，主尺1格與副尺1格相差0.1mm。

2	$\frac{1}{20}$mm（0.05mm）	主尺每格為1mm，副尺取主尺19格（19mm）長等分為20格，主尺1格與副尺1格相差0.05mm。
3	$\frac{1}{20}$mm（0.05mm）	主尺每格為1mm，副尺取主尺39格（39mm）長等分為20格，主尺1格與副尺1格相差0.05mm。（較易讀取，比較理想）
4	$\frac{1}{50}$mm（0.02mm）	主尺每格為1mm，副尺取主尺49格（49mm）長等分為50格，主尺1格與副尺1格相差0.02mm。
5	$\frac{1}{50}$mm（0.02mm）	主尺每格為0.5mm，副尺取主尺49格（24.5mm）長等分為25格，主尺1格與副尺1格相差0.02mm。
6	$\frac{1}{50}$mm（0.02mm）	主尺每格為0.5mm，副尺取主尺24格（12mm）長等分為25格，主尺1格與副尺1格相差0.02mm。

4. **游標尺用途**：量測內外直徑、內外長度、階梯長度、深度及劃線等。游標尺無法量測表面粗糙度。

牛刀小試

（　　）　有關游標卡尺的敘述，下列何者<u>不正確</u>？　(A)精度（最小讀數）0.02mm的游標卡尺，其設計原理係取主尺的49mm等分為游尺的50格　(B)精度（最小讀數）0.05mm的游標卡尺，游尺0刻度在本尺14與15之間，游尺第19格與本尺刻度成一直線，則此尺寸為14.95mm　(C)精度（最小讀數）0.05mm的游標卡尺，假設本尺一格為1mm，則游尺上有21條刻劃線　(D)精度（最小讀數）0.02mm的游標卡尺可以量測出16.004mm的尺寸。　【107統測】

──── 解答與解析 ────

(D)。精度（最小讀數）0.02mm的游標卡尺只可以量測出0.02mm倍數的尺寸，無法量測出16.004mm的尺寸。

二、游標卡尺量測

1. 游標卡尺的應用

(1) 外徑量測。　　　　　　　　(2) 內徑或內凹槽量測。

(3) 階級量測。　　　　　　　　(4) 深度量測。

(5) 肩部直徑量測。　　　　　　(6) 取直徑之半，劃線求中心。

(7) 依靠本尺劃線。　　　　　　(8) 依基準面，劃平行線。

2. 游標卡尺量測技能重點

(1) 閉合時除0刻度對齊外，尚須注意游尺最後一刻度線是否與本尺對齊。

(2) 量爪夾住工件測定時，應即讀取測定值。

(3) 內徑量測時，量爪應盡可能深入孔之內部。

(4) 游標卡尺量測，較容易發生嚴重的阿貝（Abbe）誤差。

(5) 游尺與本尺之間隙會使量爪傾斜，因此游標卡尺不滿足阿貝定理。

(6) 當量爪與工件接觸的部位，離本尺愈遠，則量測誤差愈大。

(7) 游標卡尺量測工件應使用**雙手扶持**量測為宜。

3. 游標卡尺量測技能注意事項

(1) 量測內徑時，移動副尺使兩個內側卡腳測面之距離略小於欲量測之
尺度。

(2) 量測外側時，移動副尺使兩個外側卡腳測面之距離略大於欲量測之
尺度。

(3) 量測**內徑（徑向）**，應取多次量測值中的**最大值**。

(4) 量測**溝槽（軸向）**，應取多次量測值中的**最小值**。

(5) 量測**階級（軸向）**，應取多次量測值中的**最小值**。

(6) 游標卡尺上的深度測桿是依附於本尺背面部位，主要目的為量測深度。

(7) 游標卡尺量測小孔徑最易產生誤差。**無法直接量測錐度**。

(8) 游標卡尺的使用，越靠近測爪根部夾持工件，產生之阿貝（Abbe）
誤差越小。

(9) 使用游標卡尺量測外部尺度時，**工件應盡量靠近主尺（測爪的根
部），遠離測爪的尖端**。

(10)深度桿適於量測深度，不適宜用來作階級段差量測。

1-5 量具的保養與維護

一、量具保養要點
1. 依使用的場合、精度、形狀，選擇適當的量具。
2. 應避免與其它工具或量具發生碰撞。
3. 應盡量避免用手碰觸量具的量測面。

二、量具維護要點
1. 配合工作物選用適當的量具。　2. 定期檢驗校正量具的精度。
3. 使用量具，應先檢查與歸零。　4. 量具使用完後，應擦拭乾淨。

三、量具使用要點
1. **測量標準**：溫度20°～25°最佳，相對濕度45%～65%。
2. **量具精度**：1/10×工件公差。
3. **影響量具誤差的主要因素**：溫度、量具本身誤差、人為因素、操作誤差等。

考前實戰演練

( ) **1** 下列有關組合角尺相關知識的敘述,何者<u>不正確</u>? (A)組合角尺是由直尺、直角規(或稱角尺)、角度儀(或稱量角規)、和中心規組合而成 (B)直尺與直角規組合,可求得圓桿端面的中心 (C)直角規上的水平儀,可作水平檢測 (D)直尺與角度儀組合,可劃任意角度之直線。

( ) **2** 扳手是常用的手工具之一,下列常見的型式中,何者名稱與圖形<u>不符</u>?

(A)梅花扳手(ring spanner)

(B)活動扳手(adjustable spanner)

(C)開口扳手(open end spanner)

(D)閉口扳手(closed end spanner) 。

( ) **3** 下列有關組合角尺應用之敘述,何者<u>不正確</u>? (A)適用於定位圓形工件端面的近似中心 (B)適用於量測深度與高度 (C)適用於量測$30 \pm 0.1°$ (D)適用於量測45°角或直角。

( ) **4** 若以12.00mm塊規組合校驗游標卡尺之外側測爪精度,得知其讀值為11.86mm。如果以此游標卡尺量測某一工件,得知其長度讀值為58.16mm,則此工件的正確尺寸應為下列何者? (A)58.30mm (B)58.16mm (C)58.02mm (D)58.46mm。

( ) **5** 游標卡尺之結構中,下列何者最適於量測如圖標示18mm之尺寸?

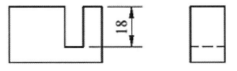

(A)外側測爪 (B)內側測爪 (C)階段測爪 (D)深度測桿。

考前實戰演練

(　)　**6** 下列量測儀器中，何者最適用於三維（3D）曲面之量測？　(A)三次元座標量測儀　(B)真圓度量測儀　(C)表面粗度儀　(D)測長儀。

(　)　**7** 下列有關光學投影機之應用，何者最<u>不正確</u>？　(A)適用於量測工件長度　(B)適用於量測螺紋牙角　(C)適用於量測深孔深度　(D)適用於量測工件輪廓。

(　)　**8** 一公制外徑分厘卡之心軸採用螺距0.5mm的單線螺紋，外套筒圓周上等分50格，則下列敘述何者正確？　(A)當外套筒旋轉一格，心軸前進或後退0.02mm　(B)當外套筒旋轉一圈，心軸前進或後退0.5mm　(C)精度為0.1mm　(D)精度為0.2mm。

(　)　**9** 投影放大儀又稱輪廓投影機或光學投影機，下列敘述何者正確？　(A)可做工件的表面粗糙度量測　(B)可做工件的三維量測　(C)可做工件的內孔深度量測　(D)可做工件的外緣輪廓量測。

(　)　**10** 使用每組13塊的角度塊規組，其規格分別為1°、3°、9°、27°、41°、1'、3'、9'、27'、3"、6"、18"、30"，如欲組合成32°26'6"，則最少需要幾塊角度塊規？　(A)4塊　(B)5塊　(C)6塊　(D)7塊。

(　)　**11** 下列有關游標卡尺的使用，何者<u>不正確</u>？　(A)越靠近測爪根部夾持工件，產生之阿貝（Abbe）誤差越大　(B)量測槽寬時，兩測爪應在軸線上量測最小距離　(C)量測內孔徑時，兩測爪應在軸線上量測最大距離　(D)深度桿不適宜用來作階級段差量測。

(　)　**12** 下列何種量具是以直接式角度量測法來量測工件的角度？　(A)組合角尺　(B)角尺　(C)角度塊規　(D)正弦桿。

(　)　**13** 應用光學平鏡（optical plate）量測塊規的真平度，得到如圖所示之平行且等間距的6條干涉條紋，若使用的光源為單色光且波長為λ，則塊規的真平度為何？　(A)0λ　(B)3λ　(C)6λ　(D)12λ。

(　)　**14** 萬能量角器（又稱游標角度規）的分度盤具有本尺及副尺，若在副尺圓盤取本尺圓盤23刻劃（23度）之弧長等分為12等分，則此萬能量角器的最小角度讀值為何？　(A)1分　(B)5分　(C)10分　(D)15分。

(　　) **15** 利用游標卡尺之內測爪量測26.96mm環規，其讀值為27.12mm。
若以此游標尺量測某一工件，其讀值為62.42mm，則下列何
者為工件尺寸？　(A)62.26mm　(B)62.42mm　(C)62.48mm
(D)62.58mm。

(　　) **16** 分厘卡的砧座接觸到主軸測量面以進行歸零時，發現襯筒與套筒
上之0點刻劃線約有0.03mm偏差量，宜調整下列何者？　(A)套
筒　(B)主軸固定鎖　(C)砧座　(D)棘輪。

(　　) **17** 欲利用每組個數103之組塊規組合定出135.685mm尺寸，宜最
先選擇的塊規尺寸為下列何者？　(A)1.005mm　(B)1.28mm
(C)8.5mm　(D)25mm。

(　　) **18** 有關量具應用之敘述，下列何者<u>不正確</u>？
(A)圓弧規量測圓弧時，不可能量得實際尺寸
(B)半徑（R）規可用於量測圓肩角及半圓弧
(C)厚薄規可以量測工件之厚度
(D)量錶可用於直接量測偏心量。

(　　) **19** 有關鏨削工作之敘述，以下何者<u>不正確</u>？
(A)鏨削時應戴安全眼鏡，並在虎鉗前方設立擋板以免斷屑飛出傷人
(B)手錘重量應配合鏨子大小，小鏨子宜用輕手錘
(C)鏨削時眼睛應注視著鏨子柄端，以免錘擊到手
(D)鏨子刀口應經常保持銳利，鈍化的刀口宜立即研磨。

(　　) **20** 有關工具顯微鏡之應用，下列何者<u>不正確</u>？　(A)利用輪廓照明可
適用於量測角度　(B)利用表面照明可適用於量測切削加工痕跡
(C)利用標準片可適用於量測螺紋角　(D)利用表面照明可適用於
量測深孔之深度。

(　　) **21** 有關扳手的使用，下列敘述何者正確？　(A)使用活動扳手時，
應朝扳手的活動鉗口方向旋轉，使固定鉗口受力　(B)六角扳手
常使用於六角螺帽之裝卸　(C)梅花扳手的鉗口內面的尖角數有
10、12、16等三種規格　(D)利用開口扳手鎖緊螺栓時，為增加
扭力，常將扳手套以管子使用。

（　　）**22** 下列哪一種尺度<u>不適合</u>使用分厘卡直接測量？　(A)階級孔深度　(B)螺栓大徑　(C)鋼珠直徑　(D)鳩尾槽角度。

（　　）**23** 以游標卡尺進行尺寸量測，已知其主尺（或稱本尺）最小刻度為1mm，可測量精度為0.02mm，當副尺（或稱游尺）上面的第14小格與主尺的60mm之刻度對齊時，則所量測得到的尺寸為多少mm？ (A)14.60　(B)32.28　(C)46.28　(D)60.28。

（　　）**24** 有關游標卡尺的原理與使用之敘述，下列何者正確？　(A)若主尺（或稱本尺）刻度每格為1mm，以主尺49格的長度，在副尺（或稱游尺）等分為50格，則此游標卡尺的最小讀值為0.02mm　(B)使用游標卡尺外測爪測量工件外部尺寸時，工件應盡量遠離主尺，靠近測爪的尖端　(C)使用游標卡尺內測爪量測工件內徑時，應取多次量測值中的最小值　(D)使用游標卡尺內測爪量測工件的槽寬時，應取多次量測值中的最大值。

（　　）**25** 有關光學投影機之敘述，下列何者正確？　(A)適用於工件厚度量測　(B)適用於盲孔的孔深量測　(C)適用於螺紋之螺旋角量測　(D)適用於縫衣針之輪廓量測。

（　　）**26** 如圖所示為一游標卡尺量測物體尺寸之示意圖，該游標卡尺的精度為0.02mm；若箭頭所指為主尺（或稱本尺）與副尺（或稱游尺）刻劃對齊之位置，則該物體之正確尺寸是多少mm？

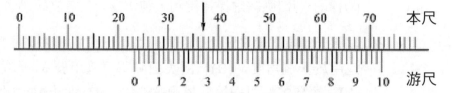

(A)23.28mm　　　　　　　　(B)30.70mm
(C)37.28mm　　　　　　　　(D)37.70mm。

（　　）**27** 關於手工具的種類與應用，下列敘述何者正確？　(A)六角扳手應用於外六角頭螺栓或螺帽的裝卸工作　(B)開口扳手是用於內六角沉頭螺絲的鎖固與鬆退　(C)使用梅花扳手時，每隔30°就可以換角度繼續施力　(D)活動扳手的施力方向應讓活動鉗口承受主要作用力。

(　　) **28** 精密量測人類頭髮直徑時，最適合使用下列何種量具？
(A)分厘卡　(B)游標卡尺　(C)量錶　(D)座標量測機。

(　　) **29** 有關螺栓或螺帽之拆裝敘述，下列何者正確？　(A)使用扳手拆裝時，應以推力較安全　(B)以開口扳手優先使用，其次為梅花扳手　(C)為使扳手拆裝時扭力增加，應增加套管於柄部　(D)使用活動扳手時，施力應向活動邊。

(　　) **30** 有關塊規使用原則之敘述，下列何者不正確？　(A)規劃組合塊規時，先從尺寸的最小位數開始選用　(B)組合時先從小尺寸堆疊到大尺寸　(C)組合所需塊規數愈少愈佳　(D)組合可採用旋轉法或堆疊法。

(　　) **31** 有關使用高度規劃線，下列敘述何者不正確？　(A)高度規的劃線刀伸出較長，劃的線較平整　(B)高度規底座與工件參考面必須保持平行　(C)使用高度規劃線前，應先清潔平板並檢查平板面是否平整　(D)讀取高度規刻度時，視線應和讀取之刻度等高。

(　　) **32** 有關鉗工作業使用的量具，下列敘述何者正確？　(A)鋼尺的最小讀值為0.1mm　(B)加工現場常聽到尺寸單位「條」，1條等於100μm　(C)機械式游標卡尺的量測精度比分厘卡的量測精度高　(D)分厘卡可使用於量測圓棒外徑及工件厚度。

(　　) **33** 有關量具的使用，下列敘述何者不正確？　(A)螺紋分厘卡的用途是測量螺紋的外徑　(B)光學平板是利用光波干涉原理檢驗工件　(C)齒輪游標卡尺之平尺用於量測齒輪的弦齒厚　(D)一游標卡尺主尺每刻劃的間隔為1mm，取主尺39刻劃之距離，並將此距離於副尺上分為20等分，則其精度為0.05mm。

(　　) **34** 如圖所示的正視圖及右視圖是光學尺的安裝（黑色部分）圖面，欲量測間隙D的尺寸是否符合安裝標準，應使用下列何種量具？

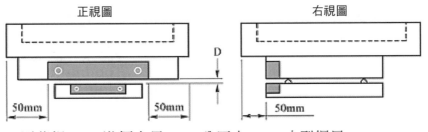

(A)厚薄規　(B)游標卡尺　(C)分厘卡　(D)小型鋼尺。

(　) **35** 有關塊規之敘述，下列何者<u>不正確</u>？　(A)塊規是精度相當高的量規，也是機械加工中長度的標準　(B)塊規依精度與用途可分成四級，其中游標卡尺檢驗使用1級　(C)塊規選用時塊數越少越好，由薄至厚進行組合　(D)塊規組合方法有旋轉法（轉合法）及堆疊法（推合法）2種。

(　) **36** 有關手工具規格表示，下列何者正確？　(A)螺絲起子以刀桿長度表示　(B)活動扳手以開口寬度表示　(C)硬鎚（鋼鎚）以鎚頭硬度表示　(D)六角扳手以六角形截面積表示。

(　) **37** 有關游標卡尺的敘述，下列何者<u>不正確</u>？　(A)精度（最小讀數）0.02mm的游標卡尺，其設計原理係取主尺的49mm等分為游尺的50格　(B)精度（最小讀數）0.05mm的游標卡尺，游尺0刻度在本尺14與15之間，游尺第19格與本尺刻度成一直線，則此尺寸為14.95mm　(C)精度（最小讀數）0.05mm的游標卡尺，假設本尺一格為1mm，則游尺上有21條刻劃線　(D)精度（最小讀數）0.02mm的游標卡尺可以量測出16.004mm的尺寸。

(　) **38** 如圖所示，若使用長度（L）200mm正弦桿測量錐度1：5的工件，則組合塊規高度（H）應為多少mm？
(A)200　　　　(B)100
(C)80　　　　(D)40。

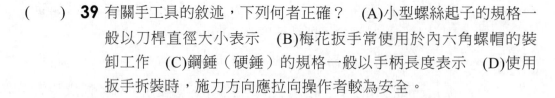

(　) **39** 有關手工具的敘述，下列何者正確？　(A)小型螺絲起子的規格一般以刀桿直徑大小表示　(B)梅花扳手常使用於內六角螺帽的裝卸工作　(C)鋼鎚（硬鎚）的規格一般以手柄長度表示　(D)使用扳手拆裝時，施力方向應拉向操作者較為安全。

(　) **40** 以內徑分厘卡進行量測，如圖所示，正確讀值為多少mm？
(A)12.42
(B)12.84
(C)17.42
(D)17.84。

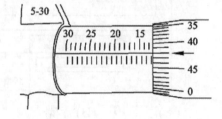

第2單元　銼削操作

重點導讀

本單元主要是在談銼削操作，歷年來模擬考與統測考題皆有出現，命題重點著重在虎鉗使用與保養、銼刀的種類、規格與使用方法，以及銼削姿勢、真平度、垂直度之銼削與量測方法，所以只要把握住這基礎單元應不難得分，切記，基本分是不容許有一絲閃失的。

2-1　虎鉗的使用與保養

一、虎鉗的種類與規格

1. 虎鉗

(1) 虎鉗主要用於鉗工工作中夾持工件之夾具。

(2) 虎鉗由鑄鋼或鑄鐵製成。

(3) 虎鉗可裝置高度約為身高的60%（腰部位置）或低於舉平之手臂下約50～80mm處。

2. 虎鉗種類

(1) 鉗工用虎鉗（bench vise）

　A. 鉗工虎鉗主要結構有固定鉗口、活動鉗口、方螺桿、底座及把柄組合而成。

　B. 鉗工虎鉗鉗口內部並裝置有齒紋之斜紋槽之鋼片，可增加夾持力（摩擦力）可較易夾緊工件。

　C. 鉗工虎鉗上之螺桿其螺牙為方螺牙。

　D. 鉗工虎鉗夾不緊工件最可能原因為螺母（螺帽）磨損。

(2) 鑽床虎鉗：使用於鑽床工作。

(3) 銑床虎鉗：使用於銑床工作。

(4) 氣油壓虎鉗：利用氣體與油壓方式取代手柄，進行夾持工作。

3. 虎鉗規格

(1) 虎鉗規格常以鉗口寬度表示之。鉗口越寬，移動範圍越大。

(2) 虎鉗常用之規格有75mm、100mm、125mm、150mm（最常用）等多種。

二、虎鉗的使用與保養

1. 虎鉗使用要領

(1) 虎鉗使用前後須以油布清拭虎鉗。

(2) 夾緊精光工件，鉗口上套以軟金屬片之鉗口罩，以防止夾傷工件。

(3) 軟金屬片鉗口罩材料以銅、鋁、鋅為佳，以鋁最常用。

(4) 虎鉗活動鉗口邊不得敲擊，宜向固定鉗口邊用力。

(5) 不得用手鎚敲打手柄或對手柄套以管子施力。

(6) 夾持工件時，應盡量利用鉗口中間夾持。

(7) 虎鉗必要時亦可單邊夾持工件進行銼削，為防止工件脫落，由於考慮平衡，不可用力夾緊虎鉗。

2. 虎鉗保養

(1) 虎鉗使用完畢，先以毛刷清除切屑，再用抹布擦淨。

(2) 鉗口及砧座未塗油漆處上油保養，以防生鏽。

(3) 虎鉗使用完畢時，鉗口間留3～5mm的縫隙，且將把手（手柄）垂直朝下放置。

牛刀小試

(　　) **1** 有關銼削加工之敘述，下列何者<u>不正確</u>？　(A)重擊或是鑿削工件時，應朝向虎鉗之固定鉗口方向施力，以免傷及螺桿　(B)推銼法係將手握銼刀的兩側，利用推力及拉力進行往復銼削，適合小平面的精加工　(C)單切齒銼刀一般適用於銼削量較小且表面需要精緻的銼削使用　(D)虎鉗可單邊夾持工件進行銼削，為防止工件脫落，可用力夾緊虎鉗。　【106統測】

(　　) **2** 有關虎鉗的敘述，下列何者正確？　(A)規格以最大可夾持距離表示　(B)鉗口製成齒型紋路的作用為增加硬度　(C)為增加夾緊工作物的力量，一般可增加套管於手柄上增加力矩　(D)裝置最佳高度約與操作者手臂彎曲後的手肘同高。　　　【108統測】

───── 解答與解析 ─────

1 (D)。虎鉗應夾持在鉗口中央進行銼削，為防止工件脫落，工件底部可墊木塊，且夾緊虎鉗應使用適當力。

2 (D)。(A)虎鉗規格以鉗口寬度距離表示。(B)虎鉗鉗口製成齒型紋路的作用為增加夾持力。(C)不可使用套管於虎鉗手柄上增加力矩。

2-2 銼刀的種類、規格與使用方法

一、銼刀的種類與規格

1. 銼刀

(1) 材料：高碳鋼或高碳工具鋼為主。

(2) 用途：銼削平面、曲面，易常用於機械的裝配、分解、調整及修整等。

(3) 精度：熟練機工可達到粗度3μm的平面之表面粗糙度。

(4) 硬度：銼刀經熱處理後，其銼齒硬度約為洛氏硬度值HRC62。

銼刀

2. 銼刀之各部名稱

長度	自頂端至踝部之距離，不包括舌、根、柄部。
面	具有銼齒的兩銼削面。
邊	具有銼齒稱為切削邊，無切齒者稱為安全邊。安全邊用於銼削肩角，以免傷工件物垂直邊而銼傷肩角。
頂	指頂端。
根部	又稱舌部，銼刀之末端，套木材柄，刀根形狀為方錐。
踝	靠近根部無銼齒部份。

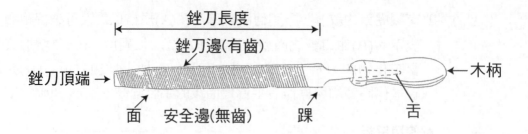

3. **銼刀之種類**

銼刀依長度、形狀與切齒之大小及切齒形式而分為：

(1) 長度：銼刀長度之規格通常為間隔50mm有一支，有100mm（4"）、150mm（6"）、200mm（8"）、250mm（10"）、300mm（12"）、350mm（14"）、400mm（16"）等共7種規格。

(2) 形狀：以斷面來表示一般有平銼、方銼、三角銼、半圓銼、圓形銼及什錦銼等。

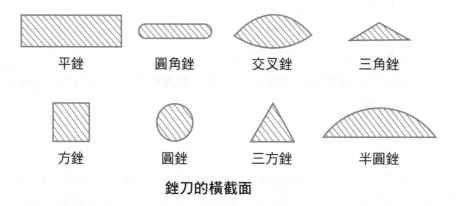

銼刀的橫截面

> **註** 三角銼刀（夾角60°）常用於銼削肩角、銼削大於60°之內角、粗銼削內正三角形等加工。

(3) 切齒形式：可分為單切齒、雙切齒、棘銼齒、曲切齒等。

　A. **單切齒**：切削刃只有一個方向，傾斜角度約65°～85°，切削量較少，適於精細精光平面、**車床上銼光及精光推銼**。

　B. **雙切齒**：一般粗銼最常用，切削量較多，切削刃係由70°～80°平行線的右切齒（上切齒或主切齒）及40°～45°平行線的左切齒（下切齒或副切齒）相互交叉的切齒，適於**一般粗銼削**工作。

右切齒	又稱**上切齒**或**主切齒**，切齒為右上左下，係第一排與銼刀邊成$70°\sim80°$角，其切齒較粗，主要目的為**切削作用**。
左切齒	又稱**下切齒**或**副切齒**，切齒為左上右下，係第二排與銼刀邊成$40°\sim45°$角，其切齒較細，齒距較大，主要目的為**排除鐵屑**。

C. **棘切齒**：銼齒成單獨半圓弧狀，適於銼削木材、皮革、塑膠等非金屬材料。

D. **曲切齒**：適於銼削軟金屬，因曲線使銼屑容易脫落。如黃銅、銲錫、鉛、鋁等軟金屬材料。曲切齒銼刀之銼齒可使用銑床加工而成。

4. 切齒的大小

(1) 切齒的單位以25.4mm（1吋）長度之齒數表示。

【新標準採每10mm長度之齒數】

(2) 切齒分為粗、中、細、特細等四種。

(3) **長度相同之銼刀，粗齒較細齒之齒數為少（齒距大）。**

(4) **長度愈長則銼齒愈粗，單位長度內切齒較少（齒距大）。**

5. 什錦銼

(1) 什錦銼亦稱組銼，其組合種類有5支、8支、10支、12支等。

(2) 什錦銼長度一般為150mm以下，斷面較小。

(3) 什錦銼適用於大銼刀不能加工位置或精密工作時應用。

(4) **什錦銼一般不套木柄使用之。**

6. 銼刀之規格表示法

(1) 以銼刀身長（不包含柄部）及種類表示。

(2) 常以長度、銼齒粗細度、斷面形狀及切齒形狀表示，如250mm粗平銼，200mm中圓銼等。

牛刀小試

(　) 不同切齒形式的銼刀有其適用的銼削對象。下列敘述何者<u>不正確</u>？　(A)雙切齒銼刀適用於大切削量的粗銼削　(B)單切齒銼刀適用於小切削量的精銼削　(C)曲切齒銼刀適用於鋁材的銼削　(D)棘切齒銼刀適用於鋼材的銼削。　　　　　　　　【107統測】

—————解答與解析—————

(D)。棘切齒：銼齒成單獨半圓弧狀，適於銼削皮革、木材、塑膠等非金屬材料。

二、銼刀使用方法

1. 銼刀使用方法

(1) 粗銼削（銼削量大）選用雙切齒銼刀。

(2) 精銼削（銼削量小）選用單切齒銼刀。

(3) 銼削鑄件，表面硬黑砂皮應先切除（砂輪磨削處理），新銼刀不能銼削鑄件或太硬之表面。

(4) 新銼刀不可銼削硬材料，但適宜銼削軟材料如銅合金。

(5) 精銼削前可在銼刀面上塗上粉筆，有利於提高表面光度及排屑。

2. 銼刀使用注意事項

(1) 選用銼刀最大的因素，依工件的軟硬而定。

(2) 銼刀柄之安裝應與銼刀成一直線。

(3) 在虎鉗上夾持工件銼削時，工件銼削面突出鉗口面10mm以下為宜。

(4) 銼刀用畢，要用銅刷刷乾淨，不可上油。

3. 銼刀選用要點項

(1) 粗齒（刃數少；齒距大）：軟材、大面、粗加工、重切削。

(2) 細齒（刃數多；齒距小）：硬材、小面、細加工、輕切削。

4. 銼削方法

(1) 直進法：為銼刀向前直推銼削，最後加工時常採用之，其缺點為工件物易產生中間較高而前後低的現象。

(2) 交叉法：為銼刀交叉銼削，其切削量較大，最適於大面積之粗加工，交叉角度30°或45°為宜。

(3) 橫進法（推銼法）：推銼法係將手握銼刀的兩側，利用推力及拉力進行往復銼削，進程與回程，均須平穩施以壓力，此銼法最適合於單切齒銼刀，最適於精光加工。

(4) 斜進法：為銼刀向前斜推拉銼削，最適於大面積之粗加工。

5. 銼刀中間腹部成凸面之目的

(1) 易於銼削。　　　　　　　　(2) 易於銼平。

(3) 防止熱處理時彎曲變形。　　(4) 省力。

6. 銼刀發生堵塞的原因

(1) 工件太軟。　　　　　　　　(2) 工作壓力太大。

(3) 銼齒太細。　　　　　　　　(4) 銼刀選用不當。

7. 銼刀發生堵塞的消除堵塞的方法

(1) 利用銅刷順著切齒方向刷除（用於粗銼刀）。

(2) 利用薄銅片順著切齒方向剔除（用於細銼刀）。

8. 刮削（鏟削）及刮花（鏟花）

(1) 刮削（鏟削）主要目的是針對切削後或銼削後的平面再加工之精密加工。

(2) 刮花（鏟花）次要目的是為創造出美麗的加工花紋。

(3) 刮花後之表面具有儲油潤滑作用。

2-3 銼削姿勢認識

銼削姿勢注意事項：

1	右手握持銼柄，拇指在上面，其餘手指扶柄下。
2	左手握持銼刀端，拇指在上面，其餘手指在下面。
3	右手銼削姿勢時，左腳的膝蓋部位必須向前彎曲，右腳則仍然保持伸直。
4	銼削回程不切削，稍微提高銼刀以防銼齒鈍化。
5	工件表面若有黑皮，可以用銼刀邊或銼刀端先銼除。
6	銼削必須使手肘、銼刀與工件被銼削位置成一直線並保持水平。

7	右手銼削當銼刀逐漸向前推進，左手施加的壓力必須隨之降低。
8	銼削動作應慢穩而長。
9	適當的銼削速度為**每分鐘**50～60**次**。
10	銼削工作中，銼刀愈長，則每分鐘銼削次數愈少。
11	銼削工作中，銼刀愈短，則每分鐘銼削次數愈多。

2-4 真平度、垂直度、平行度之銼削與量測方法

一、平面的銼削與量測

1. 平面銼削

(1) 真平度定義：工件表面與理想平面之誤差程度，謂之真平度或平面度。

(2) 真平度符號：以「 ⁄⁊ 」表示。

(3) 平面銼削與量測不需有一個基準面。

2. 真平度量測

(1) 利用直尺或刀口直尺單獨量測。

(2) 利用角尺或刀口直角規量測。

(3) 利用平板配合紅丹油輔助量測。

(4) 利用光學平板量測。

(5) 真平度公差：

刀口角尺

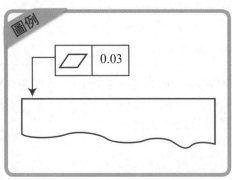

圖例

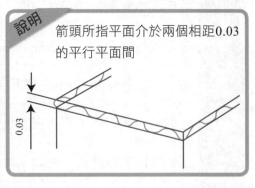

說明　箭頭所指平面介於兩個相距0.03
的平行平面間

3. **平面銼削量測技能重點**
   (1) 採用刀型角尺或刀口直尺檢查，如接觸面完全不透光，則表示工件面之真平度良好。
   (2) 平面度檢查最常採用平板檢查，將工件檢查面及平板擦拭乾淨，將紅丹油均勻塗於平板上薄薄一層，**沾有紅丹油處表示工件凸出處要銼除**，當紅丹油佈滿整個銼削面，則表示真平度極佳。
   (3) 以角尺或直尺檢查工件的平面度，**透光處表示工件在該處凹入**。
   (4) 最後以細銼或油光銼，以直進法將平面修光，以得較光滑之銼削面。

牛刀小試

(　　) 有關銼削工作的敘述，下列何者<u>不正確</u>？　(A)虎鉗為固定工作物的主要工具，其規格以鉗口寬度表示　(B)銼刀主要以銼刀長度、切齒形式及斷面形狀等作為分類依據　(C)以紅丹油檢查工件平面度，觀察沾有紅丹油的部分為工件凹陷處　(D)為得到較佳的工件銼削表面粗糙度，可於銼刀面塗上粉筆。　【109統測】

───── **解答與解析** ─────

(C)。沾有紅丹油的部分應為工件凸起之處。

二、垂直面的銼削與量測

1. **垂直面銼削**
   (1) 垂直度定義：工件一平面與參考基準面成垂直之誤差程度，謂之垂直度。
   (2) 垂直度符號：以「⊥」表示。
   (3) **垂直面的銼削與量測需具有一個基準面**，以基準面為基準進行量測。
   (4) 一般基準面為加工完成且以較大平面及平面度佳的平面作為基準面。

2. **垂直度量測**
   (1) 利用角尺單獨量測。
   (2) 利用角尺或角板配合平板量測。
   (3) 以紅丹油塗抹在平板上，利用角板可以檢測工件的垂直度。
   (4) 利用90°V形枕量測。

(5) 利用圓筒直角規配合平板與量錶量測。

(6) 垂直度公差：

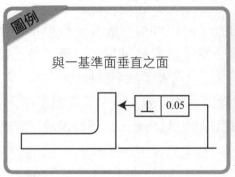

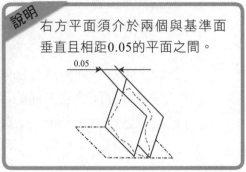

3. 垂直面銼削量測技能重點

(1) 以角尺或角板與平板檢查時，工件之基準面與角尺或角板置於平板上，相互接觸，由透光情形判斷兩面的垂直度。

(2) 紅丹油塗抹在平板上，利用角板可以檢測工件的垂直度。

(3) 以90°V形枕檢測時，工件置於V形枕的V形槽內，V形槽塗抹紅丹油，基準面緊靠V形槽，由紅丹油分布情形，判斷兩面的垂直度。

(4) 以圓筒直角規與量錶量測，先以圓筒直角規將量錶歸零後，再改置工件於平板上，由指針偏轉量讀取垂直度誤差值。

三、平行面的銼削與量測

1. 平行面銼削

(1) 平行度定義：工件一平面與參考基準面成平行之誤差程度，謂之平行度。

(2) 平行度符號：以「//」表示。

(3) 平行面的銼削與量測需具有一個基準面，以基準面為基準進行量測。

(4) 一般基準面為加工完成且以較大平面及平面度佳的作為基準面。

2. 平行度量測

(1) 利用游標卡尺多點比較量測。　(2) 利用高度規配合加裝量表量測。

(3) 利用指示量錶或槓桿量錶量測。(4) 利用光學平板量測。

(5) 平行度公差：

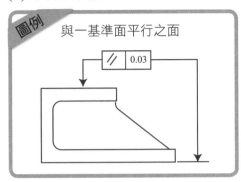

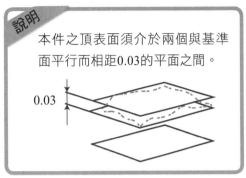

圖例　與一基準面平行之面

// 0.03

說明　本件之頂表面須介於兩個與基準面平行而相距0.03的平面之間。

0.03

3. 平行面銼削量測技能重點

(1) 以游標卡尺量測，要利用多點量測。

(2) 以指示量錶或槓桿量錶檢查，顯示平行度的誤差量。

(3) 以指示量表在平板上檢查工件的平行度，**指針擺動愈小則平行度愈佳**。

2-5 銼削面的表面粗糙度

一、表面粗糙度

1. 被加工的工件表面高低凹凸不平的程度稱表面粗糙度。

2. 表面亮度與表面粗糙度無關。

3. 常用之量測表面粗糙度法有探針斷面測定法、光線切斷測定法、光波干涉測定法等。

4. 探針斷面測定法使用最廣，探針接觸工件表面之壓力應適當，使用探針表面粗糙度量測儀時，應將工件表面之刀痕方向與探針運動方向呈垂直。

5. 表面粗糙度單位以μm表示。數值愈小，代表加工面愈光滑。

6. 量測表面粗糙度不宜使用目測法、量表（針盤指示器）及游標卡尺量測。

二、表面粗糙度之表示方法

1. 表面粗糙度有數種表示方法，常用者有中心線平均粗糙度（或稱算數平均粗糙度）與最大高度粗糙度。

2. 中心線平均粗糙度以Ra表示，最大高度粗糙度以Rz表示。

三、銼齒選擇影響表面粗糙度

1. 粗齒銼刀加工為了快速的去除多餘材料與快速的排屑，因此獲得較粗糙的表面。
2. 細齒銼刀加工通常都是為了修整出精細的工件表面與良好的尺寸。
3. 銼削工作必須依照工作圖上表面織構符號的要求，選擇正確的銼刀來使用，以獲得正確的表面粗糙度。

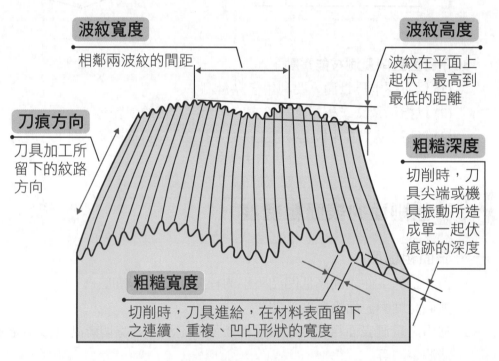

波紋寬度 相鄰兩波紋的間距

波紋高度 波紋在平面上起伏，最高到最低的距離

刀痕方向 刀具加工所留下的紋路方向

粗糙深度 切削時，刀具尖端或機具振動所造成單一起伏痕跡的深度

粗糙寬度 切削時，刀具進給，在材料表面留下之連續、重複、凹凸形狀的寬度

表面粗糙度的表示

考前實戰演練

( )　**1** 銼削時，加工面保持最佳高度約為何者？　(A)膝高度　(B)手肘高度　(C)胸高度　(D)肩膀高度。

( )　**2** 以游標卡尺利用多點量測，最適宜？　(A)平面銼削量測　(B)平行面銼削量測　(C)垂直面銼削量測　(D)角度銼削量測。

( )　**3** 一般鉗工虎鉗上之螺桿其螺牙為？　(A)方牙　(B)三角牙　(C)梯形牙　(D)惠氏牙。

( )　**4** 一般不裝銼柄的銼刀是？　(A)曲紋銼　(B)單切齒銼　(C)半圓銼　(D)什錦銼。

( )　**5** 一般銼刀銼齒粗、細與下列何者有關？　(A)長度　(B)寬度　(C)厚度　(D)硬度。

( )　**6** 俗稱6吋虎鉗，其鉗口寬度為？　(A)120mm　(B)150mm　(C)180mm　(D)240mm。

( )　**7** 銼削木材宜選用？　(A)單切齒銼刀　(B)雙切齒銼刀　(C)曲切齒銼刀　(D)棘切齒銼刀。

( )　**8** 銼削正三角形，其使用之量角器須調整為？　(A)15°　(B)30°　(C)45°　(D)60°。

( )　**9** 在虎鉗上敲擊工件，應向鉗口哪一邊？　(A)活動側　(B)固定側　(C)左側　(D)右側。

( )　**10** 虎鉗口之斜紋槽其功用為？　(A)較易夾緊工件　(B)美觀　(C)增加硬度　(D)耐磨耗。

( )　**11** 虎鉗規格以何者表示為宜？　(A)鉗口深度　(B)鉗口寬度　(C)最大夾持距離　(D)虎鉗重量。

(　　) **12** 一般銼刀係以下列何種鋼料製造？　(A)高速鋼　(B)高鉻鋼　(C)高碳鋼　(D)高錳鋼。

(　　) **13** 銼削下列何種材料，易使新銼刀鈍化？　(A)銅料　(B)鋁料　(C)低碳鋼　(D)鑄件胚面。

(　　) **14** 使用300mm銼刀，其粗銼削速度每分鐘宜約？　(A)15～35次　(B)40～60次　(C)65～80次　(D)85～100次。

(　　) **15** 鉗工以平銼刀銼削平面時，銼削面最易造成凸形之部位為？　(A)前端　(B)後端　(C)前後端　(D)中間。

(　　) **16** 下列何項不是銼刀之常用規格長度？　(A)150mm　(B)250mm　(C)350mm　(D)500mm。

(　　) **17** 正確的銼削姿勢，必須使手肘、銼刀、與工件被銼削位置？　(A)不能成一直線　(B)不能成水平　(C)成偏斜交錯　(D)成一直線並保持水平。

(　　) **18** 二支同號但長度不同的銼刀，其銼齒為？　(A)粗細相同　(B)長度短者，銼齒較粗　(C)長度長者銼齒較粗　(D)長度與粗細無關。

(　　) **19** 鉗工用之扁平銼，銼刀刀面尾端呈圓弧狀之原因為？　(A)製造上之疏忽　(B)熱處理之結果　(C)為加工方便而設計　(D)為節省材料而設計。

(　　) **20** 在虎鉗上夾持工件銼削時，銼削面突出鉗口面幾mm為宜？　(A)10mm　(B)30mm　(C)50mm　(D)70mm。

(　　) **21** 右切齒又稱上切齒或主銼齒，其切齒較粗，主要目的為切削作用，第一排與銼刀邊成？　(A)30°～40°　(B)40°～45°　(C)60°～70°　(D)70°～80°。

（　）**22** 平光銼刀除雙面的銼齒刀面特性外，在其銼刀的雙邊只有一邊有單切面，另一邊為無切齒安全邊，其功用在銼削內稜角時安全邊可防止？　(A)銼削內稜角平面　(B)銼齒銼傷工作者　(C)銼屑之堵塞　(D)銼刀之斷損。

（　）**23** 以角尺與平板檢查時，工件之基準面與角尺置於平板上，相互接觸，由透光情形判斷之方法，最適宜？　(A)垂直面銼削測量　(B)平行面銼削測量　(C)傾斜面銼削測量　(D)角度銼削測量。

（　）**24** 有關鉗工用虎鉗，下列敘述何者不正確？　(A)鉗工用虎鉗由鑄鋼或鑄鐵材料製成　(B)鉗工用虎鉗常裝於鉗檯上使用　(C)鉗工用虎鉗轉動手柄時，藉梯形螺紋螺桿使活動鉗口作前後移動　(D)鉗工用虎鉗鉗口內部具有齒紋，可使工件夾持更為牢固。

（　）**25** 有關銼刀使用，下列敘述何者不正確？　(A)銼刀齒主要分單切齒、雙切齒、曲切齒及棘切齒等　(B)推銼法銼削，以單切齒銼切最為適宜　(C)銼刀長度係銼刀端至根部末端的總長　(D)銼刀齒之粗細是以單位長度25.4mm（1吋）含有的齒數定之。

（　）**26** 有關平面銼削之敘述，下列何者不正確？　(A)工件表面若有黑皮，先用銼刀邊或銼刀端先銼除　(B)單銼齒銼刀之銼齒角度一般與銼刀邊緣成65°～85°　(C)雙銼齒中的副銼齒，銼齒較深具有切削作用　(D)銼削時必須使手肘、銼刀與工件被銼削位置成一直線並保持水平。

（　）**27** 下列有關銼削相關知識的敘述，何者不正確？　(A)虎鉗規格一般以「鉗口寬度」表示，鉗口越寬，移動範圍越大　(B)單切齒銼刀適用於精銼削或車床上銼光，而雙切齒銼刀適用於銼削量大之銼削　(C)將紅丹油薄薄塗抹於平板，工件與平板貼合往復滑動，沾有紅丹油處為工件凹陷部位　(D)銼齒間的切屑，應以鋼刷或銅刷，順著銼齒紋路方向刷除。

考前實戰演練

（　）**28** 下列關於銼削加工之敘述，何種最正確？　(A)單銼齒之銼刀較容
易沾黏銼屑，故不用於精光銼削　(B)為了增加銼削量，可於銼
刀面上塗些粉筆，以便讓銼屑易於脫落　(C)銼刀用畢，要用銅
刷刷乾淨，不可上油　(D)由於鑄件硬度較高，銼削時應先選擇
新銼刀。

（　）**29** 下列有關銼削之敘述，何者<u>不正確</u>？　(A)三角銼適用於銼削大於
60度之內側銳角面　(B)推銼法可得較佳的表面粗糙度　(C)紅丹
油無法用於檢查銼削平面的平面度　(D)精密角尺與平板可用於
檢查工件之垂直度。

（　）**30** 以一粗齒之新銼刀銼削加工，選擇銼削下列何種材質最恰當？
(A)鑄鐵　(B)碳化鎢　(C)銅合金　(D)高碳鋼。

（　）**31** 以下有關銼刀選用之敘述，何者<u>不正確</u>？　(A)鑄件表面較硬，不
宜使用新銼刀銼削鑄皮面　(B)單齒紋銼刀比雙齒紋銼刀適合大
量銼削　(C)粗齒銼刀適宜用來銼削軟金屬　(D)特細齒銼刀經常
使用於特別需要光滑的表面加工。

（　）**32** 銼削時，使用粉筆塗在銼刀面上的主要作用為何？　(A)有利排屑
(B)保護銼齒免於崩裂　(C)避免打滑　(D)增加摩擦力。

（　）**33** 下列哪一種尺度<u>不適合</u>使用分厘卡直接測量？　(A)階級孔深度
(B)螺栓大徑　(C)鋼珠直徑　(D)鳩尾槽角度。

（　）**34** 有關銼刀的銼齒（或稱為切齒）形式之敘述，下列何者正確？
(A)單銼齒銼刀之銼齒角度一般與銼刀邊緣成45°～55°　(B)雙銼
齒銼刀，適用於精銼削加工　(C)曲銼齒（curved cut）較適合於
硬金屬材料銼削　(D)雙銼齒中的主銼齒，其銼齒較深具有切削
作用。

（　　）**35** 有關平面銼削之敘述，下列何者<u>不正確</u>？　(A)工件表面若有黑皮，可以用銼刀邊或銼刀端先銼除　(B)正確的銼削姿勢，必須使手肘、銼刀與工件被銼削位置成一直線並保持水平　(C)右手銼削姿勢：右手肘緊貼身體右側，當銼刀逐漸向前推進，左手施加的壓力必須隨之降低　(D)右手銼削姿勢：當銼刀向前推進，右腳的膝蓋部位必須向前彎曲，左腳則仍然保持伸直。

（　　）**36** 有關銼削工件之測量，下列敘述何者正確？　(A)以角尺檢查工件的平面度，透光處表示工件在該處凸出　(B)以紅丹油塗抹在平板上做工件平面度檢查，沾有紅丹油的地方表示工件凸出的部位　(C)以紅丹油塗抹在平板上，利用角板可以檢測工件的平行度　(D)以指示量表在平板上檢查工件的平行度，指針擺動愈大則平行度愈佳。

（　　）**37** 有關銼削加工之敘述，下列何者正確？　(A)曲切齒銼刀適用於銼削較硬之合金　(B)單切齒銼刀是30°～65°的單一方向平行切齒　(C)棘切齒適用於銼削鋁銅等材料　(D)銼削來回速率，約每分鐘50～60次。

（　　）**38** 有關銼削加工之敘述，下列何者<u>不正確</u>？　(A)重擊或是鏨削工件時，應朝向虎鉗之固定鉗口方向施力，以免傷及螺桿　(B)推銼法係將手握銼刀的兩側，利用推力及拉力進行往復銼削，適合小平面的精加工　(C)單切齒銼刀一般適用於銼削量較小且表面需要精緻的銼削使用　(D)虎鉗可單邊夾持工件進行銼削，為防止工件脫落，可用力夾緊虎鉗。

（　　）**39** 不同切齒形式的銼刀有其適用的銼削對象。下列敘述何者<u>不正確</u>？　(A)雙切齒銼刀適用於大切削量的粗銼削　(B)單切齒銼刀適用於小切削量的精銼削　(C)曲切齒銼刀適用於鋁材的銼削　(D)棘切齒銼刀適用於鋼材的銼削。

（　　）**40** 有關虎鉗的敘述，下列何者正確？　(A)規格以最大可夾持距離表示　(B)鉗口製成齒型紋路的作用為增加硬度　(C)為增加夾緊工作物的力量，一般可增加套管於手柄上增加力矩　(D)裝置最佳高度約與操作者手臂彎曲後的手肘同高。

第3單元　劃線與鋸切操作

重點導讀

新課綱的安排將劃線與鋸切操作兩單元合併為一單元，本單元整體而言不難，重點處為劃線工具的種類、規格與用法以及保養與維護，另外鋸條的種類、用途、規格及鋸切方法也不容忽視，有了第一單元各種量具的種類與使用及第二單元銼削的學習，要學習劃線方法、鋸切姿勢與方法應該是輕而易舉的事，機械基礎實習的各單元彼此有連結與互通，研讀一下即能發現相似之處，專業知識的累積也會不斷的提升。

3-1 劃線工具的種類、規格與用法

一、劃線工作的定義
1. 劃線係依據工作圖尺度劃出直線、圓弧或曲線等工作。
2. 劃線係依據工作圖尺度在加工工件上定位之工作。

二、劃線之目的

 決定表面加工程度　　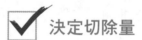 決定切除量

 決定加工位置　　 決定加工方式

三、劃線工具的種類、規格與用法
1. **平台（平板）**
   (1) 平台規格以**長度×寬度×高度**表示，只須一面平面度（真平度）。
   (2) 平台可為劃線或量測之基準面。
   (3) 平台配合塗上紅丹油使用可檢驗工件的平面度（真平度）。
   (4) 平台種類有鑄鐵和花崗岩兩種。
   (5) 鑄鐵平台常用於現場工作，花崗岩平台一般用於量測室或品保部門。
   (6) 花崗岩平板硬度高（約為鑄鐵的2~3倍）、耐磨耗、不易變形、品質較佳，但成本較高。

(7) 花崗岩表面不起刮痕及毛邊，精度不因撞擊而影響。

(8) 避免鑄鐵平板生鏽，可塗上一層防鏽油並加以覆蓋。

2. 劃線針

(1) 劃線針係以高碳工具鋼製成，長度約200～250mm。

(2) 劃線針規格以長度表示。

(3) 劃線針尖端經淬火硬化處理。

(4) 劃線針使用時，針桿向尺外並向劃線方向傾斜60°劃線。

(5) 劃線針的針尖朝向鋼尺邊緣，針尾向外傾斜約15°。

(6) 劃線針與角尺劃垂直線，用角尺的短邊緊靠工件的基準邊。

3. 劃線台（或稱平面規）

(1) 劃線台由基座、支柱及劃線針組成。

(2) 劃線台常作為粗糙表面劃線或留有毛胚面（黑皮）材料的劃線。

(3) 劃線台常作為車床、鉋床、銑床等之校正工件。

(4) 劃線台適合作為迴轉工件的校正參考基準點或中心。

4. 游標高度規

(1) 游標高度規由一帶基座主尺及帶碳化鎢刀口劃刀之游尺組合而成。

(2) 游標高度規的劃線刀不可伸出較長，劃的線才會平整。

(3) 游標高度規可配合平板量測工件高度外，主要用於劃線之工具。

(4) 游標高度規底座與工件參考面必須保持平行。

(5) 游標高度規劃線前，應先清潔平板並檢查平板面是否平整。

(6) 讀取游標高度規刻度時，視線應和讀取之刻度等高。

(7) 游標高度規精度可調整到0.02mm。

(8) 游標高度規常附加裝置量表或電子液晶，精度可調整到0.01mm。

(9) 游標高度規可以加裝量錶作平行度量測。

(10) 游標高度規劃刀與工件以點接觸為宜。劃刀向外傾斜15°～30°劃線。

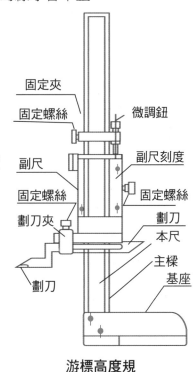

固定夾
固定螺絲
微調鈕
副尺
副尺刻度
固定螺絲
固定螺絲
劃刀夾
劃刀
本尺
主樑
基座
劃刀

游標高度規

(11) 游標高度規劃線時，除了鎖緊微調裝置固定螺絲外亦需先鎖緊滑槽固定螺絲後，才可進行劃線工作。

(12) 使用游標高度規之前，可將副尺固定在零點作歸零檢查。

(13) 可用游標高度規、平板、V型枕，在圓形工件的端面劃中心線。

5. 分規及長徑規（樑規）

(1) 分規的規格以能張開的最大距離表示，用於測定距離、比較距離、劃圓或圓弧分段。

(2) 長徑規又稱樑規（trammel）適用於半徑300mm以上之大直徑的圓或圓弧之劃線工作。

6. 單腳卡

(1) 單腳卡主要用於鉗工上劃平行線。

(2) 單腳卡可用於求圓桿端面中心、方形工件中心及車工上長度的量測等最方便。

(3) 車床上車削肩角前，宜選用單腳卡鉗在工件上劃出肩角位置線。

7. 量角器（角度儀）

(1) 量角器用於劃角度或量測角度。

(2) 量角器可用於精度1°的角度量測或劃線工作。

8. 角尺（直角規）

(1) 直角規以薄的規片和粗的橫樑組成而形成正90°角，劃一與平面或邊緣成垂直之線。

(2) 可檢查工件之平面度（真平度）或兩面的直角度（垂直度）。

(3) 劃線針與角尺劃垂直線，用角尺的短邊緊靠工件的基準邊。

9. 角板

(1) 角板是由鑄鐵或鑄鋼製成，具有互相垂直的兩精光平面。

(2) 角板常用於平板上檢查工件垂直度或劃線之背面支撐。

(3) 角板置於平板上，可檢查工件的直角度（垂直度）。

(4) 可藉由螺栓、角板或C形夾來固定不規則形狀工件。

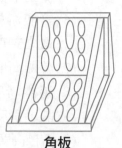

角板

10. V型枕：

(1) V型枕又稱V槽塊，係以**鑄鐵或合金鋼**製成。

(2) V形枕通常用於放置**圓形工件或直角工件**。

(3) V型枕規格以長度表示，或以**長度×寬度×高度**表示。

(4) 常用之V型枕的**槽角度為**90°，**左右對稱各**45°。亦有不為90°者。

V形枕

11. 平行桿（平行塊）：

(1) 平行桿是兩支相同尺度的精密長方條形成一對的工具。

(2) 平行桿亦可用於將**工件水平墊高**。

12. 組合角尺（複角尺）（combination square set）：

(1) 組合角尺（複角尺）是由**直鋼尺、角度儀、直角規及中心規**等四件組合之規尺。

(2) **直鋼尺與中心規**組合可求**圓桿端面之中心**最方便準確。

(3) **直鋼尺與量角器（角度儀）組合**適用於直接量測或劃線角度每格1°，故適用於量測±1°之角度。

(4) **直鋼尺與直角規**組合可量測或劃線90°和45°角或可當角尺使用，且具有水平儀，可量測水平。

(5) **組合角尺若由直鋼尺與角度儀**組合，可以劃平行線或任何角度的直線。

(6) 組合角尺或角尺皆可在工件上劃垂直線。

組合角尺

13. 刺沖（尖沖）：

(1) 刺沖（尖沖）為**高碳工具鋼熱處理或鍛造製成**。

(2) 刺沖（尖沖）之尖端角度為30°～60°，**最佳者約為**30°。

(3) 刺沖（尖沖）以留下記號之**留痕**為目的。

14. 中心沖：

(1) 中心沖為**高碳工具鋼熱處理或鍛造製成**。

(2) 中心沖之尖端角度為60°～90°，**最佳者約為**90°。

(3) 中心沖用以衝中心，作為**鑽頭起鑽（容納鑽頭靜點）**。

刺沖　中心沖

四、劃線前的準備

1. 劃線前工件表面先予清潔處理，並需除去毛邊。

2. 劃線第一步為尋求**基準面**。

3. 基準面選取主要以**已加工面、較大的面、圓的中心及較多尺度由此量起**者為基準。

五、劃線塗劑使用注意事項

1. 劃線塗劑之目的為使線條清晰。

2. 已加工表面塗以奇異墨水、普魯士藍或藍色硫酸銅等染色劑。

3. **未加工表面、黑皮面或粗糙面**，除去毛頭後塗以**粉筆**。

4. 通常**加工之金屬面上劃線**，最好使用的塗料為**奇異墨水**。

六、劃線工具使用注意事項

1. 大件重心不穩的工件劃線前應先穩定重心，尚須調整基準面。

2. 在**大面積薄工件上劃線**，**宜選用角板及C形夾輔助劃線**。

3. 圓管上作45°角的圓周面劃線，宜選用樣板輔助劃線。

4. 為確保銼削精度，工件一般須作**雙面劃線**。

5. 劃線完成後，**工件不可在平板上進行中心沖敲打工作**。

6. 用劃線台劃數條水平線，結果不平行，可能原因是劃線台劃針鬆脫、平板上有屑物、工件沒緊靠直角板、工件鬆動、劃線針太粗、用力過大等。

牛刀小試

( )　**1** 有關使用高度規劃線，下列敘述何者<u>不正確</u>？
(A)高度規的劃線刀伸出較長，劃的線較平整
(B)高度規底座與工件參考面必須保持平行
(C)使用高度規劃線前，應先清潔平板並檢查平板面是否平整
(D)讀取高度規刻度時，視線應和讀取之刻度等高。　【105統測】

( )　**2** 有關劃線技能之敘述，下列何者正確？
(A)劃線工作首要步驟是選定基準面，一般取容易做的加工面
(B)工件以台座形角尺劃垂直線時，以角尺的短邊緊靠基準邊，再用長邊來進行劃線工作
(C)使用游標高度規劃線時，微調裝置固定螺絲鎖緊後即可進行劃線工作
(D)劃線完成後，工件可在平板上利用鋼鎚進行中心沖敲打工作。
【106統測】

( )　**3** 有關刺（尖）沖和中心沖的敘述，下列何者<u>不正確</u>？
(A)皆以鑄鐵製成，尖端須經淬火硬化處理
(B)刺（尖）沖尖端之圓錐角度約30°～60°
(C)中心沖尖端之圓錐角度約90°
(D)中心沖製成之凹痕可用於引導鑽頭定位。　【107統測】

( )　**4** 欲在一工件平面上以組合角尺劃一角度線，劃線分解成下列五個步驟：A.在工件欲劃線處做記號；B.調整組合角尺至所需角度；C.手壓緊組合角尺貼緊工件，劃線針往劃線方向劃線；D.將工件、組合角尺及平板擦拭乾淨；E.將組合角尺貼緊於工件之基準邊，下列何種操作順序比較合適？
(A)D.→E.→B.→C.→A.
(B)B.→E.→A.→D.→C.
(C)A.→B.→C.→D.→E.
(D)D.→B.→A.→E.→C.。　【108統測】

（　　）　**5** 某生用量角器量得高速鋼外徑車刀的前間隙角為10°，如果此車刀的刃高為20mm、刃寬為10mm，則以直角規接觸刀尖，如圖所示，直角規與車刀放置於平台以量測間隙，則底部間隙約為多少mm？（註：sin10°＝0.173、tan10°＝0.176）

(A)3.46

(B)3.52

(C)1.73

(D)1.76。　　　　　　　　　【109統測】

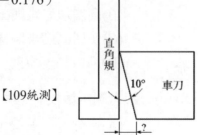

（　　）　**6** 有關劃線工具的使用方法，下列何者<u>不正確</u>？

(A)為保持精度，劃線完成後可直接在平板上進行中心沖敲打工作

(B)分規的規格以能張開的最大距離表示，為等分距離的工具

(C)不規則工件可配合C型夾、V枕或角板等工具來輔助劃線

(D)平板是劃線工作的基準平面，主要用來支持劃線工具及材料。

【109統測】

───── 解答與解析 ─────

1 (A)。高度規的劃線刀不可以伸出太長，如此穩定性較佳，劃的線較平整。

2 (B)。(A)劃線工作首要步驟是選定基準面，一般取大平面加工做為基準面。(C)使用游標高度規劃線時，除了微調裝置固定螺絲鎖緊外亦需鎖緊滑槽固定螺絲後，才可進行劃線工作。(D)劃線完成後，工件不可以在平板上利用鋼鎚進行中心沖敲打工作。

3 (A)。刺（尖）沖和中心沖皆以高碳工具鋼製成，尖端須經淬火硬化處理。

4 (D)。欲在一工件平面上以組合角尺劃一角度線，劃線分解成下列五個步驟：(1)將工件、組合角尺及平板擦拭乾淨；(2)調整組合角尺至所需角度；(3)在工件欲劃線處做記號；(4)將組合角尺貼緊於工件之基準邊；(5)手壓緊組合角尺貼緊工件，劃線針往劃線方向劃線。

5 (B)。底部間隙S＝20×tan10°＝20×0.176＝3.52（mm）。

6 (A)。平板為劃線工作之基準，故不可在上面進行捶打，以免損傷檯面。

3-2 劃線工具的保養與維護

一、劃線工具的保養與維護要點

1. 高度規、劃線針等工具應保持尖銳，不銳利時應用油石磨利。
2. 平板是做為劃線工作的基準平面，不可在平板上敲擊工作。

二、劃線工具的保養與維護注意事項

1. 劃線必須以平板之平面為基準面。
2. V形枕常用於放置圓形工件或直角工件。
3. 為避免所劃的線不清楚，劃線前通常會塗以粉筆或奇異墨水等劃線液。
4. 欲在鑄件的黑皮面上劃線，最好用的塗料為粉筆。
5. 劃線的尺度要與工作圖上所標示的尺度相同。
6. 為了使劃線不會模糊或消失，應使用刺沖衝出細點凹痕做為記號。

3-3 鋸條的種類、用途與規格

一、鋸切的基本概念

1. 鋸切為利用手弓鋸架裝置鋸條，用於工件之鋸切下料。
2. 鋸切尚可用於工件之開槽。
3. 鋸切亦可以於鋸床上加工。

二、手弓鋸架

1. 手弓鋸架用以裝置鋸條。
2. 手弓鋸架分兩種：
   (1) 固定式：只可裝一種長度之鋸條，而鋸片的鬆緊則由翼形螺帽的旋轉來調整。
   (2) 可調式：可以裝不同長度之鋸條，用途較廣，一般包含200mm、250mm、300mm等長度之鋸條。

三、鋸條材料

1. 可撓性鋸條

鋸齒材質以高速鋼（SKH）為主，且被淬火硬化，餘者皆為軟韌之高碳工具鋼或彈簧鋼，常用於鋸切低碳鋼。表面漆的顏色為彩色，以藍色為主。

2. 全硬性鋸條

材質以高碳工具鋼（SK）或合金工具鋼（SKS）為主，整支鋸需條經淬火及回火處理而成，一般長度為300mm，此種鋸條鋸切中較容易斷裂。表面漆的顏色常為灰黑色為主。

四、鋸條規格

1. 公制鋸條規格

長×寬×厚—25.4mm長鋸條齒數。

例如：$300 \times 12.2 \times 0.62 - 24T$。其中「300」代表鋸條長度300mm、「12.2」代表鋸條寬度12.2mm、「0.62」代表鋸條厚度0.62mm、「24」代表25.4mm長之鋸條齒數24齒。

2. 英制鋸條規格

長×寬×厚—每吋齒數。

例如：$12" \times \frac{1}{2}" \times 0.025" - 18T$。其中「12"」代表鋸條長度12吋、「$\frac{1}{2}$」代表鋸條寬度$\frac{1}{2}$吋、「0.025"」代表鋸條厚度0.025吋、「18」代表每吋鋸條齒數18齒。

五、鋸條長度

1. 鋸條的長度係指**兩槽孔間之距離**。

2. 主要有200mm（8吋）、250mm（10吋）、300mm（12吋）等數種，其中300mm最常用。

六、寬度與厚度

1. 鋸條的寬度通常約為12mm（12.2mm或12.4mm）或$\frac{1}{2}$吋。

2. 鋸條的厚度通常約為0.64mm（0.62mm）或0.025吋。

七、鋸齒數

1. 鋸齒數是鋸切工作第一要考慮的要素。
2. 通常手工鋸條每25.4mm（1吋）長的鋸齒數有14、18、24、32齒等四種。
3. 齒距為齒至齒間之距離。
4. 細齒齒數愈多，齒距愈小。
5. 粗齒齒數愈少，齒距愈大。

八、選擇鋸條原則

齒數	齒距	鋸切材料
14齒／25.4mm	1.81mm	軟鋼、冷作鋼、斷面大的材料
18齒／25.4mm	1.41mm	高速鋼、工具鋼、鑄鐵、合金鋼、一般鋼鋸切用
24齒／25.4mm	1.06mm	黃銅管、#18以上厚鐵板、角鐵、U型、I字鐵等構造用鋼
32齒／25.4mm	0.79mm	#18以下的薄鋼板、小鐵管、鋼管、硬或強韌及斷面小的材料

九、鋸齒的排列

1. 鋸齒的排列之主要目的為易削作用及防止鋸條被夾住。
2. 鋸齒設計成左右歪斜排列是使鋸條鋸切順暢，並可以降低鋸切溫度。
3. 鋸齒之寬度大於鋸背之寬度。
4. 鋸齒排列方式：

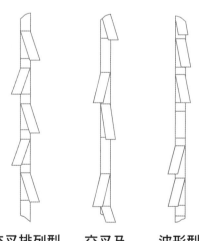

交叉排列型　交叉及中間排列型　波形型

單交叉排列式	鋸齒32齒鋸條。
雙交叉排列	鋸齒24齒鋸條。
波形排列	鋸齒18齒鋸條。
交叉及中間排列式	鋸齒14齒鋸條。

十、選擇鋸條注意事項

1. 鋸切至少要有2齒跨於工件上。
2. **手弓鋸鋸切不需加切削劑**，而鋸床鋸切需加切削劑。
3. 選擇鋸條最主要考慮鋸齒數。

牛刀小試

(　　) 有關鋸切加工之敘述，下列何者正確？　(A)高碳鋼鋸條因熱處理而表面呈現黑色，但為防鏽所以塗上藍色　(B)14T的鋸條之齒距約為1.81mm，用於鋸切合金鋼　(C)鋸切途中更換新鋸條時，可在原鋸路上急速施力鋸切至更換前位置　(D)鋸齒設計成左右歪斜排列是使鋸條鋸切順暢，並可以降低鋸切溫度。　【106統測】

──────── **解答與解析** ────────

(D)。(A)高速鋼鋸條因熱處理而表面呈現黑色，但為防鏽所以塗上藍色。(B)14T的鋸條之齒距約為1.81mm，用於鋸切軟鋼。(C)鋸切途中更換新鋸條時，需更換新鋸路，不可在原鋸路上急速施力鋸切至更換前位置。

3-4 鋸切姿勢與鋸切方法

一、鋸切姿勢要領

1. 左腳尖位於鉗檯下方，兩腳張開約300mm，約與肩同寬，並成弓箭步。
2. 左手握住鋸架前端，右手握住鋸柄（把柄），上身前後擺動以推動手弓鋸。
3. 右手鋸切姿勢時，左腳的膝蓋部位必須向前彎曲，右腳則仍然保持伸直。
4. 鋸切時，**右手肘與鋸條成一直線**。
5. 左手握持鋸架手柄向前施以推力及壓力。
6. **回復不切削，僅施以拉力，不要加壓力。**

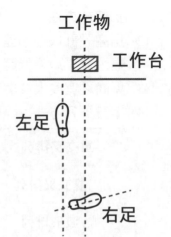

二、鋸切方法要領

1. 鋸切順序應為：**劃線→工件夾於虎鉗→起鋸→鋸切**。
2. 手弓鋸鋸切工件時，眼睛應注視鋸切線。
3. 工件夾於虎鉗左側或右側，鋸切線平行鉗口側邊並距邊緣約5～10mm。
4. 鋸條的裝置齒尖應向前方，朝向遠離鋸架握柄方向。
5. 鋸切速度太快，易造成鋸齒磨損，操作者疲勞。
6. 由於原鋸路較窄，故鋸偏時應換工件物面重鋸。
7. **由於原鋸路較窄，中途折斷鋸條應換面重新鋸切。不可在原鋸路上急速施力鋸切至更換前位置。**
8. 一般鋸削行程，應在鋸條**全長的80%以上**。
9. 工件快要鋸斷時，鋸切速度宜減慢，施力要降低。
10. **手工鋸切，不應添加切削劑或機油潤滑，以免鋸屑填塞齒間和打滑。**
11. 鋸切厚板料，鋸片前傾約10°～15°可減少鋸切阻力。

三、鋸切法注意事項

1. 鋸切**每分鐘50～60次**（30～60次）之鋸切速度最佳。
2. 鋸切高速鋼及高碳鋼等硬或韌性高之材料，鋸切每分鐘40次以下為宜。
3. 利用砂輪機將鋸條寬度磨小，則可鋸切略小於原鋸條寬度之內方孔。
4. 鋸切線要靠近鉗口，以防止工件物彈動或吱吱叫。
5. 開始鋸切，以銼刀邊角在工件物鋸切線上銼一凹痕，做為**導鋸**。
6. 鋸切厚度1公厘薄鐵片，為方便鋸切可用二片木板夾緊鋸切。

四、鋸切不同材料的注意要點

1. 鋸切時鋸角需適中。
2. 鋸切扁平及薄片，要置於正確的鋸切位置。
3. 鋸切時工件須置於水平位置。
4. **薄管材須旋轉鋸割。**
5. 大直徑圓桿鋸切，需變更方向鋸割，成三角斷面。
6. **深縫、太長及太寬工件鋸切，鋸條轉成與鋸架成**90°。

五、鋸條折斷的可能原因

1. 鋸齒太粗。
2. 鋸歪又改直。
3. 壓力太大。
4. 換新鋸條沿老路鋸切。
5. 鋸切工件伸出太長鋸割，且會產生吱吱叫。
6. 工件物沒夾緊等。
7. 鋸條裝得不夠緊。
8. 鋸條已磨損。

牛刀小試

(　　) **1** 有關手弓鋸鋸切金屬工件，下列敘述何者<u>不正確</u>？
(A)鋸切前應先劃出鋸切線
(B)為提高鋸切品質，鋸切時加入少許潤滑油比較不會震動
(C)較薄的金屬工件鋸切時應選用齒數多的鋸條
(D)手弓鋸切時向前推才有切削作用。　　　　　【105統測】

(　　) **2** 在手弓鋸鋸切工作中，下列敘述何者正確？
(A)鋸條材質有高碳鋼及碳化鎢，高碳鋼鋸條為黑色，碳化鎢鋸條表面塗上藍色漆
(B)鋸切鋼鐵材料時，向前推送鋸條無切削作用，向後拉回才產生切削效果
(C)採用向前推送方式，鋸條的安裝時切齒應朝向鋸架前方
(D)鋸條齒數選用原則是每吋齒數越多、齒距越小、鋸齒越細，適用於較軟材料的鋸切。　　　　　【107統測】

(　　) **3** 有關手弓鋸的敘述，下列何者<u>不正確</u>？
(A)鋸切時添加切削劑或潤滑油，可避免鋸屑阻塞並提高鋸切品質
(B)常用的鋸條鋸齒數目規格有14、18、24、32齒等四種
(C)鋸切行程越長，鋸切效率越高，一般應用鋸條長度80%以上進行鋸切
(D)鋸切厚板料，鋸片前傾約10°～15°可減少鋸切阻力。
　　　　　【108統測】

(　) **4** 有關手弓鋸鋸切方法的敘述，下列何者正確？

(A)鋸切長工件，為避免鋸架與工件干涉，宜將鋸片垂直於鋸架安裝

(B)鋸切薄圓管時應一次鋸斷，鋸切阻力小且鋸切效率高

(C)為避免鋸切時鋸架撞擊工件，一般鋸切行程不超過鋸條長度60%

(D)鋸切的主要步驟順序為工件夾緊於虎鉗→劃線→起鋸→鋸切。　　　　　　　　　　　　　　　　　【109統測】

───── **解答與解析** ─────

1 **(B)**。手弓鋸鋸切金屬工件，鋸切時不可加入潤滑油或切削劑，潤滑油或切削劑可能使鋸屑填塞齒間和打滑，無法切削。

2 **(C)**。(A)鋸條材質有高碳鋼及高速鋼，高碳鋼鋸條為黑色，高速鋼鋸條表面常塗上藍色漆。(B)鋸切鋼鐵材料時，向前推送鋸條才產生切削效果，向後拉回無切削作用。(D)鋸條齒數選用原則是每吋齒數越多、齒距越小、鋸齒越細，適用於較硬材料與小斷面的鋸切。

3 **(A)**。鋸切時不可添加切削劑或潤滑油，潤滑油或機油可能使鋸屑填塞齒間和打滑，無法切削。

4 **(A)**。(B)鋸切薄圓管應分次並轉動圓管進行鋸切。(C)鋸切行程愈長效率愈高，一般鋸削行程，應在鋸條全長的80%以上。(D)鋸切順序應為：劃線→工件夾於虎鉗→起鋸→鋸切。

考前實戰演練

(　　) **1** 有關組合角尺（複角尺）用途的敘述，下列何者<u>不正確</u>？　(A)直角尺可作的工作都可以　(B)檢查高度　(C)求圓桿中心　(D)劃圓。

(　　) **2** 附錶高度規之劃線精度可達？　(A)0.005公厘　(B)0.01公厘　(C)0.02公厘　(D)0.05公厘。

(　　) **3** 通常已加工之金屬面上劃線，最好使用的塗料為？　(A)粉筆　(B)油漆　(C)奇異墨水　(D)紅丹油液。

(　　) **4** 劃線針之尖端必須經過何種處理與研磨而成？　(A)淬火　(B)退火　(C)正常化　(D)銲接。

(　　) **5** 劃線台之劃針、中心沖、刺沖，其材質以何者較佳？　(A)不鏽鋼　(B)高碳工具鋼　(C)低碳鋼　(D)銅料。

(　　) **6** 有關劃線工具的保養與維護，下列敘述何者<u>不正確</u>？　(A)劃線必須以平板之平面為基準面　(B)避免所劃的線不清楚，劃線前通常會塗以粉筆或奇異墨水等劃線　(C)劃線的尺度要與工作圖上所標示的尺度相同　(D)為了使劃線不會模糊或消失而失去指示的位置，應使用中心沖衝出細點凹痕做為記號。

(　　) **7** 若將於1mm厚之軟鋼板上進行板金劃圓弧作業，應準備之機具除抹布、鋼尺、分規及劃針外，至少還需要下列何種工具？　(A)厚薄規　(B)刺沖　(C)游標高度規　(D)劃線台。

(　　) **8** 下列有關劃線工作之敘述，何者<u>不正確</u>？　(A)花崗岩平板表面不易產生刮痕及毛邊　(B)游標高度規的最小讀數可達0.02mm　(C)組合角尺之直尺與中心規組合，可求得圓桿端面的中心　(D)中心沖之尖錐角度，一般多為60度。

(　)　**9** 工件經劃中心線後、鑽孔前，應選擇下列何種尖沖（punch）來衝中心眼較正確？

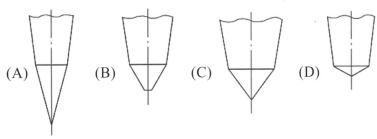

(A)　　　　(B)　　　　(C)　　　　(D)

(　)　**10** 下列關於劃線用平板之敘述，何者<u>不正確</u>？　(A)使用平板前，應先用水平儀調整校正　(B)花崗岩平板優於鑄鐵平板，主要是前者不因溫度產生長度變化　(C)避免鑄鐵平板生鏽，可塗上一層防鏽油並加以覆蓋　(D)不可將銼刀或其他刀具放置在平板上，以免割傷平板。

(　)　**11** 有關沖子（punch）的使用及種類，下列敘述何者<u>不正確</u>？　(A)沖子可分為中心沖及刺沖，皆為不鏽鋼製成　(B)沖子尖端部分皆經過熱處理，以增加硬度　(C)中心沖的衝頭角度通常為90度，而刺沖為30度到60度不等　(D)工件劃線部位可使用刺沖打點做記號。

(　)　**12** 有關劃線之敘述，下列何者<u>不正確</u>？　(A)樑規（trammel）適用於半徑300mm以上之大直徑的圓或圓弧之劃線工作　(B)組合角尺（combination square set）若由直尺與角度儀組合，可以劃平行線或任何角度的直線　(C)在工件上劃垂直線，可藉由角尺或組合角尺進行劃線　(D)劃線台（surface gage）不適合作為迴轉工件的校正參考基準點。

(　)　**13** 有關劃線技能之敘述，下列何者<u>不正確</u>？　(A)使用組合角尺中的鋼尺與直角規之組合，可劃垂直線或45°的角度線　(B)使用組合角尺中的鋼尺與角度儀之組合，可以劃平行線　(C)使用游標高度規之前，可將副尺（或稱游尺）固定在任意高度作歸零檢查　(D)可用游標高度規、平板、V型枕，在圓形工件的端面劃中心線。

( ) **14** 有關劃線工作之敘述，下列何者<u>不正確</u>？ (A)以劃線針與鋼尺劃直線，劃線針的針尖朝向鋼尺邊緣，針尾向外傾斜約15° (B)以劃線針與角尺劃垂直線，用角尺的短邊緊靠工件的基準邊 (C)量角器可用於精度1°的角度量測或劃線工作 (D)以高度規劃兩條互相垂直的直線，工件的兩個基準邊不必互相垂直。

( ) **15** 欲在圓桿之端面劃出中心線及找出中心點，如果劃線動作分解成下列五個動作：1.利用游標高度規碰觸圓桿以測出V形枕及圓桿之總高度。2.圓桿置於V形枕上。3.將游標高度規所測得之總高度扣除圓桿半徑，即為圓桿中心高度。4.將圓桿轉動任意角度，劃出第二條中心線，則兩線之交點即為中心點。5.左手壓緊圓桿及V形枕，右手移動游標高度規底座，使刀尖與圓桿之端面接觸，劃出第一條中心線。則使用下列哪一種動作順序比較合適？ (A)1→2→3→5→4 (B)2→1→3→5→4 (C)1→2→3→4→5 (D)2→3→1→5→4。

( ) **16** 有關使用高度規劃線，下列敘述何者<u>不正確</u>？ (A)高度規的劃線刀伸出較長，劃的線較平整 (B)高度規底座與工件參考面必須保持平行 (C)使用高度規劃線前，應先清潔平板並檢查平板面是否平整 (D)讀取高度規刻度時，視線應和讀取之刻度等高。

( ) **17** 有關劃線技能之敘述，下列何者正確？ (A)劃線工作首要步驟是選定基準面，一般取容易做的加工面 (B)工件以台座形角尺劃垂直線時，以角尺的短邊緊靠基準邊，再用長邊來進行劃線工作 (C)使用游標高度規劃線時，微調裝置固定螺絲鎖緊後即可進行劃線工作 (D)劃線完成後，工件可在平板上利用鋼鎚進行中心沖敲打工作。

( ) **18** 有關刺（尖）沖和中心沖的敘述，下列何者<u>不正確</u>？ (A)皆以鑄鐵製成，尖端須經淬火硬化處理 (B)刺（尖）沖尖端之圓錐角度約30°～60° (C)中心沖尖端之圓錐角度約90° (D)中心沖製成之凹痕可用於引導鑽頭定位。

(　) **19** 欲在一工件平面上以組合角尺劃一角度線，劃線分解成下列五個步驟：A.在工件欲劃線處做記號；B.調整組合角尺至所需角度；C.手壓緊組合角尺貼緊工件，劃線針往劃線方向劃線；D.將工件、組合角尺及平板擦拭乾淨；E.將組合角尺貼緊於工件之基準邊，下列何種操作順序比較合適？　(A)D.→E.→B.→C.→A.　(B)B.→E.→A.→D.→C.　(C)A.→B.→C.→D.→E.　(D)D.→B.→A.→E.→C.。

(　) **20** 鋸切工作第一要考慮的因素是？　(A)鋸條長度　(B)鋸條寬度　(C)鋸齒數　(D)齒深。

(　) **21** 鋸切工作中，鋸條磨損，換新鋸條後，宜由另一端重新鋸切，主要原因是？　(A)原鋸路較窄　(B)原鋸路較寬　(C)新鋸條太尖銳　(D)原鋸路太熱。

(　) **22** 手工鋸切工作要選擇鋸條與安裝鋸條，下列敘述何者正確？　(A)鋸切行程中至少要四個鋸齒與材料接觸　(B)大斷面宜用細齒鋸條，小斷面宜用粗齒鋸條　(C)軟材料宜用細齒鋸條，硬材料宜用粗齒鋸條　(D)安裝鋸條時，通常鋸齒向前。

(　) **23** 有關鋸切技能，下列敘述何者<u>不正確</u>？　(A)以每分鐘50～60次鋸切　(B)開始時靠手臂運動，而後利用身體自然隨之擺動鋸切　(C)快要鋸斷前，要增加推力與向下壓力　(D)快要鋸斷前，要注意避免鋸斷瞬間工作物掉落。

(　) **24** 利用手弓鋸在鋸割過程中，如果鋸歪或鋸片折斷一般應如何處理？　(A)用新鋸片沿原來位置鋸割　(B)將工件用榔頭打斷　(C)換面從新地方開始鋸割　(D)更換鋸架。

(　) **25** 有關鋸條的選擇原則，下列何者為正確？　(A)粗鋸齒適合鋸切薄工件，細鋸齒適合鋸切厚工件　(B)粗鋸齒適合鋸切硬材料，細鋸齒適合鋸切軟材料　(C)粗齒適合鋸切小截面的工件　(D)每吋鋸齒數太少，鋸削薄板時較易使鋸條折斷。

（　　）**26** 有關鋸削加工，下列敘述何者<u>不正確</u>？
(A)鋸條的跳躍齒是為了鋸切長鋸路之工件以利容納切屑
(B)磨料圓鋸機（Abrasive Disk Saw）之磨輪切削速度遠高於帶鋸之切削速度
(C)手弓鋸往復皆有切削功能
(D)鋸切時至少兩齒以上同時在被鋸物上。

（　　）**27** 有關鋸切技能，下列敘述何者<u>不正確</u>？　(A)鋸切時左手握持鋸架把手、右手輕扶鋸架前端　(B)鋸切時眼睛注視鋸切處，向前施加推力與向下壓力　(C)鋸切時採等速推動鋸架，充分利用鋸條全長進行鋸切　(D)回程時，放鬆施力，微微提高且拉回鋸架。

（　　）**28** 下列有關手弓鋸鋸條的種類、用途與規格之敘述，何者<u>不正確</u>？
(A)鋸條的齒數越多，齒距越小，適用於大斷面或較軟材料之鋸切
(B)鋸條的長度，一般分為200mm、250mm、300mm等
(C)鋸條的長度，是指鋸條二端圓孔的中心距離
(D)高速鋼鋸條的表面一般會塗上藍色或其他顏色的防鏽保護漆。

（　　）**29** 下列手工具或機械中，何種<u>不是</u>以鋸切原理達成加工目的？
(A)鑿刀　(B)手弓鋸　(C)鋼鋸機　(D)帶鋸機。

（　　）**30** 下列有關手弓鋸鋸條之敘述，何者正確？
(A)鋸條的規格，一般以「長度×寬度×厚度－齒距」表示
(B)鋸條的安裝，務必使鋸條的切齒朝向鋸架後方
(C)鋸條的齒數越多，齒距越小，適用於較大斷面或較軟材料之鋸切
(D)鋸條若搭配砂輪機使用，則有可能鋸切略小於原鋸條寬度之內方孔。

（　　）**31** 以手弓鋸（hacksaw）鋸切薄管，其鋸條之安裝方式為何？
(A)鋸齒尖應朝向遠離握柄方向　(B)鋸齒尖應朝向握柄方向
(C)依個人喜好而定，鋸齒尖可朝向前或朝向握柄均可　(D)依鋸條之鋸齒排列而定，但單交叉排列之標準型者，以鋸齒尖朝向握柄為原則。

(　) **32** 以手弓鋸進行鋸切時，下列敘述何者正確？　(A)若手邊有齒距分別為0.794mm、1.06mm、1.41mm的三種鋸條時，應選擇齒距1.41mm的鋸條來鋸切壁厚為1.2mm的鋼管　(B)工件快要鋸斷時，鋸切速度宜加快，施力要增加，以保持整齊之鋸路及減少毛邊現象　(C)鋸切時應滴注機油，以促進排屑，避免鋸屑堆積在鋸齒間　(D)鋸切速度太快，易造成鋸齒磨損，操作者疲勞。因此，鋸切次數一般約為每分鐘50至60次。

(　) **33** 有關手弓鋸的鋸切方法之敘述，下列何者<u>不正確</u>？　(A)工件的鋸切位置，以距離虎鉗的鉗口約5～10mm為宜　(B)一般鋸削行程，應在鋸條全長的80%以上　(C)每分鐘的鋸削次數以50～60次為恰當　(D)工件快要鋸斷前，要增加鋸切力量，並且加快鋸切速度。

(　) **34** 手弓鋸的鋸切方法，下列敘述何者正確？　(A)起鋸時應快速且短距離連續推並拉手弓鋸2～3次　(B)安裝鋸條時，鋸齒方向應朝向手弓鋸架的後端　(C)鋸切時應向前施加推力，而不須施加向下壓力　(D)鋸切時只須充分利用鋸條的中間部分進行鋸切。

(　) **35** 有關手弓鋸條之敘述，下列何者正確？　(A)鋸條的齒數是指每一英吋（25.4mm）含有的鋸齒數目　(B)鋸條規格為250×12.7×0.64×24T，其中0.64代表鋸條的齒距0.64mm　(C)鋸條的鋸齒數目規格通常有10、14、18、24齒等四種　(D)鋸切薄鋼板或厚度較薄的管材，應選用齒數為14T的鋸條。

(　) **36** 下列何者為撓性鋸片之材質及熱處理方式？　(A)不鏽鋼之材質，而且整條鋸片熱處理　(B)工具鋼之材質，而且整條鋸片熱處理　(C)高速鋼之材質，而且只熱處理鋸齒處　(D)不鏽鋼之材質，而且只熱處理鋸齒處。

(　) **37** 有關手弓鋸鋸切金屬工件，下列敘述何者<u>不正確</u>？　(A)鋸切前應先劃出鋸切線　(B)為提高鋸切品質，鋸切時加入少許潤滑油比較不會震動　(C)較薄的金屬工件鋸切時應選用齒數多的鋸條　(D)手弓鋸切時向前推才有切削作用。

（　　）**38** 有關鋸切加工之敘述，下列何者正確？

(A)高碳鋼鋸條因熱處理而表面呈現黑色，但為防鏽所以塗上藍色

(B)14T的鋸條之齒距約為1.81mm，用於鋸切合金鋼

(C)鋸切途中更換新鋸條時，可在原鋸路上急速施力鋸切至更換前位置

(D)鋸齒設計成左右歪斜排列是使鋸條鋸切順暢，並可以降低鋸切溫度。

（　　）**39** 在手弓鋸鋸切工作中，下列敘述何者正確？

(A)鋸條材質有高碳鋼及碳化鎢，高碳鋼鋸條為黑色，碳化鎢鋸條表面塗上藍色漆

(B)鋸切鋼鐵材料時，向前推送鋸條無切削作用，向後拉回才產生切削效果

(C)採用向前推送方式，鋸條的安裝時切齒應朝向鋸架前方

(D)鋸條齒數選用原則是每吋齒數越多、齒距越小、鋸齒越細，適用於較軟材料的鋸切。

（　　）**40** 有關手弓鋸的敘述，下列何者<u>不正確</u>？

(A)鋸切時添加切削劑或潤滑油，可避免鋸屑阻塞並提高鋸切品質

(B)常用的鋸條鋸齒數目規格有14、18、24、32齒等四種

(C)鋸切行程越長，鋸切效率越高，一般應用鋸條長度80%以上進行鋸切

(D)鋸切厚板料，鋸片前傾約10°～15°可減少鋸切阻力。

第4單元 鑽孔、鉸孔與攻螺紋操作

重點導讀

本單元可説是非常重要的一個單元，統測年年必考，絕無例外，新課綱將過去鑽孔、鉸孔及攻螺紋三單元合併為一單元，在研讀本單元時必須先了解鑽床的種類、規格與維護，鑽頭、鉸刀、螺絲攻的規格與用法，至於鑽削速度的計算，這幾乎是機械製造與機械基礎實習每年的必考題型，相對簡單的鉸孔前與攻螺紋前鑽頭直徑的計算是一定要駕輕就熟的，最後掌握此三種加工的操作步驟定能大獲全勝。

4-1 鑽床的種類、規格與維護

一、鑽床工作

1. 鑽床可作鑽孔、搪孔、鉸孔、鑽圓柱孔、鑽錐坑、鑽魚眼、旋孔、攻絲等加工。
2. 鑽床只適於加工圓孔，無法加工方孔及拉孔。
3. 鑽床、銑床、車床、MC等具有鑽削功能，牛頭鉋床沒有鑽削功能。

二、鑽床的種類

1	靈敏鑽床	又稱台式鑽床，屬於小型鑽床，以孔徑13mm以下的鑽孔為主。主軸進刀（上下）利用齒輪及齒條傳動。進刀復歸動力採用渦形扭轉彈簧。馬達與主軸間係用V型皮帶傳動，床台係以鑄鐵材料製造。靈敏鑽床無法自動進刀，不可自動攻螺紋，可固定在工作台或地上使用。變速時皮帶須先行以塔輪直徑大端調至直徑小端為原則。
2	直立鑽床	傳動機構具有變速齒輪箱（亦可皮帶傳動），變速較多，能用於13mm以上或以下鑽頭鑽孔。直立鑽床具有自動進刀機構，可自動攻螺紋。直立式鑽床與靈敏鑽床皆可固定在地上使用。
3	旋臂鑽床	主要用於大而重型的工件鑽孔。

4	排列鑽床	在同一床台上裝置兩個以上的鑽床，可完成多種加工，如鑽孔、攻牙、鉸孔及鑽魚眼等重複鑽孔之工件。
5	多軸鑽床	用於工件上一次同時鑽許多孔，孔直徑不可差太多。
6	轉塔鑽床	又稱六角鑽床，對同一圓孔須要多種加工時。
7	深孔鑽床	用於長主軸、槍管之鑽孔，通常採用臥式。
8	手提電鑽	其規格為**夾持鑽頭之最大工件直徑**，大多為串激式電動機。
9	模具鑽床	床台具有縱向及橫向螺桿，屬於精密製模鑽床。

三、一般鑽床規格

1. 主軸中心到床柱距離為半徑的二倍，亦即可裝置最大工件直徑。
2. 主軸上鑽頭尖端到床台在最低位置的距離。
3. 主軸上下最長進刀距離。
4. 主軸能裝置的最大鑽頭直徑。
5. 旋臂鑽床規格：旋臂鑽床規格以旋臂長度表示。

四、保養與維護事項

1. **一般基本保養與維護要點：**
   (1) 不得用手鎚敲打鑽頭夾頭。
   (2) 故障時勿使用，要貼上警告標誌，並盡速維修。
   (3) 鑽床使用完後需應將鑽頭卸除。
   (4) 鑽床使用完後清除油漬、切削劑等。
2. **進階保養與維護要點：**
   (1) 定期的更換皮帶、檢修塔輪、鑽夾等傳動機構。
   (2) 定期檢修馬達、照明設備及控制開關等電器設備。

(　　)　有關鑽床種類與規格的敘述，下列何者正確？　(A)旋臂鑽床的規格一般以床台的尺寸大小來表示　(B)一般靈敏鑽床主軸轉數變化由變速齒輪箱控制　(C)靈敏鑽床有自動進刀機構，而立式鑽床則無　(D)鑽床除了進行鑽孔外，亦可做鉸孔、攻螺紋等工作。　【109統測】

────── 解答與解析 ──────

(D)。(A)旋臂鑽床的規格一般以旋臂長度來表示。(B)靈敏鑽床主軸轉數變化是以皮帶與階級塔輪來控制。(C)靈敏鑽床無自動進刀機構。

4-2 鑽頭、鉸刀、螺絲攻的規格與用法

一、鑽頭種類、規格與用法

1. 鑽頭

(1) 鑽頭為鑽削工具。

(2) 鑽頭由鑽柄、鑽身及鑽頂三個主要部分組成，其中鑽頂最為重要。

2. 鑽頭材質

(1) 高速鋼：為整體式的成形刀具，最常用於一般鋼料鑽削。

(2) 高碳鋼：耐熱溫度低，較少採用。

(3) 碳化鎢：為銲接式的刀具，適於鑽削硬鑄鐵。

3. 鑽頭的種類

(1) 麻花鑽頭：亦稱扭轉鑽頭，為應用最為廣泛的鑽頭，又分：

二槽型	具有二刀刃，標準型，為一般鑽孔最常用。
多槽型	三、四槽等多槽型鑽頭又稱心型鑽頭，不能用於初次鑽出孔，用於擴孔。

麻花鑽頭

(2) 鋸齒形鑽頭：主要用於**金屬板大孔**之切削，中央之鑽頭較外鋸齒伸出，具有心軸作用，導引鋸齒正確切入工件。

(3) 可調整之飛刀：又稱翼形刀或旋刀，用於**薄金屬板上大孔**鑽切，切刀之位置可調節，中心必須先鑽一導孔作為支柱或中心。

　　※鑽薄板大孔有鋸齒形鑽頭及可調整之飛刀（或稱翼形刀）。

(4) 鏟形鑽頭：工件鑽削**厚度大之孔徑**。

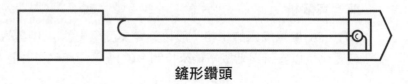

鏟形鑽頭

(5) 油孔鑽頭：鑽身有兩道小孔，於鑽孔時可用壓力將冷卻劑或空氣壓入，帶走熱量及切屑，使用時工件回迴轉，鑽頭靜止。主要用於大量生產∅12mm以上**較深的孔**之鑽削。

4. 鑽頭的規格

(1) **公制鑽頭的規格**：

A. 鑽頭規格：自∅0.3～∅10mm（或∅10mm以下），每隔∅0.1mm一支鑽頭。∅10.0～∅33mm（或∅10.5～∅32mm），每隔∅0.5mm一支，∅33～∅100mm每隔∅1mm一支。

B. 錐柄鑽頭：直徑在13mm**以上均為錐柄鑽頭**。一般為**莫斯錐度**，錐度值約$\dfrac{1}{20}$。

(2) **英制鑽頭的規格**：

A. **分數鑽頭**：自$\dfrac{1}{64}$"至4"，每隔$\dfrac{1}{64}$"一支鑽頭。

B. **號數鑽頭**：自1號（最大直徑0.228"）至80號（最小直徑0.0135"），每號一支鑽頭，共計有80支，號數愈大直徑愈小。

C. **字母鑽頭**：自A（最小直徑0.234"）至Z（最大直徑0.413"），每字母一支鑽頭。

　　※背誦法：Z>A>1>80。

5. 鑽頭各部份名稱

(1) 鑽柄：

　　A. 直柄：一般使用鑽頭13mm（含）以下為直柄，須由三爪的鑽夾頭夾持。

　　B. 錐柄：一般使用鑽頭13mm以上為錐柄，可直接套入鑽床主軸，或利用套筒（太小時）或接頭（太大時）夾持。錐柄依鑽頭之大小而異，以莫斯錐度為標準。錐度值約$\frac{1}{20}$其中Ø23.5～32為MT3，Ø33～50為MT4。【註：錐柄才有鑽舌（鑽根）。】

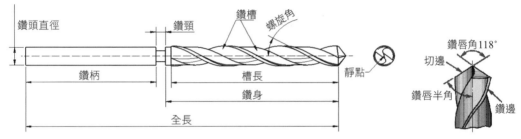

鑽頭各部份名稱

(2) 鑽身：

鑽槽	有螺旋槽（最常用）及直槽，係沿鑽身縱向銑切而成，主要目的為排屑或加入切削劑。最常用的鑽頭為兩個螺旋槽兩個刀刃，俗稱扭轉鑽頭或麻花鑽頭。
鑽腹	兩鑽槽間之金屬部分稱為鑽腹，愈接近鑽柄厚度愈厚，以增強鑽頭強度。
鑽身	一般鑽頭其鑽身直徑並非一致，為避免摩擦，越靠近鑽柄部份直徑較小，由前端向柄端微漸減，錐度約1/1000。

(3) 鑽頂：

　　A. 靜點：靜點為一線，中點必須與鑽軸中心相符合。直徑愈大靜點愈大，切削阻力愈大。

　　B. 鑽唇：鑽唇又稱切邊，用於切削，二切邊的夾角稱為鑽唇角，鑽頭之兩切邊及鑽唇半角必須相同。

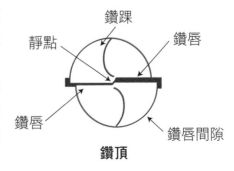

鑽頂

C. 鑽唇間隙：在兩切邊後面之圓錐形面磨成斜形之間隙稱為鑽唇間隙，主要**避免摩擦**。

6. 鑽頭刃角

(1) 鑽頂角（鑽唇角）：相當於車刀的**刀唇角**，一般鋼料之鑽削為118°，鑽削木材為60°～90°，鑽削硬材如不鏽鋼為130°～140°，鑽削銅為118°。**鑽唇角越大，鑽頭強度越大**，適合於鑽削硬質材料。

(2) 鑽唇半角：**兩鑽唇半角度（59°或60°）必相等**，若不相等，鑽孔結果主要會形成**單邊切削（主要）**，引起擺動，亦會產生**擴孔（次要）**。

(3) 切邊：又稱**鑽唇**，鑽頭**兩切邊長度必相等**，若不相等，主要會產生**擴孔（主要）**，或**單邊排屑（次要）**。

(4) 鑽唇間隙角：相當於車刀的**前隙角**，一般工作約為8～15°，主要**避免摩擦**。鑽唇間隙角太小，則鑽切阻力增加，勉強用力會吱吱叫，且鑽頭容易斷裂。鑽唇間隙角太大，則鑽唇外角易崩裂。**鑽唇間隙角越大，鑽頭越銳利，適合於鑽削軟質材料**。

(5) 螺旋角：

A. 螺旋角相當於車刀的**後斜角**，鑽槽與鑽頭軸線之夾角，主要目的為**排屑**。

B. 一般螺旋角之角度為20°～30°（**或**15°～30°）。

C. 螺旋角太大時，鑽頭銳利，鑽削抵抗小，容易鑽削，切削阻力小，但鑽頭強度減低，影響壽命，適於鑽削較軟材料。

D. 螺旋角太小時，鑽頭較鈍，切削阻力大，不易鑽削，但強度大，適於鑽削較硬材料。

(6) 靜點（切邊）角：靜點和切邊形成之角度，一般為135°（或120°～135°）角。

7. 鑽頭之研磨注意事項

(1) **兩鑽唇半角度要相等**。
(2) **兩鑽唇（切邊）長度要相等**。
(3) 兩面鑽唇間隙角度適當，並且相等。
(4) 靜點必須在鑽軸中心線上。
(5) 直徑愈大靜點愈大，切削阻力愈大。
(6) 用**鑽頭規**檢查鑽唇半角度和鑽唇長度是否相等。
(7) 鑽削軟材如黃銅時，若鑽頭被卡住在孔內不動，其最大可能原因是鑽頭的兩切刃太銳利。

牛刀小試

( )　有關鑽削加工之敘述，下列何者<u>不正確</u>？　(A)若工件的切削速度為25m/min且鑽頭直徑為10mm，則鑽床主軸的轉數約為800rpm　(B)柱坑鑽頭之規格以能沉入螺絲頭來表示，如M4、M6等　(C)一般鑽削鋼料的鑽唇間隙角為20～25度，鑽唇角採118度　(D)鑽孔時，鑽頭之切邊一高一低或鑽唇半角不相同，容易引起孔徑擴大。　【106統測】

── 解答與解析 ──

(C)。(A)$V=\dfrac{\pi DN}{1000}$，$25=\dfrac{\pi \times 10 \times N}{1000}$，N=800rpm。(C)一般鑽削鋼料的鑽唇間隙角為8～15度，鑽唇角採118度。

二、鉸刀的規格與用法

1. 鉸孔目的
(1) 改善孔的表面粗糙度。
(2) 獲得正確尺度與精度。
(3) 獲得良好的真圓度。

2. 鉸刀
(1) 鉸刀為鉸孔之工具，由刀柄與刀身所組成。
(2) 鉸孔前必須先以鑽頭鑽導孔，鉸刀才可鉸入。
(3) 鉸刀不可以同時進行鑽孔與鉸孔切削。
(4) 鉸刀之溝槽可分為直槽與螺旋槽二種型式。

3. 鉸刀材質
(1) **高速鋼（SKH）**：最常用之手工及機械鉸刀材質，鉸刀之刀刃部硬度約為洛氏硬度HRC62以上。
(2) **合金工具鋼（SKS）**：合金工具（刀具）鋼是高碳鋼內添加鉻、鎢、鉬、釩、錳及鈷等，改進高碳鋼的缺點。
(3) **碳化物**：大量生產時之鉸刀材質，鉸刀之刀刃部硬度約為洛氏硬度HRA90以上。

4. 鉸刀構造

(1) 倒角（切入角）：位於鉸刀前端，引導鉸刀進入工件鑽孔之角度。

(2) 後斜角：構成**切屑流動（排屑）**的角度，影響切削性甚大，通常鋼件之角度為5°～10°。

(3) 前隙角：用於**減少摩擦**，增加切削效果。

(4) 刀槽：用於排除鐵屑或加入切削劑，刃數多鉸削工件表面愈光滑。

(5) 刀柄：有直柄和錐柄兩種。**錐柄外徑13mm以上，主要以莫斯錐度**為主。

5. 鉸刀種類

1	手工鉸刀	用於手工鉸削，為**直柄，柄端為方柱**，套以螺絲攻扳手使用。
2	機械鉸刀	用於車床、鑽床上之鉸孔，有直柄和錐柄兩種，**柄端為圓柱形或圓錐形。錐柄外徑13mm以上，主要以莫斯錐度**為主。

6. 鉸刀形狀

(1) **直鉸刀**：刀刃為**直槽**，一般用之手工鉸刀，其頂端（前端）具有進刀錐度，較易鉸孔，其進刀錐度長約等於其直徑。

(2) **螺旋鉸刀**：刀刃為**螺旋槽**，鉸孔時較穩定，阻力較小，但磨利麻煩，鉸削有鍵槽之孔時，宜選用螺旋鉸刀。螺旋鉸刀又分：

1	右旋鉸刀	橫著看鉸刀，刀口向右下方傾斜者，鉸削時費力很少，效率較高，順時針方向鉸孔。
2	左旋鉸刀	橫著看鉸刀，刀口向左下方傾斜者，因成負斜角，進刀須加較大壓力，用於主軸鬆動或較差機械，逆時針方向鉸孔。

(3) 可調整鉸刀：

A. 又稱活動鉸刀，由多片刀刃組合而成，為鉸刀中最具效率者，其直徑可在一定範圍內調整尺度。

B. 可調整鉸刀，刀片二端以螺母固定，愈往柄端調整，尺度愈大。

C. 調整尺度時，每刃刀片要同時移動，**每一刀片不可單獨調整**。

D. 可調整活動鉸刀，每次之鉸削量較少，以0.03～0.08mm為宜。

E. **可調式鉸刀更換刀刃時應全部更換**，以免鉸削不均勻。

(4) **膨脹鉸刀**：膨脹鉸刀係利用螺紋與錐面方式以增大其外徑，可作細微調整（0.13～0.35mm），當鉸刀略有磨損時，旋轉刀軸絲孔螺釘，即可恢復原來尺度。

(5) **錐度鉸刀**：以莫斯錐度為主，**錐度約為$\frac{1}{20}$**，用於鉸錐孔。

(6) **管鉸刀**：**錐度為1/16**，用於管件之鉸孔。

(7) 錐銷（斜銷）鉸刀：用於鉸削錐銷孔，錐度為1/50，規格以錐銷的小端直徑尺度。

7. 鉸刀規格

(1) 鉸刀規格以**鉸孔後的孔徑大小**表示。

(2) 例如：Ø8H7，其中「Ø」為直徑，「8」為鉸孔後公稱尺度（基本或標稱尺度）、「H」表孔公差（偏差）位置（大寫英文字母表示孔公差、小寫英文字母表示軸公差）、「7」為公差等級。

牛刀小試

(　　) 有關一般鋼材進行鉸孔加工之敘述，下列何者正確？　(A)欲鉸削一直徑為20mm的內孔，要先用直徑19.3mm鑽頭鑽孔　(B)可調式鉸刀當其中一刀片損壞時，須全部刀片更新　(C)機械鉸刀之鉸削速度約為鑽削的2～3倍　(D)機械鉸刀之鉸削進給量約為鑽孔的1/2～1/3。　【106統測】

──── 解答與解析 ────

(B)。(A)欲鉸削一直徑為20mm的內孔，要先用直徑19.7mm～19.8mm鑽頭鑽孔。(C)機械鉸刀之鉸削進給量約為鑽削的2～3倍。(D)機械鉸刀之鉸削速度約為鑽孔的1/2～1/3。

三、螺絲攻的規格與用法

1. 螺絲攻

(1) 螺絲攻為鉗工中用以攻**內螺紋**的一種切削工具。

(2) **手工螺絲攻**之排屑槽為**直槽狀**。

(3) **機械螺絲攻**之排屑槽為**螺旋槽**。

(4) 攻螺絲之前必須先鑽頭鑽**導孔**。

(5) 攻螺紋加工時，螺絲攻不可以同時進行鑽孔與攻螺紋加工。

手工螺絲攻
（等徑螺絲攻）

2. 螺絲攻材料

高速鋼 （SKH）	螺絲攻**最常用**之材料，為鐵（Fe）、碳（C）、鉻（Cr）、鎢（W）、鉬（Mo）、釩（V）、鈷（Co）之合金，具有紅熱硬性，適合製作**成形工具（刀具）**，可耐熱至600℃。
合金工具鋼 （SKS）	合金工具（刀具）鋼是高碳鋼內添加鉻、鎢、鉬、釩、錳及鈷等，改進高碳鋼的缺點。

3. 螺絲攻種類

(1) 手工螺絲攻：常用之手工螺絲攻係由斜螺絲攻、塞螺絲攻及底螺絲攻三枚所組成，三枚螺絲攻之**公稱直徑（外徑）與節距相同**。手工螺絲攻分下列三種：

第一攻	斜螺絲攻	前端約有7～8（7～10）牙倒角，前端呈錐度之牙數最多者，先端較小而攻絲容易。
第二攻	塞螺絲攻	前端約有3～4（3～6）牙倒角，繼續第一攻使用。
第三攻	底螺絲攻	前端約有1～2牙倒角，前端呈錐度之牙數最少者，為最後之攻絲。

> **註** 一般常用手工螺絲攻三枚螺絲攻之外徑及節距相同，攻通孔（貫穿孔）只需用第一攻，而攻不通孔（盲孔；瞎孔）則三攻皆需使用之。攻螺紋的順序，需按照第一攻、第二攻、第三攻依序攻製。

(2) 增徑螺絲攻：又稱不等徑螺絲攻、順序螺絲攻，為手工螺絲攻之一，由第一攻、第二攻和第三攻等三枚螺絲攻組成。**攻螺紋的順序，需按照第一攻、第二攻、第三攻依序攻製。**三枚螺絲攻功用如下：

第一攻	主要為**引導**，切削負荷約為25%，直徑最小，直徑約少0.3P，前端約有7～8**牙倒角**。
第二攻	主要為**攻絲**，切削負荷約為55%，**負荷最大**，直徑約少0.125P，前端約有3～4**牙倒角**。
第三攻	主要為**校正**，切削負荷約為20%，**直徑為所需之直徑**，前端約有1～2牙倒角。

> **註** 順序螺絲攻每一攻前端倒角不同，節距相同，直徑均不相同，只有第三攻為所需直徑，故最適合於大直徑通孔之攻絲工作。

(3) 機械螺絲攻：裝置於攻絲機、鑽床或車床上使用，其螺絲攻為**一支一組**，前端錐度及柄部均較手工螺絲攻長。機械螺絲攻之排屑槽為**螺旋狀**。

(4) 油孔螺絲攻：切削劑可透過主軸的中心油孔傳送至螺絲攻，可用於**深孔攻螺紋**的攻牙作業。

(5) 先端螺絲攻：前鋒刀槽研磨8°斜槽，4至6節距長度，可增加銳利度，且有利於**切屑由前端排出**。

4. **螺絲攻規格**

(1) **螺絲攻的規格**，標示於螺絲攻的**柄部**。

(2) 螺絲攻的規格主要分英制及公制兩種：

A. **公制表示法**：螺紋種類－**螺紋外徑×螺紋節距－螺絲攻材質**。
例如：
M10×1.5－SKS2表示國際公制（ISO）螺紋外徑10mm，節距1.5mm，材質為合金工具鋼。

B. **英制表示法**：螺紋外徑－每吋螺紋數及螺紋系別－螺絲攻材質。
例如：
$\frac{1"}{4}$－20UNC-SK2表示英制螺紋外徑$\frac{1}{4}$吋，每吋20牙（節距$\frac{1}{20}$吋）統一粗牙，材質為高碳工具鋼。

牛刀小試

(　) **1** 有關螺紋孔攻牙，下列敘述何者正確？　(A)使用手動螺絲攻進行貫穿孔攻牙時，直接取第三攻進行工作　(B)手動螺絲攻之排屑槽為螺旋狀　(C)增徑螺絲攻在應用時，No.2的負載最大　(D)公制管螺紋的錐度為1/12。　【105統測】

(　) **2** 有關螺絲攻的敘述，下列何者<u>不正確</u>？　(A)手工螺絲攻一組有三支螺絲攻　(B)螺絲攻是用來製造內螺紋的工具　(C)順序螺絲攻的第二攻切削負荷最小　(D)須依序使用三支等徑螺絲攻來攻盲孔（不通孔）。　【108統測】

──── 解答與解析 ────

1 **(C)**。(A)使用手動螺絲攻進行貫穿孔（通孔）攻牙時，直接取第一攻進行工作。(B)手動螺絲攻之排屑槽為直槽。(D)公制管螺紋的錐度為1/16。

2 **(C)**。順序螺絲攻的第二攻切削負荷最大，約為55%。第一攻負荷約為25%。第三攻切削負荷約為20%。

4-3 鑽孔轉數的計算與選擇

一、轉數（N）

1. 定義：刀具（鑽頭）每單位時間之迴轉數度。
2. 轉數以rpm或rps表示。
3. rpm為每分轉數，較常採用。
4. rps為每秒轉數。
5. 鑽床之每分鐘轉數與鑽孔直徑、工件硬度、進刀量有顯著關係；與深度較無關。

二、鑽削速度（V）

1. 鑽削速度為鑽頭圓周上任一點之表面速度，以m/min表示。
2. 鑽削速度為決定鑽頭使用壽命之最重要因素。

3. 鑽削速度太快易使切邊容易變鈍。

4. 鑽削速度太慢易使鑽頭破裂。

5. **工件的硬度為決定鑽削速度的主要因素。**

6. 鑽削**軟材料宜採高速度**切削。鑽削**硬材料宜採低速度**切削。

7. **當工件的材質愈硬，則鑽削速度應愈低。**

8. 鑽削時切削劑之選用與工件材質最有關。

9. 鑽削鋼料、不鏽鋼須加切削劑。

10. **鑽削鑄鐵及黃銅不需加入切削劑。**

三、鑽削速度計算公式

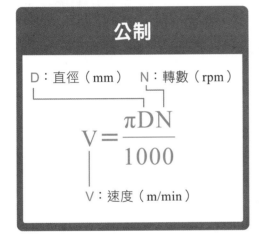

公制

D：直徑（mm）　　N：轉數（rpm）

$$V = \frac{\pi DN}{1000}$$

V：速度（m/min）

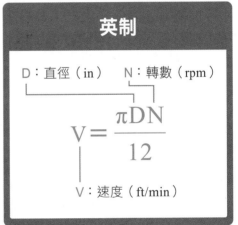

英制

D：直徑（in）　　N：轉數（rpm）

$$V = \frac{\pi DN}{12}$$

V：速度（ft/min）

四、進刀（進給）（f）

1. 進刀為鑽頭每迴轉一周進入工件的距離，以mm／rev表示。

2. 進刀原則：

   (1) **小徑鑽頭，採高轉數、小進給。**

   (2) **大徑鑽頭，採低轉數、大進給。**

3. 進刀注意事項：

   (1) 進刀太快鑽頭會斷。

   (2) 進刀太慢鑽頭會鈍。

   (3) 轉數與進刀成反比。

五、鑽削時間（**T**）計算公式

1. 鑽頭每分N轉，每轉進刀f，則**每分進刀**f×N。

2. 若每分進刀f×N；進刀L長，需時間$T = \dfrac{L}{f \times N}$。

3. 鑽削**通孔進刀長**L＝t（**工件厚度**）＋0.3D＋**空行程**。

4. 鑽削**不通孔進刀長**L＝t（**鑽孔深度**）＋**空行程**。【註：不需＋0.3D】

5. 一般先由$V = \dfrac{\pi DN}{1000}$求N，再代入$T = \dfrac{L}{f \times N}$求T。

> 公式中
>
> D：鑽頭直徑（mm）　　　　　　　　N：主軸每分鐘轉數（rpm）
>
> t：工件厚度（mm）　　　　　　　　f：進刀量（mm／rev）
>
> L：鑽頭進刀距離＝t＋0.3D＋空行程。
>
> 【註：不通孔，L不需加0.3D】

牛刀小試

（　　）**1** 某刀具公司生產的高速鋼鑽頭，切削條件如表所示，若要於
S45C材質上鑽削一直徑10mm的孔，則轉數應設定多少？

工件材質	切削速度（m/min）
低碳鋼（<0.3% C）	約31.4
中碳鋼（0.3~0.6% C）	約15.7
不鏽鋼	約12
錳鋼	約4.5
鑄鐵	約25
黃青銅	約60

(A)1000rpm　(B)500rpm　(C)380rpm　(D)190rpm。【105統測】

(　) **2** 鑽削直徑15mm，深度25mm的圓孔，如果某刀具公司提供較佳
的加工參數為25m/min，每轉進給量為0.15mm/rev，則主軸轉
數設定及單孔的加工時間分別為何？
(A)主軸轉數約530rpm，加工時間約18.8秒
(B)主軸轉數約530rpm，加工時間約6.3秒
(C)主軸轉數約1660rpm，加工時間約18.8秒
(D)主軸轉數約1660rpm，加工時間約6.3秒。　　　　【105統測】

(　) **3** 在鑽孔加工中，下列敘述何者<u>不正確</u>？
(A)多軸鑽床在一次鑽孔操作中能同時鑽出數個孔
(B)高速鋼材質的鑽頭，其鑽頭柄部刻有「HSS」字樣
(C)在相同切削速度下，鑽頭直徑越大轉數要越快
(D)鑽削合金鋼等硬材料的進給量應較小，軟材料則可較大。
【107統測】

(　) **4** 鑽頭鑽削工件的最佳鑽削速度為12m/min，欲以20mm的高速
鋼鑽頭鑽削不鏽鋼工件，則主軸轉數約為多少rpm？　(A)190
(B)240　(C)750　(D)1000。　　　　　　　　　　【108統測】

──────── **解答與解析** ────────

1 (B)。S45C為含碳0.45%之中碳鋼，查表切削速度為15.7m/min，$V=$
$\dfrac{\pi DN}{1000}$；$15.7=\dfrac{3.14\times10\times N}{1000}$　∴$N=500$（rpm）。

2 (A)。(1) $V=\dfrac{\pi DN}{1000}$，$25=\dfrac{3.14\times15\times N}{1000}$　∴$N=530$（rpm）。

　　　(2) $T=\dfrac{L}{f\times N}=\dfrac{25}{0.15\times530}=0.31$（分）$=18.8$（秒）

3 (C)。在鑽孔加工中在相同切削速度下，鑽頭直徑越大轉數要越慢。
$V=\dfrac{\pi DN}{1000}$，V一定，D大則N小。

4 (A)。$V=\dfrac{\pi DN}{1000}$，$12=\dfrac{3.14\times20\times N}{1000}$　∴$N=190$（rpm）。

4-4 鉸孔前鑽頭直徑的計算

一、鉸孔前之鑽孔要點

1. 鉸孔前須先利用適當大小直徑之鑽頭鑽削導孔。
2. 鉸削預留量,不為固定值,和鉸孔直徑有關。
3. 直徑較大則鉸削裕量愈大。
4. 鉸削裕量太多,將引起振動波紋、孔面粗糙度不佳、形成多邊形、鉸刀消耗快等情形。
5. 鉸削裕量太少,將無法達成預期之鉸削之目的。

二、鉸孔前鑽導孔鑽頭直徑的計算

1. d(導孔鑽頭直徑)=D(完工鉸孔孔徑)-S(預留尺度)。
2. 鉸削前的鑽孔直徑=鉸孔直徑-鉸削預留量。
3. 手工鉸孔預留量0.1~0.25mm為宜。
4. 機械鉸孔導孔鑽頭直徑選擇:

完工鉸光孔徑Dmm	鉸孔預留量Smm	導孔鑽頭直徑dmm
5以下	0.1	D-0.1
5~20	0.2~0.3	D-(0.2~0.3)
21~50	0.3~0.5	D-(0.3~0.5)
50以上	0.5~1	D-(0.5~1)

牛刀小試

( ) 欲使用鉸刀鉸削一直徑10mm的內孔,需先鑽削直徑多大mm的孔? (A)8.8 (B)9.0 (C)9.8 (D)10。 【108統測】

── 解答與解析 ──

(C)。10mm的內孔鉸刀鉸削預留鉸孔裕量約0.2~0.3mm。d(導孔鑽頭直徑)=D(完工鉸孔孔徑)-S(預留尺度)=10-0.2=9.8(mm)。

4-5 攻螺紋前鑽頭直徑的計算

一、攻螺紋前鑽導孔

1. 攻絲前第一步為先以鑽頭鑽導孔。
2. 導孔太小，則切削抵抗大不易攻入，螺絲攻容易折斷。
3. 導孔太大，則牙深太淺沒有強度。
4. 考慮強度，攻絲裕量通常以牙深接觸率65～85%為標準。
5. 一般材料之螺紋接觸比為75%。
6. 使用較大直徑之鑽頭，會降低接觸比。
7. 使用較小直徑之鑽頭，會增加接觸比。

二、攻螺紋鑽頭直徑的計算

1. 攻絲鑽頭直徑（d）＝螺絲外徑（D）－2×牙深＝D－2×0.65P。
2. 牙深為75%接觸率時：攻絲鑽頭直徑（D）＝D－2×0.65P×0.75＝D－P。
∴攻絲鑽頭直徑（d）＝螺絲外徑（D）－節距（P）

牛刀小試

(　　) **1** 欲於中碳鋼材料上，加工一接觸比為75%、規格為M 12×1.75的螺紋孔，其預先鑽孔直徑應為多少？　(A)Ø9.3mm (B)Ø10.3mm　(C)Ø11.3mm　(D)Ø12.3mm。　【105統測】

(　　) **2** 有關攻螺紋之敘述，下列何者正確？　(A)工件欲攻製1/2－13UNC的螺紋時，若採75%的接觸比，則攻螺紋鑽頭直徑約為10.7mm　(B)增徑螺絲攻的三支外徑都不相同，但節距與前端的倒角牙數相同　(C)機器攻螺紋時，每旋轉1/2～3/4圈，需反轉1/4圈　(D)一般材料之螺紋接觸比為75%，對於硬度較高的材料可以使用較小直徑之鑽頭，以降低接觸比。　【106統測】

—— 解答與解析 ——

1 (B)。d（孔徑）＝D（外徑）－P（節距）＝12－1.75＝10.25（mm）；取Ø10.3mm。

2 (A)。(A)工件欲攻製1/2－13UNC的螺紋時，若採75%的接觸比，則

攻螺紋鑽頭直徑＝螺絲外徑（D）－節距（P）＝$(\frac{1}{2}-\frac{1}{13})$

×25.4=10.7（mm）。

(B) 增徑螺絲攻的三支外徑都不相同，前端倒角牙數也不相同，但節距相同。

(C) 手工攻螺紋時，每旋轉1/2～3/4圈，需反轉1/4圈。

(D) 一般材料之螺紋接觸比為75%，對於硬度較高的材料可以使用較大直徑之鑽頭，以降低接觸比。

4-6 鑽床的使用與鑽孔步驟

一、鑽床基本操作

1. 直柄鑽頭的安裝與卸除技能重點

(1) 直柄鑽頭為∅13mm以下鑽頭，切削力較小。

(2) 直柄鑽頭一般直接以三爪鑽夾頭鎖緊。

(3) 鑽頭夾頭是專用於夾持直柄鑽頭，勿用來夾持錐柄鑽頭。

2. 錐柄鑽頭的安裝與卸除技能重點

(1) 錐柄鑽頭為∅13mm以上鑽頭，切削力較大。

(2) 錐柄鑽頭一般可直接鎖緊錐柄鑽頭於鑽床主軸孔。

(3) 若錐柄鑽頭太小，宜加套筒。

(4) 若錐柄鑽頭太大，宜加接頭。

(5) 退鑽銷之斜面壓於鑽柄柄部（根部；舌部），敲擊退鑽銷即可卸下鑽頭。

(6) 錐柄錐度號數需與主軸孔錐度號數相同。

3. 鑽床基本操作技能重點

(1) 中心沖製中心點時，其凹痕直徑要大於靜點寬度。

(2) 勿用手持虎鉗或工件鑽孔，以免發生危險。

(3) 大直徑的鑽孔（16mm以上），先以小鑽頭鑽導孔（避免靜點阻力），再更換為大直徑鑽頭。

(4) 變速時，必須停止馬達。

(5) 勿戴手套從事鑽孔工作。

4. 鑽床基本操作注意事項

(1) 當工件的材質愈硬，則鑽削速度應愈低。

(2) **工件的含碳量愈高（硬度愈高），鑽削速度應愈低。**

(3) 工件欲沖製中心點，凹痕大小應比鑽頭的靜點大。

(4) **鑽削加工時鑽頭斷在工件內部，不可用鐵鎚直接敲下去。**

(5) 搪孔是將已經鑽好的孔擴大到正確的尺寸。

二、鑽孔的步驟

1. 劃十字線求中心

(1) **圓桿或方鋼工件**可使用單腳卡或組合角尺求中心最方便。

(2) 板狀工件或厚重工件可用劃線台或高度規求中心。

2. 打刺沖（尖沖）【此步驟可省略】

(1) 劃檢驗圓前，應先用30°之刺沖打點。

(2) 刺沖尖端部分皆經過熱處理，材質為高碳工具鋼。

(3) 作為分規規腳之依據。

3. 劃檢驗圓【此步驟可省略】

(1) 劃檢驗圓可利用分規，主要為輔助起鑽偏差時之修正。

(2) 圓之直徑較大時，為了檢驗的方便，可繪⌀5～⌀6mm之小圓，因小圓接近中心可作鑽孔的參考。

4. 打中心沖

(1) 鑽孔前打中心眼應使用90°錐中心沖打凹痕。

(2) 中心沖尖端部分皆經過熱處理，材質為高碳工具鋼。

(3) 打中心眼主要作為**鑽頭起鑽**。

(4) 亦可以利用中心鑽（90°）鑽導孔可以精確的取得鑽孔的中心位置。

(5) 車床上鑽孔則必先利用60°中心鑽鑽中心孔。

5. 工件夾持

(1) 工件夾於鑽床虎鉗。

(2) 床台需擦淨，置虎鉗於床台上。

6. 鑽頭夾持

(1) 直柄鑽頭，則裝於鑽頭夾頭上

(2) 錐柄鑽頭，配合主軸錐孔。

7. 試鑽並修正

(1) 試鑽是在鑽頂角距離尚未通過工作前，先用鑽頭在工件上鑽凹，並據以辨識和檢驗圓是否偏差。

(2) 如有偏差可用**圓鼻鏨**將偏心修正，在偏離位置鏨削修正之。

8. 除毛邊及去角

(1) 工件經鑽孔後，要去除毛邊及去角。

(2) 去角主要利用倒角刀或利用較大的鑽頭。

(3) 利用手動旋轉較大直徑的鑽頭，可以去除以小鑽頭鑽孔後所產生的毛邊。

牛刀小試

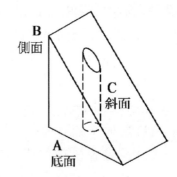

(　　)　如圖所示，要在C斜面鑽一個與A底面垂直之∅5mm的圓孔，下列步驟何者正確？

(A)先用高度規劃出要加工的孔位置，直接鑽孔不須使用中心沖打定位孔

(B)劃出孔位置後，用中心沖在垂直於C斜面上打定位孔，然後鑽孔

(C)直接使用小鑽頭先鑽小孔後，再換較大的鑽頭鑽孔

(D)先用銑床銑削與A底面平行之小平面，然後再於小平面上鑽出與A底面垂直之圓孔。　　　　　　　　　　　　【105統測】

───── 解答與解析 ─────

(D)。(A)(B)(C)的方法皆會使鑽頭歪斜，所鑽的孔無法與A底面垂直，而且鑽頭可能斷裂。故應選用(D)，斜面鑽一個與A底面垂直之∅5mm的圓孔，先用銑床銑削與A底面平行之小平面，然後再於小平面上鑽出與A底面垂直之圓孔。

4-7 鉸孔、攻螺紋的操作步驟

一、鉸孔的操作方法與注意事項

1. 鉸孔的方法

(1) 先鑽孔再鉸孔，依鑽孔步驟，先以鑽頭鑽導孔。

(2) 鉸刀不可以同時進行鑽孔與鉸孔切削。

(3) **選擇適合鉸刀及孔徑大小的螺絲攻扳手，確實夾住鉸刀方形柄端。**

(4) 鉸刀置於孔內，保持垂直，除了鑄鐵與黃銅外需添加切削劑或潤滑劑。

(5) 雙手握扳手兩端，以順時針方向等速旋轉平均施力進行鉸孔。

(6) 隨時以**角尺檢查垂直度**。

(7) 取出鉸刀需**順時針方向旋轉，不可反轉**。

2. 鉸孔注意事項

(1) 鉸孔前之鑽孔應先修除孔端的毛邊後，再做鉸孔工作。

(2) 手工精鉸孔以鉸去工件0.1～0.25mm之金屬量為宜。

(3) 使用切削劑不容易損傷鉸刀，可延長鉸刀壽命。

(4) 鉸削時切削劑之選用與工件材質最有關。

(5) 鉸削鋼料須加切削劑，豬油為鉸鋼料最佳切削劑。

(6) **鉸削鑄鐵、黃銅不加切削劑。**

3. 鉸孔技能要點

(1) 手工鉸刀之刀刃部硬度約為洛氏硬度HRC62。

(2) 機械鉸刀鉸孔速度約為鑽孔速度的一半，但進刀速率要比鑽孔稍多。

(3) 機械鉸刀鉸孔採**低轉數、大進給**。

(4) **機械鉸刀之鉸削速度約為鑽孔的**1/2～1/3倍。

(5) **機械鉸刀之鉸削進給量約為鑽削的**2～3倍。

(6) 鉸削速度太慢會降低效率且加速鉸刀磨耗。

(7) 鉸削速度太快的切削速度，易形成刀口積屑且孔面粗糙。

(8) 手工鉸刀進入工件少許深度，可以使用角尺檢查鉸刀的垂直情況。

(9) 鉸孔加工預留量太大時，會因震動造成類似多邊形的內孔。

(10) 工件作貫穿的鉸孔工作，鉸刀前端的錐度必須完全通過工件。

牛刀小試

(　　) **1** 在鉸削加工中，下列敘述何者<u>不正確</u>？　(A)鉸孔可獲得比鑽孔更佳的真圓度　(B)「鉸削前的鑽孔直徑」大約等於「鉸孔直徑」減去「鉸削預留量」　(C)機器鉸削速度常比鑽孔速度慢　(D)鉸孔時進刀與退刀的旋轉方向相反。　　　　　　【107統測】

(　　) **2** 有關鉸孔加工的敘述，下列何者正確？　(A)鉸刀鉸削目的為擴大鑽削的孔徑，以補足鑽頭規格不足的狀況　(B)鉸孔加工完成後，為順利退刀，需將鉸刀慢速反轉退出　(C)手工鉸刀的材質一般為高速鋼，刀柄柄頭則為方柱形　(D)機械鉸削應儘量用高轉數，可確保孔壁光滑且光亮。　　　　　　【109統測】

────── **解答與解析** ──────

1 (D)。鉸孔時進刀與退刀的旋轉方向需相同。

2 (C)。(A)鉸刀鉸削的目的是為了獲得正確的孔徑、較佳的表面及真圓度等。(B)鉸孔完成後只能正轉退刀，不可反轉退刀。(D)機械鉸削量較大，宜採低轉數大進給鉸削。

二、攻螺紋的操作方法與注意事項

1. 攻螺紋的操作

(1) 工件劃十字線求中心。

(2) 先打剌沖。【此步驟可省略】

(3) 利用分規劃檢驗圓。【此步驟可省略】

(4) 打中心沖或利用60°中心鑽先鑽中心孔。

(5) 鑽導孔。

(6) 導孔邊倒角。（可利用手轉動較大的鑽頭除毛邊或倒角）

(7) 利用攻螺紋攻入2～3牙。

(8) 用角尺檢查垂直度。

(9) 繼續攻螺紋並加入切削劑。

(10) 完成攻製並修孔毛邊。（可利用手轉動較大的鑽頭除毛邊或倒角）

2. 手工攻螺紋注意事項

(1) 攻螺紋過程中，除鑄鐵及黃銅外需加入適當的切削劑。

(2) 鑽導孔後孔端倒角處的最大直徑略大於螺絲攻的公稱直徑，以利螺絲攻進入孔內，並減少毛邊的產生。

(3) 螺絲攻質硬且脆，容易折斷，故速度須緩慢均勻。

(4) **每轉1/2圈（3/4或1圈）即退回約1/4圈，主要目的為斷屑。**

(5) 螺絲攻旋轉時施以壓力且兩手力量要平均。

(6) 轉約2～3圈後，利用**角尺**檢查是否垂直。

(7) 攻螺紋完成後須用刮刀或倒角刀去除毛邊。

3. 攻螺紋特別注意事項

(1) **攻通孔（貫穿孔）螺紋只需用第一攻攻製。**

(2) **攻不通孔螺紋的順序，需按照第一攻、第二攻、第三攻依序攻製。**

(3) 攻不通孔（盲孔）螺紋時，應注意孔的深度，以防螺紋攻折斷。

(4) 同時需攻鉸螺絲時，一般是先攻內螺絲，再鉸外螺絲。

(5) 車床尾座可配合螺絲攻進行攻牙。

(6) 對於盲孔的攻牙，愈接近孔的底部，攻螺紋的速度應愈慢。

4. 螺絲攻折斷的原因

(1) 攻絲時沒有加潤滑油或切削劑。

(2) 導孔直徑過小。

(3) 攻絲時沒有倒轉。

(4) 螺絲攻傾斜的切削。

(5) 所使用的絲攻扳手過大。

(6) 螺絲攻已磨損鈍化不易切削而卡住。

(7) 攻不通孔（盲孔）螺絲時至底端時抵抗大增而仍繼續施以壓力。

(8) 攻牙過程中螺絲攻斷裂時，不可換另一支新的螺絲攻再繼續攻下去。

5. 取斷螺絲攻的方法

退火法	將螺絲攻施以退火軟化後，再用適當的鑽頭重新鑽孔。
敲擊法	斷切口在工作面上時利用敲擊法。
螺絲攻抽取器法	折斷切口在平面以下時利用螺絲攻抽取器。
酸蝕法	利用酸蝕法腐蝕螺絲攻。
放電加工法	製作電極，以放電加工給予去除。

牛刀小試

(　　) **1** 某位學生攻牙時，不小心螺絲攻斷裂在孔中，關於斷裂原因與處置方法，下列敘述何者**不正確**？　(A)可能是攻牙前鑽孔的孔徑太小的緣故　(B)可能沒有退刀排屑　(C)可以在相同孔位打中心沖後，再次鑽孔取出斷掉的螺絲攻　(D)可使用放電加工機將斷掉螺絲攻加工去除。　　　　　　　　【105統測】

(　　) **2** 在進行通孔（貫穿孔）攻螺紋，下列何者為正確的操作程序？
(A)用角尺檢查垂直度→繼續攻螺紋並加入切削劑→鑽孔、孔外緣倒角→攻入2～3牙→完成攻製並修孔毛邊
(B)攻入2～3牙→鑽孔、孔外緣倒角→繼續攻螺紋並加入切削劑→用角尺檢查垂直度→完成攻製並修孔毛邊
(C)用角尺檢查垂直度→攻入2～3牙→繼續攻螺紋並加入切削劑→鑽孔、孔外緣倒角→完成攻製並修孔毛邊
(D)鑽孔、孔外緣倒角→攻入2～3牙→用角尺檢查垂直度→繼續攻螺紋並加入切削劑→完成攻製並修孔毛邊。　【107統測】

(　　) **3** 以手攻進行通孔、盲孔之攻螺紋的敘述，下列何者正確？　(A)攻螺紋後，兩者均應使用銼刀去除毛邊　(B)若使用增徑螺絲攻，不論通孔或盲孔，三支螺絲攻均應依序使用　(C)攻牙過程中，均應使用角尺檢查螺絲攻是否平行於工件　(D)兩者均應先鑽孔，且鑽孔直徑為螺紋內徑減去節距（螺距）。　　　　　　　【109統測】

───── **解答與解析** ─────

1 (C)。鑽頭與螺絲攻的硬度幾乎相同，故無法用鑽頭將斷裂在孔中的螺絲攻切除。

2 (D)。在進行通孔（貫穿孔）攻螺紋，下列為正確的操作程序：鑽孔、孔外緣倒角→攻入2～3牙→用角尺檢查垂直度→繼續攻螺紋並加入切削劑→完成攻製並修孔毛邊。

3 (B)。增徑螺絲攻，不論通孔或盲孔，三支螺絲攻均應依序使用，才能達到正確的螺紋外徑。

考前實戰演練

(　) **1** 下列有關鉸孔工作的敘述，何者<u>不正確</u>？ 　(A)進退鉸刀均需順時針方向旋轉 　(B)鉸削前的鑽孔直徑＝鉸孔直徑－鉸削預留量 (C)機械鉸刀之鉸削速度約等於同直徑鑽頭之鑽削速度 　(D)具螺旋刃之鉸刀，相較於直刃鉸刀，其鉸削阻力較小，不易震動。

(　) **2** 下列有關鉸孔之敘述，何者<u>不正確</u>？ 　(A)一般而言，鉸孔可改善鑽削過之孔精度與表面粗糙度 　(B)一般的鉸孔工作，仍以高速鋼材質之鉸刀為主 　(C)鉸削預留量，一般為固定值，和鉸孔直徑無關 　(D)機械鉸削速度，一般多低於鑽削速度。

(　) **3** 以鉸刀鉸削鋼料時，下列何種操作方式較<u>不容易</u>損傷鉸刀？ (A)使用切削劑 　(B)退刀時要反轉 　(C)快速正轉與反轉並用 (D)慢速正轉與反轉並用。

(　) **4** 有關鉸刀與鉸孔加工之敘述，下列何者正確？ 　(A)鉸孔加工可以改善孔徑的精度，但對於提升表面粗糙度則不顯著 　(B)鋼料於鉸削加工時，一般應添加切削液 　(C)鉸孔加工時，鉸刀以順時針方向旋轉鉸削，以逆時針方向旋轉退出 　(D)鉸孔加工時，鉸刀可以同時進行鑽孔與鉸孔切削。

(　) **5** 有關鉸孔方法的敘述，下列何者<u>不正確</u>？ 　(A)手工鉸刀之刀柄末端有一方形柱，此方形柱可使用活動扳手夾持 　(B)手工鉸刀進入工件少許深度，可以使用角尺檢查鉸刀的垂直情況 　(C)鉸孔加工預留量太大時，會因震動造成類似多邊形的內孔 　(D)工件作貫穿的鉸孔工作，鉸刀前端的錐度必須完全通過工件。

(　) **6** 有關一般鋼材進行鉸孔加工之敘述，下列何者正確？ 　(A)欲鉸削一直徑為20mm的內孔，要先用直徑19.3mm鑽頭鑽孔 　(B)可調式鉸刀當其中一刀片損壞時，須全部刀片更新 　(C)機械鉸刀之鉸削速度約為鑽削的2～3倍 　(D)機械鉸刀之鉸削進給量約為鑽孔的1/2～1/3。

(　)　**7** 在鉸削加工中，下列敘述何者<u>不正確</u>？　(A)鉸孔可獲得比鑽孔更佳的真圓度　(B)「鉸削前的鑽孔直徑」大約等於「鉸孔直徑」減去「鉸削預留量」　(C)機器鉸削速度常比鑽孔速度慢　(D)鉸孔時進刀與退刀的旋轉方向相反。

(　)　**8** 欲使用鉸刀鉸削一直徑10mm的內孔，需先鑽削直徑多大mm的孔？　(A)8.8　(B)9.0　(C)9.8　(D)10。

(　)　**9** 螺絲攻攻螺絲時，發生螺絲攻折斷現象，下列何者<u>最不可能</u>為其折斷的原因？　(A)攻絲時加潤滑油　(B)攻絲鑽頭尺度太小　(C)攻絲時螺絲攻扭力太大　(D)攻絲時螺絲攻未倒轉。

(　)　**10** 欲攻製M14×2之螺紋，須先行鑽孔，則應選用之鑽頭直徑為：(A)11.5mm　(B)12mm　(C)12.5mm　(D)13mm。

(　)　**11** 下列以手工用螺絲攻進行攻螺紋作業之敘述，何者最正確？(A)萬一螺絲攻於作業中折斷，應先敲斷外露部分，再以鑽頭鑽除　(B)近代之螺絲攻之材質已大幅改善，必要時可以直接由第一攻跳至第三攻　(C)活動扳手可以用來取代攻螺紋作業之T形旋轉扳手　(D)螺絲攻一組為三支，但直徑卻都相同。

(　)　**12** 下列有關三支一組手工螺絲攻之敘述，何者<u>不正確</u>？　(A)手工螺絲攻前端成錐度之牙數，最少者為第三攻　(B)以手工螺絲攻攻牙，攻入1～2牙後，宜檢查螺絲攻之垂直度　(C)一般用於攻內螺紋之鑽頭直徑尺寸，其簡要計算為螺紋外徑減去節距（螺距）(D)手工螺絲攻之第一攻，其前端通常有1～2牙倒角成錐度。

(　)　**13** 庫房內有一被壓在鋼板底下之舊紙盒，紙盒側面依稀可見「L－M20×2.5**g**3**m」字樣，其中「**」代表若干不清楚之文字，試問對盒內物品之猜測，下列何者較<u>不正確</u>？　(A)盒內物品為 M20×2.5 length 30mm之雙螺紋導螺桿　(B)「**g」處字樣應是標示螺紋之公差等級　(C)「M20×2.5」應是標示M20螺紋、螺距2.5mm　(D)「L」標示為左螺紋，較少用，故也最可能是該物品被壓在庫房之理由。

(　　) **14** 螺絲攻三支為一組，分別稱為第一攻、第二攻及第三攻；第一攻前端的倒角牙數，以下何者最接近？　(A)1牙　(B)2牙　(C)4牙　(D)8牙。

(　　) **15** 以1/4-20UNC之螺絲攻進行攻牙時，其攻螺紋鑽頭（tap drill）的直徑約為多少mm？　(A)4　(B)5　(C)6　(D)7。

(　　) **16** 欲加工50件低碳鋼零件上之內螺紋，採用下列何種加工方法較合適？　(A)螺絲攻切製　(B)滾軋加工　(C)壓鑄加工　(D)螺紋機製造。

(　　) **17** 有關攻螺紋之敘述，下列何者正確？　(A)以螺絲攻來攻製M14×2的螺紋時，鑽頭直徑應使用14mm　(B)手工螺絲攻（hand tap）一組有三支，前端倒角牙數最多的是第一攻　(C)攻螺紋時，每旋轉1/2～3/4圈，需反轉1/4圈，目的是為了添加切削劑　(D)攻螺紋的順序，需按照第三攻、第二攻、第一攻依序攻製。

(　　) **18** 有關攻螺紋之敘述，下列何者<u>不正確</u>？　(A)攻螺紋是以螺絲攻（Tap）來製作工件內螺紋　(B)手工用螺絲攻（Hand Tap）一組有三支，第一攻大都用在盲孔的攻牙　(C)以手工用螺絲攻作貫穿孔攻牙，只須用第一攻即可　(D)攻螺紋時，可用角尺檢查螺絲攻是否與工件表面垂直。

(　　) **19** 有關攻螺紋之敘述，下列何者<u>不正確</u>？　(A)對於盲孔的攻牙，愈接近孔的底部，攻螺紋的速度應愈慢　(B)對於貫穿孔的攻牙，必須使用第一攻、第二攻、第三攻的順序攻牙　(C)攻牙過程中螺絲攻斷裂時，不可以換另一支新的螺絲攻再繼續攻下去　(D)攻牙之前在孔的表面先倒角，以利於螺絲攻進入孔內。

(　　) **20** 有關螺紋及其製造，下列敘述何者正確？　(A)節徑上螺旋線與軸線所構成之夾角稱為導程角　(B)M20×1.5之螺紋螺距是1.5mm　(C)螺紋滾軋所需之胚料直徑約等於螺紋的外徑　(D)壓鑄適用於高熔點非鐵金屬機件之外螺紋大量生產。

（　）**21** 有關螺紋孔攻牙，下列敘述何者正確？　(A)使用手動螺絲攻進行貫穿孔攻牙時，直接取第三攻進行工作　(B)手動螺絲攻之排屑槽為螺旋狀　(C)增徑螺絲攻在應用時，No.2的負載最大　(D)公制管螺紋的錐度為1/12。

（　）**22** 欲於中碳鋼材料上，加工一接觸比為75%、規格為M12×1.75的螺紋孔，其預先鑽孔直徑應為多少？　(A)Ø9.3mm　(B)Ø10.3mm　(C)Ø11.3mm　(D)Ø12.3mm。

（　）**23** 某位學生攻牙時，不小心螺絲攻斷裂在孔中，關於斷裂原因與處置方法，下列敘述何者<u>不正確</u>？　(A)可能是攻牙前鑽孔的孔徑太小的緣故　(B)可能沒有退刀排屑　(C)可以在相同孔位打中心沖後，再次鑽孔取出斷掉的螺絲攻　(D)可使用放電加工機將斷掉螺絲攻加工去除。

（　）**24** 有關攻螺紋之敘述，下列何者正確？　(A)工件欲攻製1/2－13UNC的螺紋時，若採75%的接觸比，則攻螺紋鑽頭直徑約為10.7mm　(B)增徑螺絲攻的三支外徑都不相同，但節距與前端的倒角牙數相同　(C)機器攻螺紋時，每旋轉1/2～3/4圈，需反轉1/4圈　(D)一般材料之螺紋接觸比為75%，對於硬度較高的材料可以使用較小直徑之鑽頭，以降低接觸比。

（　）**25** 在進行通孔（貫穿孔）攻螺紋，下列何者為正確的操作程序？(A)用角尺檢查垂直度→繼續攻螺紋並加入切削劑→鑽孔、孔外緣倒角→攻入2～3牙→完成攻製並修孔毛邊　(B)攻入2～3牙→鑽孔、孔外緣倒角→繼續攻螺紋並加入切削劑→用角尺檢查垂直度→完成攻製並修孔毛邊　(C)用角尺檢查垂直度→攻入2～3牙→繼續攻螺紋並加入切削劑→鑽孔、孔外緣倒角→完成攻製並修孔毛邊　(D)鑽孔、孔外緣倒角→攻入2～3牙→用角尺檢查垂直度→繼續攻螺紋並加入切削劑→完成攻製並修孔毛邊。

（　）**26** 有關螺絲攻的敘述，下列何者<u>不正確</u>？　(A)手工螺絲攻一組有三支螺絲攻　(B)螺絲攻是用來製造內螺紋的工具　(C)順序螺絲攻的第二攻切削負荷最小　(D)須依序使用三支等徑螺絲攻來攻盲孔（不通孔）。

( )**27** 有關鑽頭的刃角與選擇，下列敘述何者<u>不正確</u>？　(A)標準鑽頭的鑽唇角（Lip Angle）為118°　(B)鑽合金鋼的鑽唇角應比鑽碳鋼的鑽唇角為大　(C)鑽邊螺旋線與軸線之交角稱為螺旋角，一般鑽頭的螺旋角約為40°～50°　(D)一般鑽頭的鑽唇間隙角（Lip Clearance Angle）約為8°～15°。

( )**28** 下列有關鑽孔工作的敘述，何者<u>不正確</u>？　(A)旋臂鑽床適用於笨重或大型工件之鑽孔工作　(B)麻花鑽頭又稱扭轉鑽頭，是應用最廣泛的鑽孔工具　(C)鑽唇間隙角越大，鑽頭越銳利，適合於鑽削軟質材料　(D)鑽削鋼料的鑽唇角（又稱鑽頂角）為11度至18度。

( )**29** 下列關於鑽削加工之敘述，何者最<u>不正確</u>？　(A)鑽削時發生尖銳聲且鑽屑變藍，可能原因之一是鑽頭變鈍　(B)鑽削速度是指鑽頭之表面切線速度，故可以表示成：$\pi \times$鑽頭直徑$\times$主軸轉數　(C)鑽刃之餘隙角太小是鑽頭折斷的可能原因之一　(D)鑽削加工均不可使用切削劑。

( )**30** 下列有關鑽孔之敘述，何者<u>不正確</u>？　(A)鑽模夾具（drill jig and fixture）不適用於大量生產、精密鑽孔之工件夾持　(B)一般鑽削鋼料的鑽唇間隙角（lip clearance angle）宜為8～12度　(C)一般鑽頭直徑13mm以下者為直柄，13mm以上者為錐柄　(D)鑽唇角（lip angle）又稱鑽頂角，鑽削鋼料的鑽唇角宜為118度。

( )**31** 以直徑10mm的高速鋼鑽頭鑽削鋁合金工件，若適當的鑽削速度為63m/min，宜選用的主軸轉數約為：　(A)2500rpm　(B)2000rpm　(C)1500rpm　(D)1000rpm。

( )**32** 工件經劃中心線後、鑽孔前，應選擇下列何種尖沖（punch）來衝中心眼較正確？

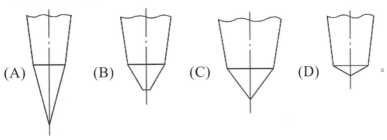

(A)　　(B)　　(C)　　(D)　　。

( ) **33** 使用砂輪機研磨麻花鑽頭之鑽刃α角鑽削中碳鋼鋼板，α角如圖所示，該α角應約為多少度較為適宜？

(A)40°
(B)118°
(C)80°
(D)60°。

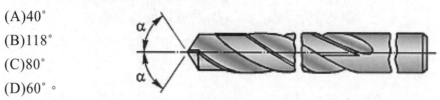

( ) **34** 僅將孔端周圍粗糙或不平的表面削平之鑽床工作是以下何者？
(A)鑽錐坑孔 (B)鑽中心孔 (C)鑽魚眼孔 (D)鉸孔。

( ) **35** 有關沖子（punch）的使用及種類，下列敘述何者<u>不正確</u>？ (A)沖子可分為中心沖及刺沖，皆為不鏽鋼製成 (B)沖子尖端部分皆經過熱處理，以增加硬度 (C)中心沖的衝頭角度通常為90度，而刺沖為30度到60度不等 (D)工件劃線部位可使用刺沖打點做記號。

( ) **36** 鑽削大孔徑時，先用小鑽頭鑽削導引孔的最主要目的為何？ (A)鑽屑排出 (B)減少鑽頭靜點阻力 (C)避免孔徑真圓度不足 (D)孔徑不會有毛邊。

( ) **37** 使用鑽床進行鑽孔加工時，下列敘述何者正確？ (A)小型工件鑽孔時，用手直接抓住工件即可 (B)進行鑽孔工作時，應戴上手套避免受傷 (C)大直徑的鑽孔，一般先鑽導孔，再更換為大直徑的鑽頭 (D)小直徑鑽頭進行鑽孔工作時，宜採用低轉數、大進給量。

( ) **38** 有關鑽孔切削之敘述，下列何者<u>不正確</u>？ (A)安裝直柄鑽頭時，夾持長度應盡量為鑽柄的全長 (B)劃十字線於工件欲鑽孔的位置後，再用中心沖在十字線交點處衝出凹穴 (C)手動旋轉較大直徑的鑽頭，可以去除以小鑽頭鑽孔後所產生的毛邊 (D)為讓工件於虎鉗上水平夾緊，可用鐵鎚敲平工件。

( ) **39** 有關鑽削加工之敘述，下列何者正確？ (A)用相同直徑的高速鋼鑽頭，當工件的材質愈硬，則鑽削速度應愈高 (B)工件欲沖製中心點，凹痕大小應比鑽頭的靜點小 (C)鑽削加工時鑽頭斷在工件內部，可用鐵鎚直接敲下去即可 (D)用相同直徑的高速鋼鑽頭，當工件的含碳量愈高，則鑽削速度應愈低。

（　　）**40** 有關靈敏鑽床與立式鑽床之敘述，下列何者正確？　(A)靈敏鑽床只能用於13mm以下鑽頭，立式鑽床只能用於13mm以上鑽頭　(B)靈敏鑽床不能固定在地上使用，而立式鑽床可固定在地上使用　(C)立式鑽床有自動進刀機構，而靈敏鑽床則無　(D)靈敏鑽床可自動攻螺紋，而立式鑽床則不可。

（　　）**41** 有關調整靈敏鑽床的主軸每分鐘的迴轉數（rpm）之敘述，下列何者不正確？　(A)皮帶要放鬆時，鬆緊把手需拉向操作者　(B)皮帶拆卸移動之順序，須先行以塔輪直徑小端調至直徑大端為原則　(C)皮帶定位後，須使皮帶具有適當張力，同時鎖緊固定螺絲　(D)調整轉數時，主軸必須完全停止運轉。

（　　）**42** 某刀具公司生產的高速鋼鑽頭，切削條件如表所示，若要於S45C材質上鑽削一直徑10mm的孔，則轉數應設定多少？

工件材質	切削速度（m/min）
低碳鋼（<0.3%C）	約31.4
中碳鋼（0.3~0.6%C）	約15.7
不鏽鋼	約12
錳鋼	約4.5
鑄鐵	約25
黃青銅	約60

(A)1000rpm　(B)500rpm　(C)380rpm　(D)190rpm。

（　　）**43** 鑽削直徑15mm，深度25mm的圓孔，如果某刀具公司提供較佳的加工參數為25m/min，每轉進給量為0.15mm/rev，則主軸轉數設定及單孔的加工時間分別為何？　(A)主軸轉數約530rpm，加工時間約18.8秒　(B)主軸轉數約530rpm，加工時間約6.3秒　(C)主軸轉數約1660rpm，加工時間約18.8秒　(D)主軸轉數約1660rpm，加工時間約6.3秒。

（　　）**44** 如圖所示，要在C斜面鑽一個與A底面垂直之∅5mm的圓孔，下列
步驟何者正確？
(A)先用高度規劃出要加工的孔位
　　置，直接鑽孔不須使用中心沖
　　打定位孔
(B)劃出孔位置後，用中心沖在垂直
　　於C斜面上打定位孔，然後鑽孔
(C)直接使用小鑽頭先鑽小孔後，
　　再換較大的鑽頭鑽孔
(D)先用銑床銑削與A底面平行之
　　小平面，然後再於小平面上鑽
　　出與A底面垂直之圓孔。

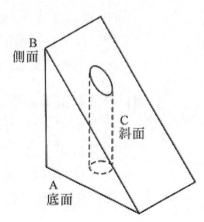

（　　）**45** 有關鑽削加工之敘述，下列何者不正確？
(A)若工件的切削速度為25m/min且鑽頭直徑為10mm，則鑽床主軸
　　的轉數約為800rpm
(B)柱坑鑽頭之規格以能沉入螺絲頭來表示，如M4、M6等
(C)一般鑽削鋼料的鑽唇間隙角為20～25度，鑽唇角採118度
(D)鑽孔時，鑽頭之切邊一高一低或鑽唇半角不相同，容易引起孔
　　徑擴大。

（　　）**46** 在鑽孔加工中，下列敘述何者不正確？
(A)多軸鑽床在一次鑽孔操作中能同時鑽出數個孔
(B)高速鋼材質的鑽頭，其鑽頭柄部刻有「HSS」字樣
(C)在相同切削速度下，鑽頭直徑越大轉數要越快
(D)鑽削合金鋼等硬材料的進給量應較小，軟材料則可較大。

（　　）**47** 鑽頭鑽削工件的最佳鑽削速度為12m/min，欲以20mm的高速鋼鑽
頭鑽削不鏽鋼工件，則主軸轉數約為多少rpm？
(A)190　　　　　　　　　　　(B)240
(C)750　　　　　　　　　　　(D)1000。

(　) **48** 鉸孔前必須先鑽孔，要在低碳鋼材料工件上鉸一個12mm直徑的
孔，其鑽頭的直徑應為多少最適當？
(A)9.6mm 　　　　　　　　(B)10.8mm
(C)11.5mm 　　　　　　　　(D)11.8mm。

(　) **49** 有關孔的鉸削作業，下列敘述何者不正確？
(A)過大的鉸削量容易引起震動，使加工面不平滑
(B)鉸削時，鉸刀沿其軸向的動作，只能前進而不能反轉後退
(C)可調式鉸刀更換刀刃時應全部更換，以免鉸削不均勻
(D)鉸削不鏽鋼材料的孔時，不可使用切削劑。

(　) **50** 有關手工鉸孔操作，下列敘述何者不正確？
(A)鉸刀如有傾斜，可以適當修正方向後，繼續鉸刀
(B)取出鉸刀需由工件底部取出鉸刀
(C)取出鉸刀，絕不可逆時針退出
(D)最後以銼刀或倒角刀去除孔毛邊。

第5單元 車床基本操作

重點導讀

車床為機械基礎實習與機械製造非常重要的單元，統測年年必考，而且兩專業科目有關此單元的題目可考四至五題，故本單元一定要好好研讀，本單元重點在車床的構造與功用、車床工具的使用及車床操作、保養維護與安全注意事項，只要有操作過車床的經驗，要熟讀本單元重點精華絕非難事。

5-1 車床的工作原理與功用

一、車床的工作原理

1. 車床係利用平移固定的**單鋒刀具切削迴轉之工件**成為圓筒等形狀之工具機。
2. 車床是最早被發現的工具機而且為其他的祖機。今日車床仍是最重要的工具機。
3. CNC車床縱向刀軸（進刀方向與主軸中心平行）稱為Z軸，橫向刀軸稱為X軸，CNC車床採無段變速，由於為三爪油壓夾頭，無法車削偏心工件。

二、車床的功用

1. 車床廣用於加工外徑、端面、切斷、壓花、螺紋、錐度、偏心（又稱曲軸、曲柄軸）、來福線管（膛線；螺旋線）、圓形鳩尾槽及螺紋等工作。
2. 車床與銑床可以複合化地結合在同一台機床，具有銑床之功能，功用更為廣泛。

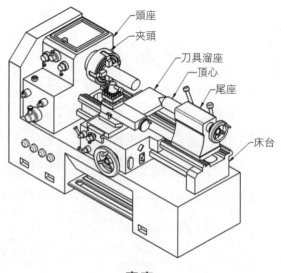

車床

5-2 車床的構造與種類

一、 車床的構造之五大機構

1. 車頭（頭座）

(1) 車頭裝置傳動機構，有塔輪式（皮帶傳動）、齒輪式兩種，目前採用**齒輪式**為主。必須主軸停止才可變速。變換轉數前，要先微微轉動夾頭，以使齒輪入檔。

(2) 車頭之**心軸（主軸）為中空**，為**莫斯錐度**，以適應**長工件**之加工。

(3) 車頭主軸傳動一般由馬達驅動**三角形（V形、梯形）皮帶**，皮帶之夾角為40°。

(4) 車頭加上**後列齒輪（回歸輪系）**，可增加轉數變化，主要是減速作用。

(5) 四級塔輪式車床，加上後列齒輪，共有8種不同轉數；亦即4種高速檔（主軸變速部分）及4種低速檔（後列齒輪變速部分）。

2. 尾座

(1) 尾座位於車床尾端，上方的心軸可裝60°**頂心**，頂心為**莫斯錐度**。

(2) 尾座之心軸（主軸）為中空且為莫斯錐度。利用**左螺桿轉動**。

(3) 尾座可以裝置鉸刀、螺絲攻、鑽頭等，進行鉸孔、攻絲、鑽孔等。

(4) 尾座可支持工件用於**兩心間工作**，亦可用於**實心長工件**支持另一端。

(5) 尾座分上、下座。上座可作橫向（前後）方向移動。下座除了可縱向（左右）移動外亦可利用**下方螺帽**固定於床軌。

(6) 尾座只有縱（軸）向進給手輪，並無橫（徑）向進給手輪。

(7) 拉緊尾座固定桿可使整個尾座不再移動。

(8) 拉緊尾座心軸固定桿可使尾座心軸不再移動。

(9) 車床尾座手輪的刻度環，可計量尾座心軸前進與後退之距離。

3. 刀座（刀具溜座）

(1) 刀座主要分**水平部分之床鞍**及**垂直部位之床帷**。

(2) 水平部分之**床鞍**包括刀具柱或方刀架、複式刀座、橫向進刀手動進給機構等。

(3) 垂直部位之**床帷**包括**縱向手動進給機構、螺紋車削機構及縱橫向自動進給機構**。

(4) 刀具柱或四方刀架（刀塔）：有12根固定螺絲可裝置四把刀具並可旋轉調整。四方刀架只能**逆時針方向旋轉**，不可順時針方向旋轉的主要原因為防止重車削時車刀插入工件。刀塔夾爪上的螺桿不應添加潤滑油，以免打滑，無法鎖緊車刀。

(5) 複式刀座：**可偏斜，車削錐度**，利用**左螺桿**傳動。調整複式刀座的角度應使六角扳手。複式刀座不可自動進刀。

(6) 橫向（徑向）進刀：車刀架移動方向**與車床主軸垂直**，利用**左螺桿**傳動，可以自動進刀。

(7) 縱向（軸向）進刀：車刀架移動方向**與車床主軸平行**，利用**齒條與齒輪**傳動，可以自動進刀。鑽中心孔、鑽孔只需使用縱向進刀。

(8) 螺紋車削機構：配合**導螺桿**傳動可車製螺紋。

(9) 縱橫向自動進給機構：利用縱橫向自動進給，可以提升效率，減少刀具磨損，增加刀具壽命。

4. 床台（機床）

(1) 床台以**鑄鐵鑄造**後加工成形，具有**吸震**作用。

(2) 車床床台常用季化處理，以消除內應力，增加穩定性。

(3) 床台上有二條軌道，每條軌道有V軌及平軌，**外側V軌引導縱向進刀（刀座），內側平軌用以引導尾座**。

(4) 床台下方的導螺桿配合**指示器（牙標）**半離合螺帽（黃銅製成），用於車製螺紋，**避免亂牙**。

(5) 車床導螺桿之螺紋一般為**梯形螺紋**。

(6) 床台下方另有自動進刀機構可以進行自動進刀。

(7) 底座為車床之基座以鑄鐵鑄造而成。

(8) 底座用以支持頭座、刀座、尾座及各設備，底座可放切削劑。

5. 變速與進刀機構

1	**主軸變速機構** 利用車床左側變速齒輪箱外之變速桿進行速度變換速度。
2	**自動進給機構** 利用車床左側外掛齒輪機構驅動自動進給桿，作縱向、橫向自動進給。

二、車床規格表示法

1. 旋徑（主軸中心至床台距離2倍）。　2. 兩頂心間距離。
3. 床台的全長。　　　　　　　　　4. 主軸孔徑。

三、車床的種類

台式車床	又稱桌上車床；適用於車削小型工件的小車床，通常亦具備大車床之附件。
機力車床	又稱高速車床；為一般所使用之車床，床台機構均較台車床大，為機工場用途最廣之工作母機。
立式車床	立式車床工作台為圓形（可以旋轉），具有側機柱側刀座進刀、橫向導軌橫向刀座進刀，適宜重量大，形狀複雜的工件加工，外形如搪床。
六角車床	六角車床和一般車床主要差異在於尾座，尾座為一六角形轉塔塊，故又稱為轉塔車床，為自動車床之一，用於大量生產。
平面車床	適宜直徑大，長度短的工件加工，如皮帶輪之大端面車削，其特徵是沒有尾座。
凹口車床	凹口車床類似平面車床，適宜直徑大，長度短的工件加工。
CNC車床	電腦控制車床，由磁碟儲存，加工適應性大，以X軸為橫向（徑向）進刀，Z軸為主軸縱向（軸向）進刀。缺點為無法直接車削偏心工件。

牛刀小試

(　　) **1** 有關車床規格之表示方式，下列何者不正確？　(A)車床高度 (B)兩頂心間距離　(C)最大旋徑　(D)主軸孔徑。　【106統測】

(　　) **2** 車床刀具溜座組由兩部份組成，其中那一部份包含有縱向進給手輪、橫向自動進給與縱向自動進給機構、螺紋切削機構等機構？　(A)床鞍（Saddle）　(B)床軌（Rail）　(C)床台（Bed）　(D)床帷（Apron）。　【108統測】

(　　) **3** 以車床自動化車削圓形工件外螺紋時，下列何種車床構造<u>不會</u>被使用？　(A)導螺桿　(B)尾座手輪　(C)刀具溜座　(D)主軸齒輪。　　　【109統測】

(　　) **4** 有關車床尾座的敘述，下列何者<u>不正確</u>？　(A)裝置鑽夾與鑽頭可用以鑽中心孔或攻螺紋　(B)調整螺絲可用以偏置或對正尾座與主軸之中心　(C)尾座有橫（徑）向進給手輪提供尾座前進　(D)須先鬆開固定（桿）把手方可調整尾座位置。　　　【109統測】

──── 解答與解析 ────

1 (A)。車床規格表示法有最大旋徑、兩頂心間距離、床台的長度、主軸孔徑等。

2 (D)。床帷包含有縱向進給手輪、橫向自動進給與縱向自動進給機構、螺紋切削機構等機構。

3 (B)。以車床自動車削外螺紋時，導螺桿、刀具溜座、主軸齒輪都會被使用到，而尾座手輪不會被使用。

4 (C)。尾座只有縱（軸）向進給手輪，並無橫（徑）向進給手輪。

5-3 車床工具的使用

一、手鎚

1. 手鎚（hammers）是一種敲擊工具，俗稱榔頭，又分硬頭鎚及軟頭鎚。
2. 硬頭鎚材料為**高碳工具鋼**，以鍛造加工製成。
3. 軟頭鎚頭部，材料通常以塑膠、橡膠、木頭或軟金屬（黃銅、鋁、鉛等）製成，常用於調整機件或工件，以避免鎚擊時傷害到工件。

二、螺絲起子

1. 螺絲起子（screw drivers）功用為鬆緊螺絲。
2. 在車床操作上可用來固鎖或鬆開機械蓋板、調整刀座滑板鬆緊度等。
3. 螺絲起子依刀口形狀分有平口（一字形）起子及十字形起子，用以鬆緊凹槽頭。

三、扳手

1. 扳手用於鬆緊螺絲或螺帽。
2. 常用扳手種類：

開口扳手	由多種尺度組成套，本體與開口中心線呈15°或22.5°。規格以**開口寬度**表示。
活動扳手	規格以**全長**表示，應盡量避免使用。使用活動扳手時，應朝扳手的活動鉗口方向旋轉，使**固定鉗口受力**。
梅花扳手	梅花扳手有15°**型**及45°**型**，各端有12個內角（亦有6、18個內角者），很容易套在螺帽或螺桿頭，不易損壞螺帽或螺桿頭。使用梅花扳手時，**每隔30°就可以換角度繼續施力**，常使用於**外六角螺帽**的裝卸工作。
六角扳手	鬆緊內**六角窩頭螺絲**，如車刀把固定窩頭螺絲、**調整複式刀座旋轉台固定窩頭螺絲**等。
夾頭扳手	屬於**T形扳手**，夾頭扳手的頭部為**外方柱形**，用於車床三爪、四爪夾頭鬆緊工件，使用時需以兩手進行，順時鐘方向旋轉時是鎖緊動作，反時鐘方向旋轉則是鬆開工作。
刀架扳手	屬於**T形扳手**，刀架扳手的頭部為**內方柱形**，用於鬆緊車刀架，刀架扳手於方刀搭上刀具的鎖固。

四、頂心

1. 頂心頭部角度為60°，錐度部位大都為莫斯3號或4號錐度。
2. 頂心又分固定（**死**）頂心（裝置於尾座）及活動頂心（裝置於頭座）。
3. 頂心（center）主要功用在車床上車削實心長工件，用於二頂心間工作。
4. 頂心常用於受到較大橫向切削力時（如壓花），作支撐工件或支撐刀具。
5. 車床校正中心亦可配合使用頂心。

五、劃線台

1. 劃線台（surface gage）早期主要用於劃線之用。
2. 劃線台在車床上常作為校正工件中心及校正車刀中心高度。
3. 劃線台適合作為**迴轉工件**的校正參考基準點。

5-4 操作車床之安全注意事項

一、車床操作的安全措施

1. 不可穿著寬鬆服裝，亦不可打領帶。
2. **不可戴棉手套**、戒指或飾物操作車床。
3. **不可兩人同時操作一台機械。**
4. 不可迴轉中變換速度。
5. 車床迴轉中不得離開崗位。

二、車床操作的注意事項

1. 迴轉中發現車床有異狀，應立即退出車刀，停止車削。
2. **在車削中遇到嚴重的鐵屑纏繞時，應立即停止車削，並退出車刀。**
3. 防止車床車削振動應檢查刀具、調整支撐螺絲、調整滑動面等。
4. 為了能確實夾緊工件，**不可增加夾頭扳手的力臂長度。**
5. 車削工件不可空手清除切屑，需利用切屑勾清除。

三、操作前技能重點

1. **刀架（刀塔）夾爪上的螺桿不應添加潤滑油**，以免過度打滑，無法鎖緊車刀。
2. 不可迴轉中變換速度。
3. 在車床上進行銼削時，操作者應盡量遠離夾頭以握持銼刀。
4. 迴轉中發現車床有異狀，應立即退出車刀，停止車削。

四、操作後技能重點

1. 啟動桿及電源開關均置於關（**OFF**）的位置。
2. 將主、副變速排檔、自動進刀機構或螺絲車削機構，歸於空檔位置。
3. 刀具溜座及尾座回歸車床**右側**定位。

牛刀小試

(　　) 關於車床操作前的技能重點，下列何者<u>不正確</u>？　(A)迴轉中發現車床有異狀，應立即退出車刀，停止車削　(B)不可在迴轉中變換速度　(C)在車床上進行銼削時，操作者應盡量遠離夾頭以握持銼刀　(D)刀架（刀塔）夾爪上的螺桿應添加潤滑油。

─── 解答與解析 ───

(D)。刀架（刀塔）夾爪上的螺桿不應添加潤滑油，以免過度打滑，無法鎖緊車刀。

5-5 車床的起動、停止與轉數的變換

一、主軸的起動技能重點

1. 須先以手微微轉夾頭，若有很重的感覺，則表示齒輪已入檔。
2. 進行主軸入檔，可用**一手（右手）轉動夾頭，另一手（左手）微微撥動轉數變化桿**。
3. 啟動主軸之正轉或逆轉，由同一支啟動把手操縱。
4. **起動把手起動後，車床主軸不轉，可能是主軸變速桿未定位（沒有入檔）。**
5. 車床頭座主軸軸承調整太緊後，最易發出尖銳聲音。
6. 車床動力源（馬達）使用V形皮帶傳動主軸，若皮帶張得過緊，則會發生阻力增加、軸承超負荷、皮帶壽命短等。

二、主軸的停止技能重點

1. 車床工作中利用剎車的目的為急速停車。
2. 不宜快速停止主軸。
3. 剎車突然失效的原因為剎車帶斷裂。
4. 剎車不可一次剎車完，需**分次完成為宜，不可用力過猛**。
5. **先將正逆轉啟動把手歸回原位（中立位置），再踩煞車，使主軸停止。**
6. 發生緊急狀況時，直接快速踩煞車讓主軸停止。
7. 剎車後，主軸無法立即停止轉動，剎車放開時，主軸又恢復轉動，可能原因為剎車微動開關失靈。
8. **車削造成車刀崩裂的原因為主軸停止後未退刀。**

三、主軸轉數變換操作技能重點

1. 主軸轉數變換主要分主變速檔（主軸轉數變換；高速檔）及副變速檔（後列齒輪變換；低速檔）。
2. 車床變速時，需主軸停止後變速。
3. 車削工作中，發現**工件表面有跳動現象**主要原因為：**主軸軸承太鬆、工件未夾緊、車刀刀柄伸出太長等**，與床軌水平未校準較無關。

四、主軸空檔操作技能重點

1. 主變速檔（主軸轉數；高速檔）變換桿及副變速檔（後列齒輪；低速檔）變換桿，調整在**垂直（中立）位置，即空檔位置**。
2. 空檔位置時，手轉動車床夾頭時，會呈現輕快轉動。
3. 空檔操作時，車床作起動操作時，則只聽到馬達聲，但主軸不轉動。
4. 空檔操作常用於校正工件中心、車床收工後變換桿歸定位。

牛刀小試

(　　) **1** 下列對車床基本操作的敘述，何者<u>不正確</u>？　(A)選定所要變換的轉數，用左手旋轉夾頭，右手撥動變化桿　(B)啟動主軸之正轉或逆轉，由同一支啟動把手操縱　(C)煞車時，若可能的話，最好以分次踩壓，不可用力過猛　(D)發生緊急狀況時，直接快速踩煞車讓主軸停止。　　　　　　　　【107統測】

(　　) **2** 有關車床操作方式之敘述，下列何者正確？　(A)為了保護操作人員的手，不使之受傷，應戴上手套　(B)為了相互提醒、分工合作，以提升工作效率，最好二人同時操作　(C)車削工件產生之切屑，應立即直接以空手清除　(D)為進行主軸入檔，可用一手轉動夾頭，另一手撥動變化桿。　　　　　　　【106統測】

─── **解答與解析** ───

1 (A)。選定所要變換的轉數，用右手旋轉夾頭，左手撥動變化桿。

2 (D)。(A)為了保護操作人員的手，車床操作，不應戴上手套、項鍊、領帶。(B)操作車床不可二人同時操作。(C)車削工件產生之切屑，不可空手清除，需利用切屑勾清除。

5-6　縱向、橫向與複式刀座進刀手輪的操作

一、縱向（軸向）進刀手輪的操作技能重點

1. 縱向進刀手輪藉齒輪與齒條傳動，使刀具溜座平穩的等速作縱向左右移動。
2. **縱向進刀手輪每一刻度值＝工件長度的增減量**。
3. **縱向進刀可以自動進刀**。

二、橫向（徑向）進刀手輪的操作技能重點

1. 橫向進刀手輪藉**螺桿傳動（左螺紋）**，使橫向進刀作等速橫向前後移動。
2. **橫向進刀手輪每一刻度值＝工件半徑的增減量。**
3. 一般車床橫向進刀手輪所標示之每一刻度值尺度為直徑的增減量。
4. 橫向進刀**可以自動進刀**。

三、複式刀座進刀手輪的操作技能重點

1. 複式刀座進刀手輪藉**螺桿傳動（左螺紋）**，使複式刀座進刀作等速移動。
2. 先檢視複式刀座旋轉台角度是否歸零。（車削錐度除外）
3. 可調整複式刀座成一角度，進行短工件錐度車削。
4. 調整複式刀座要利用六角扳手。
5. **複式刀座無法作自動進刀操作。**

牛刀小試

(　) **1** 有關車床與其操作方法，下列敘述何者正確？ (A)外徑分厘卡可用於四爪夾頭上安裝圓桿之同心度校正 (B)車削錐度時，可使用複式刀座以自動進給方式進行加工 (C)車床尾座軸孔所使用的是國際標準錐度 (D)油溶性切削劑主要以潤滑為目的，水溶性切削劑主要以冷卻為目的。　　　　【105統測】

(　) **2** 在機力車床橫向進刀手輪上，顯示最小刻度為∅0.04mm，若工件半徑要減少1.20mm，則正確的進刀格數為下列何者？ (A)15　(B)30　(C)45　(D)60。　　　　【107統測】

────── 解答與解析 ──────

1 (D)。(A)指示量表可用於四爪夾頭上安裝圓桿之同心度校正。(B)車削錐度時，可使用複式刀座以手動進給方式進行加工。(C)車床尾座軸孔所使用的是莫斯錐度。

2 (D)。在機力車床橫向進刀手輪上，顯示最小刻度為∅0.04mm，表示進一格半徑少0.02mm，若工件半徑要減少1.20mm，則正確的進刀格數N=1.20÷0.02=60（格）。

5-7 自動進給與速率變換操作

一、自動進給與速率變換技能重點

1. 車床啟動後，操作床帷機構之縱向進刀手柄旁之縱橫向自動進給控制桿，即可作各項自動進給與速率變換操作。
2. 複式刀座無法自動進給與速率變換操作。
3. 自動進給及車削螺紋機構裝置於床帷之外掛輪系上。
4. 一般車床自動進給常採用八段進給變速機構。

二、自動進給與速率變換操作技能重點

1. 切記主軸轉動中，勿變換其它轉速，以免齒輪撞擊受損。
2. 重車削中，感覺轉數降低，經解除自動進給後，此現象即消失，其可能原因為皮帶打滑。
3. 車螺紋半離合（開口）螺帽（牙標或指示器）無法閉合，較為可能原因為縱、橫向自動進給操作桿未在中立位置。
4. 車螺紋與自動進給不可同時操作。
5. 舊式車床進刀齒輪系中裝有一非金屬製品的齒輪，其主要目的是提高安全、降低噪音。

牛刀小試

(　　) 有關車床自動縱向、橫向進給與其速率變化之操作，下列敘述何者正確？　(A)撥動轉數變化桿，調整主軸轉數，確實將轉數變換桿撥入所需檔位　(B)依主軸頭所貼附之進給率表，找到進給率所對應之檔位與變速桿　(C)確定尾座各操作桿的功能是否正常，調整尾座心軸伸出長度　(D)依據車削狀況及工件材質，選定車刀與主軸轉數。　　　　　【107統測】

───── 解答與解析 ─────

(B)。(A)「撥動轉數變化桿，調整主軸轉數，確實將轉數變換桿撥入所需檔位」屬於變換速度之操作。(C)「確定尾座各操作桿的功能是否正常，調整尾座心軸伸出長度」屬於尾座之操作。(D)「依據車削狀況及工件材質，選定車刀與主軸轉數」屬於變換速度之操作。

5-8 尾座操作

一、尾座技能重點

1. 尾座位於車床尾端。
2. 尾座主軸為中空之莫斯錐度。
3. 尾座上方的心軸可裝60°頂心。
4. 尾座可用於支持實心之長工件於兩心間工作。
5. 車床尾座分上、下二座,**上座可作橫向(前後)方向移動。下座除了可縱向(左右)移動外亦可利用下方螺帽固定於床軌。**
6. 尾座可裝置鉸刀、螺紋攻、鑽頭等,可進行鉸孔、攻螺紋、鑽孔等。
7. 尾座心軸螺桿為**左螺紋**。
8. **拉緊尾座固定桿可使整個尾座不再移動。**
9. **拉緊尾座心軸固定桿可使尾座心軸不再移動。**
10. 車床尾座手輪的刻度環,可計量尾座心軸前進與後退之距離。
11. 尾座心軸可以前進或後退,利用車床進行圓棒端面鑽孔時,鑽頭裝在不旋轉的尾座心軸孔中。

二、尾座操作程序技能重點

1. 調整尾座心軸固定把手,以右手順時針方向轉動手輪,將心軸伸出適當長度。
2. **反轉尾座手柄,使心軸後縮,可取出頂心或鑽頭。**
3. 可藉尾座上座調整螺絲,使**上座橫向偏位作尾座偏置調整操作,可車削錐度工件,稱為尾座偏置法。**
4. 車床尾座無法固定時,可調整尾座下座下方之螺帽固定。

牛刀小試

(　　) 有關車床尾座的敘述,下列何者<u>不正確</u>?　(A)裝置鑽夾與鑽頭可用以鑽中心孔或攻螺紋　(B)調整螺絲可用以偏置或對正尾座與主軸之中心　(C)尾座有橫(徑)向進給手輪提供尾座前進 (D)須先鬆開固定(桿)把手方可調整尾座位置。　　【109統測】

──── 解答與解析 ────

(C)。尾座只有縱(軸)向進給手輪,並無橫(徑)向進給手輪。

5-9　車床的保養與維護

一、車床的清潔工作

1. 清理車床，應先推開尾座，由**後床台（右邊；尾座部分）**開始清理擦拭。
2. 刀架（刀塔）夾爪上的螺桿不應添加潤滑油。
3. 殘留在車床上的切削劑，應立即擦淨，以防鏽蝕。

二、車床保養與維護

1. 主軸齒輪箱之潤滑油應選用30號機油。
2. 車床上之油珠孔，需經常加油，其最佳方式為用**油槍抵緊珠口注入**。
3. 車床主軸箱加注潤滑油時，**油面應在油窗中心線**。
4. 車床主軸軸承要用機油潤滑且按時更換機油。
5. 軸承過熱磨耗的原因為**未按時更換機油**。
6. 車床電器設備絕緣不良，可能造成**漏電現象**。
7. 收工後，刀具溜座及尾座應歸於**床台右邊**，並將電源關閉。

考前實戰演練

(　)　**1** 傳統機械切削加工法中，下列何者<u>不是</u>刀具旋轉加工者？　(A)車削　(B)輪磨　(C)銑切　(D)鑽削。

(　)　**2** 下面哪一種工件<u>無法</u>在車床上製作？　(A)圓錐體　(B)來福線管　(C)S形彎管　(D)螺紋。

(　)　**3** 操作車床時，為避免意外事故的發生，下列何種護具<u>不得</u>使用？　(A)安全眼鏡　(B)安全鞋　(C)耳塞　(D)手套。

(　)　**4** 車床剎車後，主軸無法立即停止轉動，剎車放開時，主軸又恢復轉動，可能原因為？　(A)剎車帶太鬆　(B)剎車帶斷裂　(C)剎車來令片已磨損　(D)剎車微動開關失靈。

(　)　**5** 有關車床進刀手輪的操作，下列敘述何者<u>不正確</u>？　(A)縱向進刀手輪的操作要防止車削中撞擊夾頭　(B)橫向刻度環的讀數值每一刻度值等於工件長度的增減量　(C)可調整複式刀座成一角度，與車床主軸形成斜角，再操作進刀手柄，可進行車削圓錐　(D)縱橫向進刀手柄同時操作可切削圓弧或曲面。

(　)　**6** 車床尾座分上、下二座，上座可作？　(A)縱向移動　(B)橫向移動　(C)上、下方向移動　(D)任意方向移動。

(　)　**7** 車床尾座無法固定時，應調整？　(A)尾座下方之螺帽　(B)尾座手輪　(C)尾座左側螺絲　(D)尾座右側螺絲。

(　)　**8** 有關車床尾座操作，下列敘述何者<u>不正確</u>？　(A)充分瞭解尾座各操作桿　(B)為安全起見，尾座操作先關閉車床電源　(C)轉動尾座手柄，使心軸後縮，可取出頂心　(D)尾座可藉尾座調整螺絲，使下座橫向偏位作尾座偏置調整操作。

(　)　**9** 車床牙標之開口螺帽常以？　(A)鑄鐵製成　(B)鑄鋼製成　(C)銅合金製成　(D)塑膠製成。

（　　）**10** 如表所示，是哪一種工作母機的規格表？

旋徑	400mm
床台長度	1200mm
兩心間距離	750mm
主軸最大轉數度	1800rpm
使用電壓	220V
馬達出力	20HP

(A)鉋床　(B)銑床　(C)鑽床　(D)車床。

（　　）**11** 下列何者不在車床刀具溜座之垂直部件（床帷）上？　(A)橫向進給機構　(B)縱向手動進機構　(C)縱、橫向自動進給機構　(D)螺紋車削機構。

（　　）**12** 如圖所示為十七世紀初所發展之工作母機，它是哪一種工作母機之前身？
(A)鑽床
(B)銑床
(C)車床
(D)插床。

（　　）**13** 一般用於鬆緊車刀架或車刀把為？　(A)夾頭扳手　(B)刀架扳手　(C)六角扳手　(D)鑽夾扳手。

（　　）**14** 車床之床體部份通常以鑄鐵材料製造，其主要目的為？　(A)減輕重量　(B)設計容易　(C)易於維修　(D)具有吸震作用。

（　　）**15** 一般車床床台上有四條軌道者，其用以支持尾座的是？　(A)外側二軌道　(B)內側二軌道　(C)外側之外軌道及內側之內軌道　(D)外側之內軌道及內側之外軌道。

（　　）**16** 車床上之油珠孔，需經常加油，其最佳方式為用？　(A)抹布拭入　(B)油壺滴入　(C)油槍抵緊珠口注入　(D)用手塗抹黃油。

（　）**17** 四方刀架不可順時針方向旋轉的主要原因為？　(A)防止重車削時車刀偏離工件　(B)防止重車削時車刀插入工件　(C)為左手操作者設計　(D)為右手操作者設計。

（　）**18** 下列何者<u>不為</u>一般車床規格？　(A)夾頭直徑　(B)最大旋徑　(C)床台長度　(D)二頂心間距離。

（　）**19** 車床車削中遇到嚴重的鐵屑纏繞時，應立即？　(A)使用管鉗扳手清除　(B)使用鐵屑鉤（勾）清除　(C)調整刀座角度　(D)退出車刀，停止車削。

（　）**20** 專為直徑大且長度短之工件而設計的車床為？　(A)凹口車床　(B)靠模車床　(C)臥式車床　(D)多軸自動車床。

（　）**21** 車床牙標（指示器）半合（開口）螺帽無法閉合較為可能原因為？　(A)導螺桿不轉　(B)車床未啟動　(C)縱、橫向自動進給操作桿未在中立位置　(D)未裝牙標。

（　）**22** 普通車床之主要構造，包括有機床、車頭（head stock）、刀具溜架（carriage，又稱群鞍）、變速與進刀機構，以及下列何者？　(A)鑽頭　(B)皮帶　(C)齒輪　(D)尾座。

（　）**23** 有關車床工作，下列敘述何者<u>不正確</u>？　(A)進身切斷工作，車刀之刀尖應對準工件中心　(B)車床使用之跟刀架（Follower Rest），係固定於車床溜板鞍台（Saddle）上，隨溜板之縱向進刀而移動　(C)車床之規格，主要以旋徑及兩頂心間的距離表示　(D)車削短工件之外徑時，應採用複式刀具台進刀。

（　）**24** 下列何者<u>不在</u>車床刀具溜座之垂直部件（床帷）上？　(A)複式刀座　(B)縱向手動進給機構　(C)縱、橫向自動進給機構　(D)螺紋車削機構。

（　）**25** 下列有關普通車床構造與操作之敘述，何者正確？　(A)刀具溜座包括床鞍、頭座及床帷　(B)床台一般以構造用鋼銲接而成　(C)床鞍部分設置自動進給機構及螺紋車削機構　(D)尾座的心軸可裝頂心，用以支持工件。

( ) **26** 如圖所示之工具機為：

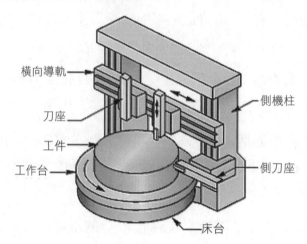

横向導軌
刀座
工件
工作台
側機柱
側刀座
床台

(A)立式銑床　(B)立式拉床　(C)立式車床　(D)立式刨床。

( ) **27** 下列有關車削與放電加工之敘述，何者<u>不正確</u>？　(A)車削利用機械能切除工件，放電加工則利用電化學能切除工件　(B)車削之材料移除率多比放電加工快速　(C)車刀硬度須較工件為高，放電加工之工具電極硬度則可較工件為低　(D)車刀須直接接觸工件，放電加工之工具電極則可不直接接觸工件。

( ) **28** 下列何種錐度系統慣用於車床和鑽床主軸孔？
(A)莫斯錐度（MT）　　　　　(B)加農錐度（JT）
(C)白式錐度（B&S）　　　　 (D)錐銷（Taper pin）錐度。

( ) **29** 應用車床複式刀台車削錐度，以下敘述何者<u>不正確</u>？
(A)複式刀台進刀方向須調整為與錐度軸成半錐角
(B)可車削的錐度範圍大
(C)可使用自動進刀車削
(D)車削的錐度其長度受限於複式刀台之行程。

( ) **30** 操作車床時，為避免意外事故的發生，下列何種護具<u>不得</u>使用？
(A)安全眼鏡　　　　　　　　(B)安全鞋
(C)耳塞　　　　　　　　　　(D)棉手套。

(　) **31** 有關正確、安全的車床工作之敘述，下列何者正確？
(A)在車床上進行銼削時，操作者應盡量靠近夾頭以握持銼刀
(B)操作人員應穿工作服，並配戴安全眼鏡以及手套
(C)變換轉數前可先微微轉動夾頭，以使齒輪入檔
(D)刀塔夾爪上的方牙螺桿應添加潤滑油，以利螺紋鎖緊。

(　) **32** 有關車床工作之敘述，下列何者正確？　(A)為了能確實夾緊工件，可增加夾頭扳手的力臂長度　(B)在車削中遇到嚴重的鐵屑纏繞時，應立即使用鐵屑鉤（勾）清除　(C)調整複式刀座的角度應使用六角扳手　(D)車床的規格為300mm，表示夾頭的外徑為300mm。

(　) **33** 有關車床工作之敘述，下列何者<u>不正確</u>？
(A)車床尾座可安裝鑽頭進行鑽孔
(B)車床尾座可配合螺絲攻進行攻牙
(C)拉緊尾座的心軸固定桿可使整個尾座不再移動
(D)車床尾座手輪的刻度環，可計量尾座心軸前進與後退之距離。

(　) **34** 有關車床工作之敘述，下列何者正確？　(A)位於床帷上的方刀塔（旋轉刀架），其主要功用為固定車刀　(B)操作車床時應戴手套，以防止鐵屑割傷手指　(C)垂直於工件軸心方向的進刀稱為橫向進刀　(D)夾頭扳手的頭部為內方柱形，可用來鎖緊夾頭之夾爪。

(　) **35** 有關車床規格之表示方式，下列何者<u>不正確</u>？
(A)車床高度　　　　　　　(B)兩頂心間距離
(C)最大旋徑　　　　　　　(D)主軸孔徑。

(　) **36** 有關車床操作方式之敘述，下列何者正確？　(A)為了保護操作人員的手，不使之受傷，應戴上手套　(B)為了相互提醒、分工合作，以提升工作效率，最好二人同時操作　(C)車削工件產生之切屑，應立即直接以空手清除　(D)為進行主軸入檔，可用一手轉動夾頭，另一手撥動變化桿。

（　　）**37** 下列對車床基本操作的敘述，何者<u>不正確</u>？
(A)選定所要變換的轉數，用左手旋轉夾頭，右手撥動變化桿
(B)啟動主軸之正轉或逆轉，由同一支啟動把手操縱
(C)煞車時，若可能的話，最好以分次踩壓，不可用力過猛
(D)發生緊急狀況時，直接快速踩煞車讓主軸停止。

（　　）**38** 在機力車床橫向進刀手輪上，顯示最小刻度為$\varnothing 0.04mm$，若工件半徑要減少1.20mm，則正確的進刀格數為下列何者？
(A)15　　　　　　　　　　(B)30
(C)45　　　　　　　　　　(D)60。

（　　）**39** 有關車床自動縱向、橫向進給與其速率變化之操作，下列敘述何者正確？
(A)撥動轉數變化桿，調整主軸轉數，確實將轉數變換桿撥入所需檔位
(B)依主軸頭所貼附之進給率表，找到進給率所對應之檔位與變速桿
(C)確定尾座各操作桿的功能是否正常，調整尾座心軸伸出長度
(D)依據車削狀況及工件材質，選定車刀與主軸轉數。

（　　）**40** 車床刀具溜座組由兩部份組成，其中哪一部份包含有縱向進給手輪、橫向自動進給與縱向自動進給機構、螺紋切削機構等機構？
(A)床鞍（Saddle）　　　　(B)床軌（Rail）
(C)床台（Bed）　　　　　(D)床帷（Apron）。

第6單元　外徑車刀的使用

重點導讀

外徑車刀的使用與機械製造第一單元中的切削工具的發展有密切關係，統測年年必考，絕無例外，尤其是車刀材質、車刀種類及車刀各部位角度超級重要，不可輕忽，所以一定要加強此單元的研讀，本書已幫你做好最佳分類，讀起本單元應會更加得心應手，加油！

6-1 車刀材質

一、高碳工具鋼（HC；SK）

1. 高碳工具鋼常用於銼刀、鋸條、鑽頭、刺沖、中心沖等，車刀較少採用。
2. 高碳工具鋼耐熱溫度最低，約200°C。

二、合金工具鋼（high－carbon alloy steel；SKS）

1. 合金工具鋼是高碳鋼內添加鉻、鎢、鉬、釩、錳及鈷等。
2. 合金工具鋼改進高碳工具鋼的缺點，增加其適用性。
3. 合金工具鋼常用於鉸刀、螺絲攻等。

三、高速鋼（HSS；HS；SKH）

1. 高速鋼為鐵（Fe）、碳（C）、鉻（Cr）、鎢（W）、釩（V）之合金。
2. 高速鋼要加熱至暗紅色才軟化，故具有**紅熱硬性**，耐熱溫度600°C～650°C。
3. 研磨高速鋼刀具，**刃口必須經常浸水中，以防退火軟化**。
4. 高速鋼適合製成成形刀具。
5. 高速鋼之種類甚多，常用者有下列三類：
   (1) 鎢系高速鋼：代表為18-4-1，含18%鎢，4%鉻及1%釩。
   (2) 鉬系高速鋼：代表為6-6-4-2，含有6%鎢，6%鉬，4%鉻，2%釩。
   (3) 鈷系系高速鋼：代表為18-4-1-5，含有18%鎢，4%鉻，1%釩及5%鈷，加入鈷5～12%可提高耐熱性，增加高溫切削能力，又稱超高速鋼。

四、超硬鑄合金（非鑄鐵合金；史斗鉻鈷）（**CA**）

1. 超硬鑄合金以**鈷**（Co）、**鉻**（Cr）、**鎢**（W）為主成分，另加鉭（Ta）、鉬（Mo）、硼（B）等組成。
2. 超硬鑄合金切削效率為高速鋼之1.5～2倍，耐熱溫度820°C。

五、碳化物刀具（**TC**）

1. 碳化刀具主要成分為碳化鎢（WC）、碳化鈦（TiC）及碳化鉭（TaC）等。
2. 碳化刀具以**鈷**為結合劑，為目前最常用之刀具。
3. 碳化刀具常利用銅銲方式銲於刀把或刀柄。
4. 碳化刀具利用**粉末冶金於**1500°C**燒結**，耐熱溫度1200°C。
5. 碳化刀具刀刃精磨用鑽石砂輪（D），粗磨用綠色碳化矽砂輪（GC）。
6. 碳化鎢刀具刀刃部分，應以綠色碳化矽或鑽石砂輪研磨，並且不可以用水冷卻。
7. 碳化刀具研磨時，刀柄以水冷卻，刀刃不可迅速以水冷卻，以免刃口碎裂。
8. 全新的銲接式碳化物車刀須研磨刀角，才可使用。
9. 全新的捨棄式碳化物車刀無須研磨刀角，可直接使用。
10. ISO常用碳化刀具之分類法：
    (1) K類：刀柄端塗**紅色**。適於切削**鑄鐵**、非鐵金屬、非金屬材料、石材等不連續（斷續）切屑材料。又分K01、K10、K20、K30、K40等五類。**編號愈小用於高速精加工（小深度、小進給），編號愈大用於低速粗加工（大深度、大進給）。**
    (2) P類：刀柄端塗**藍色**。適於切削鋼、鑄鋼、鋁等連續切屑材料。又分P01、P10、P20、P30、P40、P50**等六類**。編號愈小用於高速精加工，編號愈大用於低速粗加工。

    K類：紅色
    P類：藍色
    M類：黃色

    (3) M類：刀柄端塗**黃色**。適於切削**不鏽鋼**、合金鋼、延性鑄鐵等抗拉強度大且韌性較大難切削之材料。又分M10、M20、M30、M40**等四類**。編號愈小用於高速精加工，編號愈大用於低速粗加工。
11. 碳化物刀具編號33-2-P20，其中33為刀柄的形態（查表），2為刀柄的尺寸（查表），P為刀具的材質，20為刀具材質的編號。

六、陶瓷刀具（ceramic tools）

1. 陶瓷刀具的主要成分為氧化鋁（Al_2O_3）。
2. 陶瓷刀具不耐振動切削，不適合重切削或斷續切削。
3. 陶瓷刀具使用時採用 $-5°\sim-7°$ 之負斜角。

七、鑽石刀具（D、SD）

1. 鑽石為最高硬度刀具，用於高速切削，主要切削材料為非金屬或軟質非鐵金屬，如鋁、銅等。
2. 鑽石常用於超精密加工、超高速加工、修整砂輪、切割玻璃、鏡面加工、晶圓切割等。
3. 鑽石不可切削鐵系金屬材料。

八、立方氮化硼（CBN）

1. 立方氮化硼硬度僅次於鑽石，廣用於切削硬鋼、淬火鋼、軸承淬火鋼。
2. 立方氮化硼一般以碳化鎢為母體，再覆以氮化硼。

九、燒結瓷金（cermets）

1. 燒結瓷金係由陶瓷氧化鋁（Al_2O_3）及30%之金屬鈦基碳化鎢所組成，兼具有陶瓷及金屬之特性。
2. 燒結瓷金具有高強度、耐熱、耐衝擊性，用於銑切鋼材時如同切削鑄鐵，適於灰鑄鐵面的粗切、搪孔、面銑等工作。

十、鍍層碳化鎢（coated carbides）

1. 鍍層碳化鎢工具（刀具）是在適當強度之碳化工具（刀具）成型刀片上，利用PVD（物理蒸鍍）或CVD（化學蒸鍍）之蒸鍍法（Vapor Deposition Process）鍍上一薄層之碳化鈦（TiC）、氮化鈦（TiN）、氧化鋁（Al_2O_3）等耐磨的材料而成。
2. 氮化鈦（TiN）最常用，為金黃色，廣用於銑刀。
3. 具有耐磨性及降低和切屑間之親和性等特性。

> **註** 切削刀具硬度由硬至軟依序為：鑽石→立方氮化硼→陶瓷→瓷金→碳化鎢→非鐵鑄合金→高速鋼→合金工具鋼→高碳工具鋼。

牛刀小試

( ) **1** 有關車床使用的車刀，下列敘述何者<u>不正確</u>？　(A)高速鋼刀具的耐熱溫度達600°C～650°C　(B)P系碳化鎢刀具的識別顏色為藍色　(C)邊斜角對於切屑有導引作用　(D)碳化鎢刀具刀刃部分，應以氧化鋁材質砂輪研磨，並以水冷卻。　【105統測】

( ) **2** 有關碳化物刀具之敘述，下列何者正確？　(A)K類碳化物刀具適用於切削鑄鐵及石材，其刀柄顏色塗紅色識別　(B)P類碳化物刀具適用於切削不鏽鋼及延性鑄鐵，其刀柄顏色塗黃色識別　(C)M類碳化物刀具適用於切削高強度鋼類，其刀柄顏色塗藍色識別　(D)碳化鎢刀具主要成份為碳、鎢及錳。　【106統測】

( ) **3** 有關切削加工的一般敘述，下列何者正確？　(A)鑽削及車削均屬於刀具旋轉加工　(B)高速鋼刀具加入鈷5～12%，可提高耐熱性　(C)鑽石刀具硬度高，適合切削鐵類金屬　(D)碳化鎢刀具比陶瓷刀具硬度高。　【109統測】

──── 解答與解析 ────

1 (D)。碳化鎢刀具刀刃部分，應以綠色碳化矽或鑽石砂輪研磨，並不可以急冷於水中。

2 (A)。(B)P類碳化物刀具適用於切削高強度鋼類，其刀柄顏色塗藍色識別。(C)M類碳化物刀具適用於切削不鏽鋼及延性鑄鐵，其刀柄顏色塗黃色識別。(D)碳化物刀具主要成分為碳化鎢（WC）、碳化鈦（TiC）及碳化鉭（TaC）等組成；並以鈷（Co）為結合劑，為目前最常用之刀具。

3 (B)。(A)車削乃是工件旋轉加工，並非刀具旋轉。(C)鑽石刀具與鈦、鎳、鈷以及鋼鐵類金屬的親和力高，故不適合鋼鐵材料之切削。(D)碳化鎢刀具硬度約可達HRA92，陶瓷刀具硬度可達HRA94，陶瓷刀具硬度較高。

6-2 車刀種類

一、車刀切削方向分

右手車刀	切削刃在左前方,即由右向左車削者。
左手車刀	切削刃在右前方,即由左向右車削者。

二、車刀形狀

圓鼻車刀	用於輕粗削或精車削等一般車削。
切斷車刀	用於切斷或溝槽車削,常採鵝頸式彈簧刀把以減少震動。
螺紋車刀	用於螺紋車削,為避免摩擦,車刀兩側需要磨側間隙角。
內孔車刀 （搪孔車刀）	用於內孔車削,一般由右向左車削。

註：選用配置車刀的順序係依照工作程序而定。

6-3 車刀各刃角的功用

一、車刀主要刀角種類與功能

1. 後斜角

(1) 後斜角目的為**引導排屑及減少排屑阻力或斷屑**,可以為**正值或負值**。

(2) 後斜角**一般為正斜角,切削鋼料宜用正斜角**,高速鋼車刀角度約為 $8° \sim 16°$。

(3) 後斜角使切屑順著刃口方向朝刀頂面傾斜的**正面方向**流動。

(4) 切削銅料或硬鉛等軟材應有一負斜角才不致挖入工件,並對齊中心。

(5) **負斜角主要目的為增加刀具強度,較適用於黑皮工件之重車削**。

(6) 切削太軟材料（防止挖入）及切削太硬材料（增加強度）宜使用負斜角為佳。

2. 邊斜角

(1) 邊斜角目的為**引導排屑及減少排屑阻力或斷屑**，可以為**正值或負值**。

(2) 邊斜角一般為$12°\sim14°$。

(3) 邊斜角的功用是使切屑順著刃口方向朝側面方向流動。

(4) 邊斜角越大強度越低，車削鋼料一般使用正的邊斜角。

(5) 一般切斷（切槽）刀不能研磨邊斜角。

3. 前間隙角

(1) 前間隙角目的為**避免車刀切刃（cutting edge）與工件產生摩擦**。

(2) **前間隙角一般為$5°\sim15°$，以$8°$為宜。**

(3) 前間隙角可使切刃在徑向（橫向）進給中能順利切入工件。

(4) **隙角不可以為負值。**

4. 邊間隙角

(1) 邊間隙角目的為**避免車刀切刃（cutting edge）與工件產生摩擦**。

(2) **邊間隙角一般為$5°\sim12°$。**

(3) 邊間隙角可使切刃在軸向（縱向）進給中能順利切入工件。

(4) **隙角不可以為負值。**

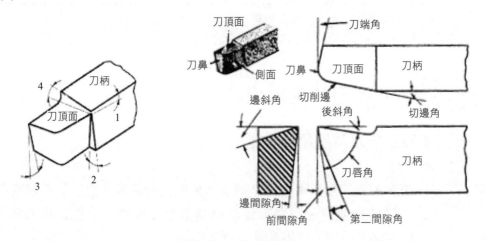

高速鋼車刀刀角

5. 刀端角（前切角；端刃角）

(1) 刀端角又稱端讓角，一般為$8°\sim15°$。

(2) 刀端角越大，車刀強度越小。

6. **切邊角（側刃角）**

(1) 切邊角的主要功用，是**控制切屑厚薄與切削力的分佈**。

(2) **切邊角增大，切屑厚度變越薄**。

(3) 研磨車刀先磨切邊角，再磨刀端角，最後磨後斜角 。

7. **刀鼻半徑**

(1) 刀鼻半徑為決定間隙角和斜角的主要因素。

(2) 刀鼻半徑與粗糙度有密切關係，影響被削工件表面粗糙度和強度。

(3) **理想粗糙度公式：**$Rz = \dfrac{f^2}{8r}$ ；

式中Rz為最大高度之粗糙度值，f為進刀量，r為刀鼻半徑。

(4) **當f進刀量大，r刀鼻半徑小，則R粗度變大**。

(5) **當f進刀量小，r刀鼻半徑大，則R粗度變小**。

(6) 欲達成較佳的表面粗糙度，合適車削條件組合之選擇為**高速切削、較小進給、較小切深、較大刀鼻半徑**。

8. **斷屑槽（斷屑器）**

(1) 刀口旁邊開一小凹槽。目的在**阻斷連續切屑**。

(2) 粗車削才需斷屑槽（斷屑器），精車削不需要斷屑槽（斷屑器）。

(3) 階梯式斷屑器，若階梯太高，斷屑效果佳，但刀口受力大，影響刀具壽命。

(4) **切屑之捲曲半徑愈小，斷屑效果愈好**。

二、車刀刀角注意事項

1. 決定車刀刀角的因素為**工件材質（最主要）**、工件表面粗糙度、刀具材質等。

2. **車刀前間隙角＋後斜角＋刀唇角＝90°，刀唇角＝90°－前間隙角－後斜角**。

3. 車刀主要角度有二：

(1) 斜角（傾角）：主要目的為**排屑與斷屑**。

(2) 隙角（讓角）：主要目的為**避免摩擦**。

4. 斜角又稱為傾角，主要作用為控制切屑的流動，又分正斜角、負斜角二種。

(1) 正斜角主要目的為**排屑與斷屑**，用於一般鋼料切削。

(2) **負斜角強度較大，適用於黑皮工件之重車削**。負斜角亦用切削軟材（如銅、鋁），以防止挖入工件。

5. 增加刀具斜角及提高速度可降低積屑刀口（BUE）之形成。

三、車刀刀角必考重點

1. 斜角可以為負值，隙角不可以為負值。
2. 斜角與隙角愈大，刀具愈銳利，切削阻力小切削效率較高，但強度不佳，宜切軟材。
3. 斜角與隙角愈小，刀具較鈍化，切削阻力大切削效率較低，但強度較佳，宜切硬材。
4. 碳化物車刀之各角度常較高速鋼車刀角度小。
5. 高速鋼車刀間隙角分為前間隙角與邊間隙角，通常在5°～10°。
6. 高速鋼車刀斜角分為後斜角與邊斜角，功用是引導切屑流動方向與斷屑。
7. 切邊角愈大則切屑愈薄，切削阻力愈小。
8. 全新的高速鋼車刀通常先研磨切邊角，其次是刀端角，最後是斜角。

牛刀小試

（　　）**1** 有關切削加工，下列敘述何者正確？　(A)車刀之後斜角主要作用為引導排屑　(B)積屑刀口（BUE）之連續切屑，其循環過程為形成、脫落、分裂、成長　(C)車刀於切削中所受的三個主要分力：軸向分力、切線分力、徑向分力，以軸向分力最大　(D)水溶性切削劑適合用於鋁的切削加工。　【105統測】

（　　）**2** 有關外徑車刀各刃角之功能說明，下列何者正確？　(A)後斜角：此角度可避免刃口與工件產生摩擦，使刃口在徑向（橫向）能順利進給　(B)邊斜角：此角度可避免切邊與工件產生摩擦，使刃口在徑向（橫向）能順利進給　(C)邊間隙角：此角度可避免切邊與工件產生摩擦，使刃口在軸向（縱向）能順利進給　(D)前間隙角：此角度可避免刃口與工件產生摩擦，使刃口在軸向（縱向）能順利進給。　【106統測】

（　　）**3** 有關金屬切削的敘述，下列何者正確？　(A)工件的硬度及延展性愈高，切削性愈佳　(B)進刀量對刀具壽命的影響較切削速度明顯　(C)切屑之捲曲半徑愈小，斷屑效果愈好　(D)刀具斜角較大，較易形成不連續切屑。　【107統測】

( ) **4** 高速鋼車刀各刃角中，下列何者可作為引導切屑流動方向與斷屑之用？ (A)邊斜角（side rake angle） (B)刀端角（end cutting edge angle） (C)前間隙角（front clearance angle） (D)邊間隙角（side clearance angle）。 【107統測】

( ) **5** 如圖所示高速鋼外徑車刀的幾何形狀，下列何者為各刃角正確的對應名稱？

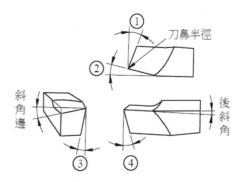

(A)①刀端角；②切邊角；③邊間隙角；④前間隙角
(B)①切邊角；②刀端角；③前間隙角；④邊間隙角
(C)①前間隙角；②邊間隙角；③切邊角；④刀端角
(D)①邊間隙角；②前間隙角；③刀端角；④切邊角。 【108統測】

( ) **6** 有關車削加工的敘述，下列何者正確？ (A)刀具切邊角60°較30°形成的切屑厚 (B)刀具刀鼻半徑愈大得到的加工表面粗糙度愈小 (C)提高切削速度可明顯降低刀具的切削力 (D)不連續切屑造成的刀具磨損大都在刀尖後方的刀頂面上。 【108統測】

( ) **7** 有關車刀做橫向（徑向）進刀時，下列何者可引導切屑流動方向與斷屑，以及增加刀端角刃口鋒利度之用？ (A)後斜角 (B)邊斜角 (C)邊間隙角 (D)前間隙角。 【109統測】

( ) **8** 下列何種車刀條件會產生較小的切削力？ (A)切邊角較大及後斜角較大 (B)切邊角較大及後斜角較小 (C)切邊角較小及後斜角較小 (D)切邊角較小及後斜角較大。 【109統測】

───── **解答與解析** ─────

1 **(A)**。(B)積屑刀口（BUE）之連續切屑，其循環過程為形成、成長、分裂、脫落。(C)車刀於切削中所受的三個主要分力：軸向分力、切線分力、徑向分力，以切線分力（67%）最大。(D)水溶性切削劑不適合用於鋁的切削加工，應使用油性切削劑，以煤油為主。

2 **(C)**。(A)後斜角主要目的為排屑。(B)邊斜角主要目的為排屑。(D)前隙角主要目的為避免切邊與工件產生摩擦，使刃口在徑向（橫向）能順利進給。

3 **(C)**。(A)工件的硬度及延展性愈高，切削性愈差。(B)由泰勒公式 $VT^n=C$ 得知，切削速度對刀具壽命的影響最明顯。(D)刀具斜角較大，切屑流動順暢較易形成連續切屑。

4 **(A)**。斜角又稱傾角，可作為引導切屑流動方向與斷屑之用。

5 **(A)**。①為刀端角；②為切邊角；③為邊間隙角；④為前間隙角。

6 **(B)**。(A)刀具切邊角越大所形成的切屑較薄。(C)切削速度與刀具的切削力無顯著關係。(D)不連續切屑造成的刀具磨損大都在刀尖下方的刀腹上。

7 **(A)**。後斜角具有引導切屑流向及控制刀端刃口鋒利度的功能。

8 **(A)**。切邊角及後斜角皆較大時會產生較小之切削力。

6-4　捨棄式外徑車刀的安裝與使用注意事項

一、刀片安裝與更換

1. 刀片安裝與更換

(1) 安裝：將刀片中心孔置入刀片固定銷中。

(2) 更換：旋轉刀片至新刀刃邊。

2. 螺絲與壓板裝卸

(1) 安裝：先放置刀片壓板，再置入鎖固螺絲。

(2) 更換：先鬆開鎖固螺絲，再將刀片壓板卸下。

3. 鎖固與鬆卸

(1) 安裝：將扳手順時旋轉，鎖固螺絲，壓緊刀片壓板，確認刀片是否穩固。

(2) 更換：將扳手逆時旋轉，放鬆固定螺絲。

二、車刀安裝與高度調整

1. 將刀把置於刀座上，並約略墊上接近中心高度的墊片，再將車刀伸出約兩個刀片長，且墊片須保持切齊刀座。

2. 移動複式刀座至接近尾座處，將刀座旋轉至車刀刀尖與頂心約0.5mm處（勿碰撞）。

3. 比對中心高度，將車刀高度與劃線台高度兩者調整至與頂心中心高度相同處。劃線台高度可作為將來其他刀具的高度參考。

三、裝置車刀要點

1. **車刀安裝伸出長度勿太長或過短，伸出長度以刀柄高度之1.5倍為宜。**
2. **刀伸出太長車刀彈動，切削結果工件面產生波紋。**
3. 刀具伸出量過長易產生異常振動。
4. 車刀刀柄之斷面積愈大愈好。
5. 可使用墊片墊高車刀，墊片應盡量與刀柄全面接觸，**疊數愈少愈好。**
6. 降低進給可改善刀具磨耗。

四、車刀安裝注意事項

1. 車削錐度、螺紋、內孔、端面、壓花及切斷時，車刀必須對準中心高度。
2. 切削大直徑磨利車刀時要加大前隙角。
3. **車刀太高則前隙角減少，引起表面粗糙，切削面不佳。**
4. 粗車刀架固定時可略偏向右側，以防止車刀或刀架偏移時切入工件。
5. **切削內孔時，孔直徑愈小，避免摩擦前隙角要大。**

牛刀小試

(　　) 有關車刀安置於刀塔（刀座）之敘述，下列何者正確？　(A)不論粗車刀或精車刀，其刃口高度必須高於主軸中心2mm以上　(B)車刀安置於刀塔（刀座）時，不可使用墊片，以免剛性不足　(C)車刀刃口高度不足時，須使用墊片，其數量應越多越好　(D)將車刀鎖於刀塔（刀座）上時，其伸出之長度應適中，勿太長或過短。　【106統測】

—— 解答與解析 ——

(D)。(A)不論粗車刀或精車刀，其刃口高度必須與主軸中心等高。(B)車刀安置於刀塔（刀座）時，要使用墊片，使車刀刃口高度與主軸中心等高。(C)車刀刃口高度不足時，須使用墊片，其數量應越少越好。

考前實戰演練

(　　) **1** 下列何種刀具，最適用於鋁合金工件之超精密加工？　(A)碳化鎢刀具　(B)碳化鈦刀具　(C)立方晶氮化硼（CBN）刀具　(D)鑽石刀具。

(　　) **2** 有關碳化物切削刀片，下列敘述何者不正確？　(A)以粉末冶金製成　(B)以硬銲熔接於刀把上　(C)以碳化矽綠色砂輪（GC）研磨　(D)研磨時發燙迅速以水冷卻，以免軟化。

(　　) **3** 材質為銅的光學反射鏡片，需要具有高精度的表面，以鏡面加工用車床進行高精密加工時，應選用何種刀具材料，才能夠得到最佳效果？　(A)鑽石　(B)碳化鎢　(C)高碳鋼　(D)高速鋼。

(　　) **4** 有關車刀，下列敘述何者不正確？　(A)被切削工件的材質是決定車刀後斜角（Back Rake Angle）的主要因素之一　(B)車刀上斷屑槽之功能是為了使切屑（Chip）形成捲曲而折斷　(C)燒結碳化鎢車刀中最適合車削鑄鐵的是N類　(D)端銲式車刀是指將刀片用銀或銅硬銲到刀柄上。

(　　) **5** 下列有關切削刀具的敘述，何者正確？　(A)碳化鎢刀具的耐溫性高於高速鋼刀具　(B)陶瓷刀具主要成分為氧化鋁，適合重切削或斷續切削　(C)鑽石刀具適合切削鐵系材料　(D)高速鋼硬度大於碳化鎢刀具。

(　　) **6** 切削刃在左邊，即由右向左車削者為？　(A)右手車刀　(B)左手車刀　(C)壓花車刀　(D)圓弧車刀。

(　　) **7** 有關車刀，下列敘述何者正確？　(A)右手車刀切削時，係自左向右車削　(B)圓鼻車刀係用於輕粗削或光削工作　(C)切螺紋刀，僅車刀右側磨成側間隙角，以便車削　(D)內削刀需裝於鏜桿上，一般由左向右車削。

(　　) **8** 配置車刀的順序係依照？　(A)工件形狀作決定　(B)工件材質作決定　(C)工作程序作決定　(D)車床狀況作決定。

(　) 　**9** 下列敘述有有關車刀幾何與角度之功用，下列敘述何者正確？ (A)適當斜角可利於切屑流動　(B)刃口附近磨溝槽之主要目的為增加車刀強度　(C)正斜角車刀較適用於黑皮工件之重車削　(D)刀鼻半徑與工件車削精度無關。

(　) 　**10** 車刀刀口旁邊開一小槽之目的是？　(A)擠斷車下之鐵屑　(B)增加車刀之強度　(C)增加切削力　(D)使刀口更銳利。

(　) 　**11** 有關車刀，下列敘述何者<u>不正確</u>？　(A)被切削工件的材質決定車刀後斜角（Back Rake Angle）　(B)車刀上斷屑槽之功能是為了使切屑（Chip）形成捲曲而折斷　(C)車刀斜角主要目的為避免摩擦　(D)端銲式車刀是指將刀片用銀或銅硬銲到刀柄上。

(　) 　**12** 有一後斜角為5°，前間隙角為8°的車刀，其刀唇角為？　(A)3° (B)13°　(C)77°　(D)87°。

(　) 　**13** 有一後斜角為負5°，前間隙角為8°的車刀，其刀唇角為？　(A)3° (B)13°　(C)77°　(D)87°。

(　) 　**14** 可避免切邊與工件產生摩擦，使刃口在軸向（縱向）能順利進給之刃角為？　(A)後斜角　(B)邊斜角　(C)邊間隙角　(D)前間隙角。

(　) 　**15** 可避免切邊與工件產生摩擦，使刃口在徑向（橫向）能順利進給之刃角為？　(A)後斜角　(B)邊斜角　(C)邊間隙角　(D)前間隙角。

(　) 　**16** 有關金屬切削的敘述，下列何者<u>不正確</u>？　(A)工件的硬度及延展性愈高，切削性愈差　(B)進刀量對刀具壽命的影響較切削速度不明顯　(C)切屑之捲曲半徑愈小，斷屑效果愈差　(D)刀具斜角較大，較易形成連續切屑。

(　) 　**17** 研磨高速鋼車刀，刃口必須經常浸水，以防？　(A)回火硬化 (B)退火軟化　(C)脆化　(D)硬化。

(　) **18** 車刀影響車削工件表面粗糙度的主要部位是？　(A)邊隙角　(B)後斜角　(C)邊斜角　(D)刀鼻半徑。

(　) **19** 下列高速鋼車刀形狀中，何者最適用於截斷工件？

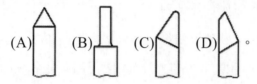

(A)　　(B)　　(C)　　(D)。

(　) **20** 如右圖所示是車床加工用粗車刀的形狀及刀刃角，下列敘述何者正確？
(A)角度1為後斜角，其功能在順利排屑　(B)角度2為邊斜角，其功能在防止刀具與工件摩擦　(C)角度3為刀唇角，其功能在防止刀具與工件摩擦　(D)角度4為邊斜角，其功能在防止刀具與工件摩擦。

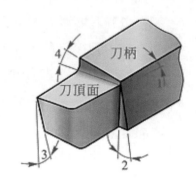

(　) **21** 下列刀具材料何者具有最高的硬度？　(A)高速鋼　(B)陶瓷　(C)鑽石　(D)立方氮化硼（CBN）。

(　) **22** 依據ISO規定，可替換式碳化鎢車刀之分類，下列何者正確？
(A)A、B、C　　　　　　(B)P、M、K
(C)A、A+、A++　　　　(D)P、B、L。

(　) **23** 下列有關切削延性工件之敘述，何者<u>不正確</u>？　(A)使用切削劑可增加刀具的壽命　(B)減少刀具斜角　（rake angle）可降低積屑刀口（BUE）之形成　(C)刀具伸出量過長易產生異常振動　(D)降低進給可改善刀具磨耗（wear）。

(　) **24** 下列有關車刀各刃角之敘述，何者<u>不正確</u>？
(A)斜角（rake angle）之主要作用為引導排屑
(B)隙角／讓角（relief/clearance angle）之主要作用為降低刃口與工件之摩擦
(C)側刃角／切邊角（side cutting edge angle）增大，切屑厚度變越薄
(D)端刃角／刀端角（end cutting edge angle）越大，車刀強度越大。

(　　) **25** 為使車刀尖在車削時不至於摩擦工件，一般車刀均磨有前隙角（front clearance angle），圖為高速度鋼車刀之示意圖，試指出車刀前隙角位於該圖何處？

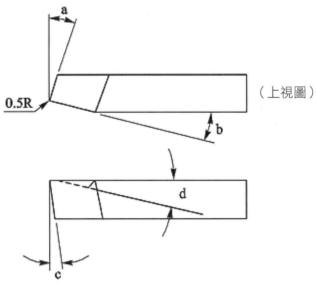

（上視圖）

(A)a處　(B)b處　(C)c處　(D)d處。

(　　) **26** 有關銲接式碳化鎢車刀的識別及用途，下列敘述何者<u>不正確</u>？
(A)刀柄末端塗藍色，適用於碳鋼材料切削者為P類　(B)刀柄末端塗紅色，適用於鑄鐵材料切削者為K類　(C)刀柄末端塗綠色，適用於鑄鋼材料切削者為N類　(D)刀柄末端塗黃色，適用於不鏽鋼材料切削者為M類。

(　　) **27** 有一後斜角（back rake angle）為負5°，前間隙角（front clearance angle）為正8°的車刀，其刀唇角為幾度？　(A)3°　(B)13°　(C)77°　(D)87°。

(　　) **28** 有關高速鋼車刀的角度、名稱與功用之敘述，下列何者正確？
(A)斜角（rake angle）分為後斜角與邊斜角，功能之一是控制切屑流向　(B)切削較硬材料時應採用大斜角，以減少摩擦　(C)間隙角（clearance angle）分為前間隙角與邊間隙角，角度通常在20°左右　(D)切削較軟材料時應採用小間隙角，使刀具更銳利。

(　　) **29** 有關高速鋼車刀之敘述，下列何者正確？　(A)後斜角（back rake angle）與邊斜角的功用，是避免刀具刃口與工件產生摩擦　(B)切邊角（side cutting edge angle）的功用，是控制切屑厚薄與切削力的分佈　(C)前間隙角（front clearance angle）與邊間隙角的功用，是引導切屑流向與控制刃口強度　(D)在工件不產生振動的情形下，刀具的刀鼻半徑較小時，工件的表面粗糙度較佳。

(　　) **30** 有關碳化物刀具之敘述，下列何者正確？　(A)P01刀具材質適用於低速切削與大進給率　(B)M01刀具材質適用於高速切削與小進給率　(C)K50刀具材質適用於低速切削與大進給率　(D)M類刀具的識別顏色為黃色，適用於切削韌性材料。

(　　) **31** 鎢系高速鋼，常見標準型為18-4-1，其中代號4表示：　(A)鉻含量4%　(B)鎢含量4%　(C)鉬含量4%　(D)鐵含量4%。

(　　) **32** 有關高速鋼車刀之敘述，下列何者正確？　(A)間隙角分為前間隙角與邊間隙角，通常在5°～10°之間　(B)斜角分為後斜角與邊斜角，功用是控制切屑厚薄與切削力分佈　(C)刀端角的功用是引導切屑流動方向與斷屑　(D)全新的高速鋼車刀通常先研磨刀端角，其次是切邊角。

(　　) **33** 有關碳化物車刀之敘述，下列何者正確？　(A)刀具編號33-2-P10，其中2為刀柄的尺寸　(B)右手外徑車刀的刀刃在右前方，適合由右向左的車削　(C)以油石礪光碳化物刀具時應保持乾燥，不可使用機油　(D)全新的銲接式碳化物車刀無須研磨刀角，可直接使用。

(　　) **34** 有關高速鋼車刀的角度、名稱與功用之敘述，下列何者正確？　(A)後斜角（back rake angle ）的功用是使切屑順著刃口方向朝側面流動　(B)邊斜角（side rake angle）越大強度越低，車削鋼料一般使用負的邊斜角　(C)切邊角（side cutting edge angle）越大，切屑厚度越薄，進刀阻力越小　(D)前間隙角（end clearance angle）可避免刃口與工件摩擦，其角度可為負值。

(　　) **35** 有關車床使用的車刀，下列敘述何者<u>不正確</u>？
(A)高速鋼刀具的耐熱溫度達600°C～650°C
(B)P系碳化鎢刀具的識別顏色為藍色
(C)邊斜角對於切屑有導引作用
(D)碳化鎢刀具刀刃部分，應以氧化鋁材質砂輪研磨，並以水冷卻。

(　　) **36** 有關切削加工，下列敘述何者正確？
(A)車刀之後斜角主要作用為引導排屑
(B)積屑刀口（BUE）之連續切屑，其循環過程為形成、脫落、分裂、成長
(C)車刀於切削中所受的三個主要分力：軸向分力、切線分力、徑向分力，以軸向分力最大
(D)水溶性切削劑適合用於鋁的切削加工。

(　　) **37** 有關碳化物刀具之敘述，下列何者正確？　(A)K類碳化物刀具適用於切削鑄鐵及石材，其刀柄顏色塗紅色識別　(B)P類碳化物刀具適用於切削不鏽鋼及延性鑄鐵，其刀柄顏色塗黃色識別　(C)M類碳化物刀具適用於切削高強度鋼類，其刀柄顏色塗藍色識別　(D)碳化鎢刀具主要成份為碳、鎢及錳。

(　　) **38** 有關外徑車刀各刃角之功能說明，下列何者正確？
(A)後斜角：此角度可避免刃口與工件產生摩擦，使刃口在徑向（橫向）能順利進給
(B)邊斜角：此角度可避免切邊與工件產生摩擦，使刃口在徑向（橫向）能順利進給
(C)邊間隙角：此角度可避免切邊與工件產生摩擦，使刃口在軸向（縱向）能順利進給
(D)前間隙角：此角度可避免刃口與工件產生摩擦，使刃口在軸向（縱向）能順利進給。

(　　) **39** 高速鋼車刀各刃角中，下列何者可作為引導切屑流動方向與斷屑之用？　(A)邊斜角（side rake angle）　(B)刀端角（end cutting edge angle）　(C)前間隙角（front clearance angle）　(D)邊間隙角（side clearance angle）。

( ) **40** 如圖所示高速鋼外徑車刀的幾何形狀,下列何者為各刃角正確的
對應名稱?

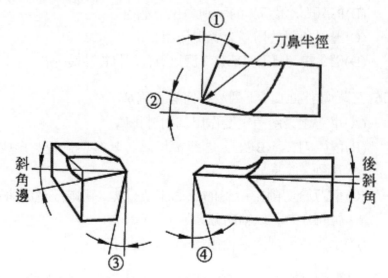

(A)①刀端角;②切邊角;③邊間隙角;④前間隙角
(B)①切邊角;②刀端角;③前間隙角;④邊間隙角
(C)①前間隙角;②邊間隙角;③切邊角;④刀端角
(D)①邊間隙角;②前間隙角;③刀端角;④切邊角。

第7單元　端面與外徑車削操作

重點導讀

本單元端面與外徑車削操作算是學理與實務的結合，切削速度的計算這幾乎是機械製造與機械基礎實習每年的必考題型，端面與外徑車削及注意事項、外徑與長度的量測都跟實務息息相關，一定要與實習課相輔相成，另外公差與表面粗糙度的概念很多同學都搞不清楚，在本書中，寫得非常詳細，應可以給同學一個清楚的觀念，同學們也必須確實了解，加油！

7-1　夾頭的種類與功用

一、夾頭功用

1. 夾頭為車床工作中主要為**夾持工件**之工具。
2. 當車削工作有端面、鑽孔、鏇孔、切斷、搪孔等，常利用夾頭夾持工件。

二、夾頭種類

1. **三爪自動（連動）夾頭**

   (1) 夾爪**不可個別調整，夾持工件較快速**。

   (2) 三爪自動夾頭是利用斜齒輪之螺旋面帶動三爪同時自動進退。

   (3) 只適於同中心之**圓形或六角形工件**夾持，可自動地對準中心，不需校正中心，但精確度較差。

   (4) 三爪夾頭**不適於切削方形、六面體、偏心及不規則形狀等工件**。

   (5) 拆卸三爪夾頭要依1、2、3編號順序拆卸。

2. **四爪獨立（單動）夾頭**

   (1) 夾爪可個別調整，可夾持任何形狀工件（圓形、方形、偏心等）。

   (2) 可調到較高精度，**用途最廣，夾持力較強**，且適宜重車削。

   (3) 依工件之形狀與直徑，其夾爪可**正、反向安裝**使用。

   (4) 車削前要先校正中心，需利用**量表、劃線台或頂心**校正。

   (5) 調整校正中心時，要依對角鎖緊。

3. 六爪夾頭

(1) 六爪夾頭具有單、雙動二種型式。夾持力量更大。

(2) 六爪單動夾頭最適用於**不規則工件之重車削**。

4. 動力夾頭

(1) 動力夾頭是以氣壓、油壓、電力或其他動力源推動夾爪夾緊工件。

(2) CNC車床採用**油壓三爪夾頭**為動力源。

(3) 可提供強而有力的夾持力。

5. 套筒夾頭

(1) 具有彈性之夾頭，又稱為**彈性夾頭**、彈簧筒夾，適於夾持均勻圓桿、方形、六角形材料。

(2) 套筒夾頭為本體車削工作完成後，用開縫銑刀將其本體一端被銑切成四、六或八個槽，因有槽故具有彈性作用。

(3) 適於夾持**精光已加工過**工件。

(4) 主要用於自動車床、轉塔車床或其他精密車床等工件的夾持。

6. 雞心夾頭

(1) **二心間工件**，用雞心夾頭驅動工件轉動的夾頭，能**快速夾持**及拆卸工件。

(2) 適於**夾持較長且數量多之實心圓桿**之車削。

(3) 選用雞心夾頭，要配合工件的直徑（外徑）。

7. 鑽頭夾頭

(1) 鑽頭夾頭專用於**車床尾座或鑽床夾持直柄鑽頭**。

(2) 鑽頭夾頭部份有**三個夾爪**，用T型鑽夾扳手旋緊。

(3) 鑽夾頭之大小以夾持鑽頭最大直徑表示。

(4) 利用**退鑽銷**退出卸下鑽頭或鑽頭夾頭之工具。

8. 面盤（花盤）

(1) 用於夾持**大型**或不規則且重量不均勻之工件。

(2) 面盤上需配合利用**壓板**（固定不規則工件）、**角板**（固定直角工件）及平衡塊等裝置工件。

9. 穩定中心架（中心架）

(1) 切削細長工件端面及外徑要加工時，**用以代替尾座**，並支持工件的附件。

(2) 穩定中心架通常固定於床台之床軌上，但注意刀具溜座要在外面。

(3) 穩定中心架有三個支持點。

10. **從動扶架（跟刀架）**：
    (1) 切削細長工件不分段時，支持工件防止彈動。
    (2) 隨著車刀縱向移動，有二個支持點，與車刀形成三個支持點。
    (3) 車床使用之跟刀架，係**固定於車床溜板鞍台（床鞍）上**，隨溜板之縱向進刀而移動。
    (4) 工件太細長且精密度要求高，則中心架和跟刀架同時並用。

11. **套軸（心軸）**：
    (1) 用以套上有**精光孔**的工件，亦可裝於兩頂心間切削工件外徑和側面，使工件外徑和內孔平行。
    (2) 套軸主要用於**直徑大**、**長度短**之有孔工件，如輪狀工件。

7-2 轉數的選用與進給的選擇

一、轉數（N）

1. **每分轉數為rpm或轉／分（rev/min）**，機械加工使用較多。
2. 每秒轉數為rps或轉／秒（rev/sec）。

二、切削速度（V）

1. 工件經過刀具的表面切線速度。
2. **切削速度常以公尺／分（m/min）、呎／分（ft/min）**表示。
3. 決定切速度之因素有**工件材質（最主要）**、刀具材質、車床的剛性能力、進刀的大小及切削深度等。

三、切削速度公式

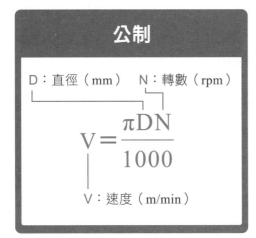

公制

D：直徑（mm）　N：轉數（rpm）

$$V = \frac{\pi DN}{1000}$$

V：速度（m/min）

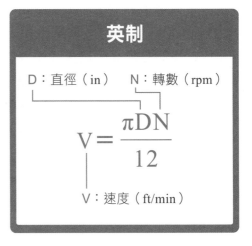

英制

D：直徑（in）　N：轉數（rpm）

$$V = \frac{\pi DN}{12}$$

V：速度（ft/min）

四、進刀（f）

1. 車刀進刀係指工件一迴轉時，車刀所移動的距離。
2. 以**每轉公厘**（mm/rev）表示。
3. 決定進刀大小之因素有工件材質、刀具材質、切削深度、工件表面粗糙度及車床的性能等。
4. **粗車：大深度、大進刀、低轉數、較小刀鼻半徑。**
5. **精車：小深度、小進刀、高轉數、較大刀鼻半徑。**

五、車削時間計算公式

1. 若每分鐘迴轉數N（rpm），每轉之進刀量f（mm/rev），則每分鐘進刀量f×N。

2. 每分鐘進刀量f×N，若進刀L長度（mm），需時間：$T = \dfrac{L}{f \times N}$。

   式中：

   T：時間（min）。

   L：車削進刀距離（mm）；包括實際切削長、漸近行程及空行程。

   f：進刀量（mm/rev）。

   N：主軸每分鐘轉數（rpm）。

3. 車削時間求法：

   (1) 先由$V = \dfrac{\pi DN}{1000}$ 求N。　　　　(2) 代入$T = \dfrac{L}{f \times N}$ 求T。

六、切削速度要點

1. 車床轉數的選擇與工件材質、工件直徑、車刀種類有關。與車刀角度較無直接關係。
2. **影響刀具壽命的最大因素為切削速度。**
3. **切削速度與切削阻力較無關。**
4. 切削時是否使用切削劑與**切削材質**有關。
5. **使用切削劑略減少切削（阻）力，但可大大增加刀具壽命。**

七、切削速度與進給的技能重點

1. 進給或切深增加時，需降低切削速度，以保持壽命。
2. 車削太硬金屬鑄件，應先作退火處理。
3. 切削時其產生的切削熱，大部份遺留在切屑。
4. 一般車床車削大平面要計算其迴轉數時，**直徑應選最大位置處**。
5. 切削時，刀具所受主要阻力：**切線方向阻力佔**67%、**縱向（軸向）阻力 佔**27%、**徑向（橫向）阻力佔**6%。
6. 提高工件切削速度與增加刀具斜角可改善刀口積屑之產生。
7. 車削時，刀具的磨損通常發生在**刀面與刀腹**等二位置。
8. **刀面磨損主要由於切削連續切屑產生。**
9. **刀腹磨損主要由於切削不連續切屑產生。**

八、切削速度與進給的選擇注意事項

1. 車削工件表面發生有波紋狀主要原因是刀具安裝過長振動、工件未夾 緊、刀具伸出刀架過長、刀具未夾緊等。
2. **切削軟材最易產生刀口積屑。**
3. **切削硬材最易產生刀具磨損。**
4. **工件的材質越硬，進給率應越小。**
5. **工件的材質越軟，切削速度應越大。**
6. **工件的切削深度增加時，應降低進給率與切削速度。**

牛刀小試

(　) **1** 車削一直徑40mm的低碳鋼圓棒，車床縱向進給為10mm/rev、 主軸轉數為200rpm，試問欲車削60mm長度，需花費多少時間 （sec）？　(A)1.2　(B)1.8　(C)2.4　(D)3.6。　　　【107統測】

(　) **2** 外徑車削時，工件直徑變成原來的2倍，但車床主軸的轉數維持 不變，則新的切削速度會變成原來的多少倍？　(A)0.5　(B)1 (C)2　(D)4。　　　【108統測】

( ) **3** 以高速鋼（HSS）、碳化鎢兩種車刀，車削軟鋼之建議切削速度（m/min）為：條件一：HSS粗車速度為18～30；條件二：HSS精車速度為30～60；條件三：碳化鎢粗車速度為60～100；條件四：碳化鎢精車速度為100～160。某生依上述建議選用車床轉數1200rpm，車削半徑10mm的軟鋼，下列何者為該生的切削條件？ (A)條件一 (B)條件二 (C)條件三 (D)條件四。 【109統測】

───── **解答與解析** ─────

1 (B)。$T = \dfrac{L}{f \times N} = \dfrac{60}{10 \times 200} = 0.03$（分）$= 1.8$（秒）

2 (C)。由$V = \dfrac{\pi DN}{1000}$得知V與D成正比；當工件直徑變成原來的2倍，且車床主軸的轉數維持不變時，則新的切削速度會變成原來的2倍。

3 (C)。$V = \dfrac{\pi DN}{1000}$，$V = \dfrac{3.14 \times 20 \times 1200}{1000} = 75.36$（m/min）。故該生使用的切削條件為條件三：碳化鎢粗車速度為60～100（m/min）。

7-3 端面與外徑車削及注意事項

一、端面車削注意事項

車削工件第一步為先車削端面，長度尺度之量測，都由端面開始計算起。

1. 工件端面通常是量測**長度的基準面**。
2. 工件校正好中心之後，應先車削端面再車削外徑。
3. 車削外徑之前，須先車削端面，其目的是為了便於觀察車刀刃口是否與工件中心同高。
4. 工件具有黑皮表面時，可使用劃線針與尾座頂心來校正中心。
5. 端面車削刀尖超過中心點後，如果刃口低於工件中心，會導致刀尖崩裂。
6. 若車刀刀尖高度若與工作中心不同高，車削後端面會留下小凸點。

二、外徑車削注意事項

1. 車削外徑主要切削工件成所需直徑。

2. 進刀螺桿刻度環：**每格精度** $= \dfrac{縱（橫）向進刀螺桿之導程}{刻度環總刻度數}$

3. 車削外徑橫向進刀螺桿上千分圈（分厘卡的應用），**進刀深度每格為 0.02mm，橫向進刀每進一格外徑減少0.04mm，內徑大0.04mm**。

三、端面與外徑車削技能重點

1. 端面車削車刀刀尖高度應與工作中心同高。
2. 兩頂心間車削工件端面時，應選用半頂心。
3. 端面**粗車削**時，車刀的進刀方向多宜**由外向內車削**。
4. 端面**精車削**時，車刀的進刀方向多宜**由內向外車削**。
5. 端面車削主軸轉數計算時，其**直徑值採工作最大外徑**。

四、端面與外徑車削注意事項

1. 端面車削接近中心時，則應減慢進刀量。
2. 車削較大端面，為獲得良好之真平度應將刀具溜座固定於床台上。
3. 利用車床進行圓棒端面鑽孔時，鑽頭裝在不旋轉的尾座心軸孔中，尾座心軸可以前進或後退。
4. 車削大直徑工件端面，若主軸轉數不變，其內、外側之切削速度差異甚大。

牛刀小試

(　　) **1** 有關端面與外徑車削之敘述，下列何者<u>不正確</u>？
(A)車削外徑之前，須先車削端面，其目的是為了便於觀察車刀刃口是否與工件中心同高
(B)粗端面車削時，須由外向中心車削；細端面車削時，須由中心向外車削
(C)車削工件端面與車削工件外徑均會形成毛邊，且毛邊尖端方向相同
(D)切削刀具中心須與工件中心同高，否則會在工件端面留下凸點。　　　　　【106統測】

( )　**2** 在機力車床橫向進刀手輪上，顯示最小刻度為∅0.04mm，若工件半徑要減少1.20mm，則正確的進刀格數為下列何者？ (A)15　(B)30　(C)45　(D)60。　　　　　　　【107統測】

───── 解答與解析 ─────

1 (C)。車削工件端面與車削工件外徑均會形成毛邊，由於車削工件端面與車削工件外徑進刀方向不同，毛邊尖端方向會不同。

2 (D)。在機力車床橫向進刀手輪上，顯示最小刻度為∅0.04mm，表示進一格半徑少0.02mm，若工件半徑要減少1.20mm，則正確的進刀格數N＝1.20/0.02＝60（格）。

7-4 外徑與長度的量測

一、外徑量測方法

1. 一般車床上外徑量測採用**外卡、游標卡尺或分厘卡**，**游標卡尺**最常用。
2. 製作加工過程中**隨時**要進行成品量測。

二、長度量測方法

1. 一般車床上長度量測採用**直尺、外卡、游標卡尺或分厘卡**，其中以**游標卡尺**最常用。
2. 利用游標卡尺量測工件時應使用雙手扶持量測。
3. 長度量測須先找出基準面，基準面以端面為基準。故車削須先車削端面。

7-5 公差與表面粗糙度

一、公差之基本觀念

1. 公差範例說明

例 $20^{+0.3}_{-0.2}$

(1) 標稱（基本）尺度：__20__。
(2) 最大限界（上限界）尺度：__20.3__。
(3) 最小限界（下限界）尺度：__19.8__。

(4) 上偏差（上限界偏差）：　$+0.3$　＝　$20.3-20$　。

(5) 下偏差（下限界偏差）：　-0.2　＝　$19.8-20$　。

(6) **公差：最大限界尺度－最小限界尺度＝上偏差－下偏差＝** 0.5 。

(7) 完工尺度20.2；19.9：　實際　（實測）尺度。

(8) 合格範圍：　$19.8\sim20.3$　。

　　實際偏差：　$20.2-20=0.2$　；　$19.9-20=-0.1$　。

2. 公差尺度類別與注意事項

(1) 標稱尺度（基本尺度）：舊標準稱基本尺度，工程製圖技術規範所定義之理想形態的尺度，亦為設計時最初尺度。

(2) 限界尺度：尺度型態可允許的限界值，為滿足要求的實際尺度，必須在上下限界尺度之間。

最大限界 （上限）尺度	係工件加工後尺度之最大允許量。
最小限界 （下限）尺度	係工件加工後尺度之最小允許量。

(3) 實際尺度：係工件完工後經量度而得之尺度。

(4) 偏差：一尺度（實際尺度，限界尺度）與對應標稱（基本）尺度之代數差。

　A. 上偏差：最大限界尺度與對應標稱（基本）尺度之代數差。

　B. 下偏差：最小限界尺度與對應標稱（基本）尺度之代數差。

　C. 實際偏差：實際尺度與對應標稱（基本）尺度之代數差。

　D. 尺度之上限界偏差（上偏差）一定大於下限界偏差（下偏差）。

(5) 零線：偏差為零之直線，代表標稱（基本）尺度，繪製時，習慣將正偏差在零線上方，負偏差在零線下方。

(6) **公差：** 係工件尺度所允許之差異，即**最大尺度與最小尺度的數字差**，即**上偏差與下偏差的代數差，為絕對值（且為正值）**。正公差常用於孔件，負公差常用於軸件。

　　公差＝最大限界尺度－最小限界尺度＝上偏差－下偏差。

3. 公差註法

(1) 單向公差與雙向公差：

　　A. 單向公差：係由標稱（基本）尺度於**同側加或減**一變量所成之公差。

　　　　例如：$25^{+0.3}_{+0.01}$、$25^{-0.03}_{-0.05}$、$25^{+0.05}_{-0}$、$25^{\ 0}_{-0.05}$。

　　B. 雙向公差：係由標稱（基本）尺度於**兩側同時加或減**而得之公差。

　　　　例如：$25^{+0.03}_{-0.01}$、25 ± 0.02。

(2) 一般公差與專用公差：

　　A. 一般公差：又稱**通用公差**，即圖上**未標註公差者為一般公差**。

　　B. 專用公差：即圖上有標註公差者為專用公差，係專為製造某一尺度而允許之差異，而公差在圖上與該尺度數字並列者。

4. 公差符號

以Ø40H7為例：

Ø	直徑。
40	標稱（基本）尺度。
H	偏差（公差）位置，共計分28種。
7	公差等級，共計分20級（500mm以下）或18級（500mm以上）。

5. 公差（偏差）位置與範圍（＋、－、0情形）

(1) 偏差（公差）位置係指公差自標稱（基本）尺度偏上或偏下之區域（正負）位置，以英文字母代表。

(2) **大寫字母**表示**孔**之公差位置，而**小寫字母**表示**軸**之公差位置。

(3) 偏差（公差）位置有28種，按26個字母次排列**缺少5個字母為**I、L、O、Q、W（i、l、o、q、w）（口訣：**少了智商低IQ LOW**）；增加7個皆為雙字母之CD、EF、FG、JS、ZA、ZB、ZC（cd、ef、fg、js、za、zb、zc）。【26-5+7＝28】

(4) 公差（偏差）之範圍（大小）：

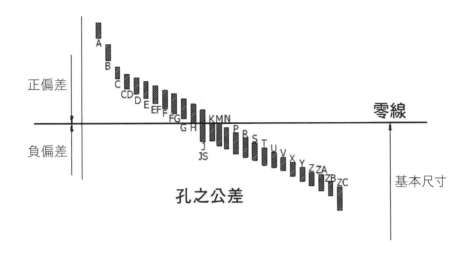

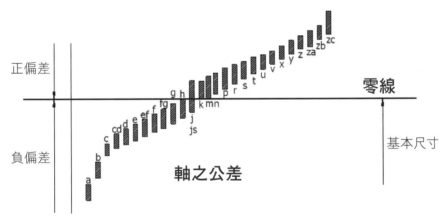

公差（偏差）帶位置

(5) 公差位置（偏差）之範圍（大小）之正負偏差簡易判別：
公差位置正負簡易判別表【<u>此表有些許誤差</u>】

孔（大寫）	軸（小寫）
$（A〜G）_+^+$	$（a〜g）_-^-$
基孔H_0^+	基軸h_-^0

孔（大寫）	軸（小寫）
JS^+_-同	js^+_-同
$J^{+\ 大}_{-\ 小}$	j^+_-
$K^{+\ 小}_{-\ 大}$	$(k{\sim}zc)^+_+$
$(M{\sim}ZC)^-_-$	－

6. 公差等級（CNS、ISO）

(1) 國際標準（ISO）及中華民國國家標準（CNS）：國際標準公差（ISO）500公厘以下分為20等級，由IT01、IT0、IT1、IT2、IT3……至IT18共計20級。

(2) 500公厘至3150公厘則分IT1、IT2、IT3………至IT18共計18級。

(3) 公差大小以IT01級所示公差最小，IT18級公差最大。

(4) 某一級之公差大小又按基本（標稱）尺度之大小而變化，尺度愈大則公差愈大，愈容易加工。

(5) 公差等級之選擇：

IT01～IT4	用於規具公差。（註：IT01～0常用於製造規具用）
IT5～IT10	用於配合機件公差。
IT11～IT18	用於不配合機件及初次加工之公差。

7. 公差等級、位置、尺度之關係結論

(1) 公差等級愈大則公差愈大。

(2) 標稱（基本）尺度愈大則公差愈大。

(3) 標稱（基本）尺度、公差等級相同則公差相同。

(4) 標稱（基本）尺度、公差等級相同，大小寫字母之公差位置不同代表正負對稱。

牛刀小試

( )　**1** 有關公差術語與定義，下列敘述何者正確？　(A)限界尺度：尺度型態可允許的限界值，為滿足要求的實際尺度，必須在上下限界尺度之間　(B)實際尺度：由工程製圖技術規範所定義之理想形態的尺度，亦為設計時最初尺度　(C)標稱尺度：實體特徵實際量測所得的尺度　(D)公差：上限界尺度與下限界尺度之差，可為正負值。　　　　　　　　　　　　　【105統測】

( )　**2** 有關尺寸公差之敘述，下列何者<u>不正確</u>？　(A)尺寸公差為上限界尺度（上限尺寸）與下限界尺度（下限尺寸）之差，且其數值一定為正值　(B)Ø10H7代表基本尺度（基本尺寸）為10mm的孔，公差等級為IT7級，且其上限界偏差（上偏差）為零　(C)CNS參照ISO公差制度定基本尺度（基本尺寸）500mm以下的公差級別，表列定共20級　(D)尺寸公差為上限界偏差（上偏差）與下限界偏差（下偏差）之差，且上限界偏差（上偏差）一定大於下限界偏差（下偏差）。　　　　　　　　　　　　　【106統測】

( )　**3** 若孔之標稱尺度為35mm，上限界尺度為35.007mm，公差為0.025mm，則下限界尺度為多少mm？　(A)34.975　(B)34.982　(C)35.000　(D)35.032。　　　　　　　　　　　　　【106統測】

( )　**4** 若一工件的標稱尺度為80mm，則採用下列何種CNS標準公差等級，其公差最小？　(A)IT01　(B)IT0　(C)IT1　(D)IT10。　　　　　　　　　　　　　【107統測】

( )　**5** 某公司生產二類機件，甲類：不需配合機件之公差；乙類：精密規具之公差；配合二種不同公差等級：第一級：IT01～IT4；第二級：IT5～IT10，下列何種選用方式較適合？　(A)甲類：第一級　(B)乙類：第一級　(C)甲類：第二級　(D)乙類：第二級。　　　　　　　　　　　　　【108統測】

（　　）**6** 軸孔配合之標註為∅32H7/s6，判斷下列何者正確？（單位：mm）
(A)孔的下限界偏差為＋0.025
(B)軸的上限界偏差為－0.018
(C)軸孔配合的最小間隙為＋0.043
(D)軸孔配合的最大干涉為－0.059。　　　　　　　【109統測】

―――― 解答與解析 ――――

1 (A)。(B)實際尺度（actual size）：有關實體特徵之尺度，實際尺度由量測而得，為滿足要求實際尺度應介於上限尺度及下限界尺度之間。(C)標稱尺度（nominal size）：由工程製圖技術規範所定義理想形態之尺度。係應用上及下限界偏差得知限界尺度之位置。(D)公差（tolerance）：係零件所允許之差異，為上限界尺度與下限界尺度之差。公差為絕對值，無正負號。

2 (B)。∅10H7代表基本尺度（基本尺寸）為10mm的孔，公差等級為IT7級，且其下限界偏差（下偏差）為零。

3 (B)。下限界尺度＝上限界尺度－公差＝35.007－0.025＝34.982（mm）。

4 (A)。國際標準（ISO）公差及中華民國國家標準（CNS）公差等級大小500mm以下分為20級，由IT01、IT0、IT1、IT2、IT3……至IT18。其等級愈小，公差愈小，依公差大小排列，以IT01級公差最小，IT18級公差最大。

5 (B)。乙類精密規具之公差等級為第一級（IT01～IT4）。甲類不需配合機件之公差等級為第三級（IT11～IT18）。

6 (D)。軸孔配合符號∅32H7/s6→孔的公差為 $\varnothing 32^{+0.025}_{\ 0}$；軸的公差為 $\varnothing 32^{+0.059}_{+0.043}$。孔軸配合的最大干涉量發生在孔最小軸最大的時候，孔最小為32，軸最大為32.059，32－32.059＝－0.059（mm）。

二、表面粗糙度（表面織構）

1. 表面粗糙度（表面織構）基本觀念

(1) 被加工的工件表面，可觸覺其高低凹凸不平，其高低凹凸不平的程度稱為表面粗糙度（Roughness）或表面織構（Surface Texture）。

(2) 表面粗糙度以μm（1μm＝0.001mm）為單位。

2. 常用之量測表面粗糙度法

(1) 常用之量測表面粗糙度法有探針斷面測定法、光線切斷測定法、光波干涉測定法等。

(2) **探針斷面測定法使用最廣**。

(3) 使用探針表面粗糙度量測儀時，工件表面刀痕方向與探針運動方向呈垂直。

(4) 探針斷面測定法須根據工件表面粗糙度之狀況，設定合適之切斷值（取樣長度或截斷值）。

(5) 待測工件表面不可髒污。

(6) 量表（針盤指示器）及游標卡尺不宜量測表面粗糙度。

3. 刀鼻半徑、進給率與表面粗糙度之關係式

(1) 影響機件表面粗糙度的因素，除了機器本身的精度外，刀鼻半徑與進給率也是重要的影響因素。

(2) 刀鼻半徑、進給率與表面粗糙度三者之間有一關係式如下：

$$Ra = \frac{0.0321f^2}{r}$$

Ra＝表面粗糙度（μm），f＝進給率（mm/rev），r＝刀鼻半徑（mm）

牛刀小試

(　　) 有關車削成品之表面粗糙度評估，下列敘述何者正確？　(A)Rz使用的單位為μm　(B)Rz為算數平均粗糙度　(C)要得到愈小的Ra值，車刀刀鼻半徑需愈小　(D)車削時進給率愈小，得到的Ra值愈大。　【105統測】

　　──── 解答與解析 ────

(A)。(B)Rz為最大高度粗糙度。(C)要得到愈小的Ra值，車刀刀鼻半徑需愈大。(D)車削時進給率愈小，得到的Ra值愈小。(C)(D)是依據Rz＝ $\frac{f^2}{8r}$ ，式中Rz為最大高度之粗度值，f為進刀量，r為刀鼻半徑。由此可知刀具刀鼻半徑愈大得到的加工表面粗糙度愈小。

7-6 切削劑的種類與使用

一、 切削劑的功用與特性

1	冷卻作用	最重要者，降低刀具與工件的溫度。
2	潤滑作用	減少切削刀具的磨損，防止刀口積屑。
3	光滑作用	獲得較佳之表面粗糙度。
4	高速作用	提高速度。
5	清潔作用	清除切削區域之切屑。
6	散熱作用	加速冷卻。
7	不易揮發	具持久性。
8	減少摩擦	減少刀具與工件之摩擦。
9	防蝕控制	可防止工件腐蝕。
10	增加壽命	增加刀具壽命。

二、 切削劑的種類

1. 固態切削劑：如**石墨**。
2. 液態切削劑：用途最廣，如**調水油**、**水溶液**、礦物油、淨油等。
3. 氣態切削劑：如**壓縮空氣**、水氣等。

三、 常用之液態切削劑

1. **水溶性切削劑**：溶於水，以**冷卻**為主。利用水稀釋礦油或活性劑，可分為兩類：
   (1) 調水油：又名**太古油**或乳油，為乳白色，係以礦油或活性劑為主體者，為最常用之切削劑。其油與水之比為1：10～1：100，依切削性質而混合，**一般常用者為1：40～1：50**。

(2) 水溶液：在水中加入1%～2%之碳酸鈉，流動性及冷卻性均佳，但缺乏潤滑性。

2. **非水溶性（油溶性）切削劑**：不溶於水，以潤滑為主。係礦物油和動植物油單獨使用或混合使用或加添加劑使用者，可分三類：

(1) 淨油：以豬油之油性最大，用於需較佳表面粗糙度及非鐵金屬切削。

(2) 硫化油：得到較佳表面粗糙度和刀具壽命，通常用於重切削。

(3) 礦豬油混合劑：10%～40%的豬油與礦物油混合使用為攻螺絲鑽深孔之最佳切削劑。

四、切削劑的選用原則

1. 針對加工材料

(1) 低碳鋼：宜用含活性硫氯脂油類或極壓油，氯可防止刀口積屑。

(2) 鑄鐵：鑄鐵中石墨本身已具潤滑之功能，不需加入切削劑，以壓縮空氣冷卻或乾切。

(3) 黃銅：通常不用切削劑，若需冷卻則用調水油。

(4) 鋁：鋁片宜用煤油或其混合劑。

(5) 鎂：不得使用含水之切削劑。

(6) 非鐵金屬：宜使用淨油或含有惰性硫脂油。

2. 針對加工性質

(1) 粗切削：採用調水油以冷卻，碳化物刀具粗切削鋼料宜用調水油。

(2) 細切削：採用豬油及含硫量少之硫化油。

(3) 高速切削：採用水或稀釋調水油為佳，能大量散熱。

(4) 低速切削：採用較濃之切削劑，以使持久附著於工件上。

牛刀小試

(　　) **1** 有關車床與其操作方法，下列敘述何者正確？　(A)外徑分厘卡可用於四爪夾頭上安裝圓桿之同心度校正　(B)車削錐度時，可使用複式刀座以自動進給方式進行加工　(C)車床尾座軸孔所使用的是國際標準錐度　(D)油溶性切削劑主要以潤滑為目的，水溶性切削劑主要以冷卻為目的。　【105統測】

（　　）**2** 有關切削加工之敘述，下列何者正確？　(A)工件材質脆性較高，較易產生連續切屑　(B)切削劑可降低刀具和工件的溫度　(C)刀具之斜角及間隙角較大，切削阻力較大　(D)刀鼻半徑較小、進給量較大及切削速度較慢，工件表面粗糙度較良好。　　　　　　　　　　　　　　　　　　　　【106統測】

───── **解答與解析** ─────

1 (D)。(A)指示量表可用於四爪夾頭上安裝圓桿之同心度校正。(B)車削錐度時，可使用複式刀座以手動進給方式進行加工。(C)車床尾座軸孔所使用的是莫斯錐度。

2 (B)。(A)工件材質脆性較高，較易產生不連續切屑，工件材質延性較高，較易產生連續切屑。(C)刀具之斜角及間隙角較大，切削阻力較小。(D)刀鼻半徑較大、進給量較小及切削速度較快，工件表面粗糙度較良好。

考前實戰演練

(　)　**1** 下列有關車床夾頭功能的敘述，何者<u>不正確</u>？　(A)面盤（又稱花盤）專用於夾持小型或規則形狀的工件　(B)四爪單動夾頭夾持力較強，且可夾持方形及不規則的工件　(C)三爪連動夾頭拆卸工件速度快，但不適於夾持不規則的工件　(D)雞心夾頭在兩心間車削時，能快速夾持及拆卸工件。

(　)　**2** 下列何者<u>不是</u>一般外徑測量採用之量具？　(A)外卡　(B)游標卡尺　(C)分厘卡　(D)內卡。

(　)　**3** 下列何者<u>不是</u>一般長度測量採用之量具？　(A)外卡　(B)游標卡尺　(C)分厘卡　(D)正弦桿。

(　)　**4** 有關端面與外徑車削之敘述，下列何者<u>不正確</u>？　(A)車削外徑之前，須先車削端面　(B)粗端面車削時，須由外向中心車削　(C)車削工件端面與車削工件外徑均會形成毛邊，且毛邊尖端方向相同　(D)切削刀具中心須與工件中心同高。

(　)　**5** 車削直徑60mm之圓棒，切削速度約為130m/min，則下列主軸轉數何者應被選用？　(A)370rpm　(B)700rpm　(C)1200rpm　(D)1800rpm。

(　)　**6** 選用車床夾頭須考慮包括工件形狀與加工部位等，但夾頭之種類甚多，下列何者最適用於不規則工件之重車削？　(A)三爪自動夾頭　(B)磁力夾頭　(C)六爪單動夾頭　(D)四爪單動夾頭。

(　)　**7** 若考慮進給、切削深度、切削速率、刀鼻半徑、側刃角／切邊角（side cutting edge angle）與端刃角／刀端角（end cutting edge angle）等不同加工條件與刀具幾何，欲獲得較小工件表面粗糙度之組合宜為：　(A)進給大、刀鼻半徑小、切削深度小、切削速率快、側刃角大、端刃角小者　(B)進給大、刀鼻半徑大、切削深度小、切削速率快、側刃角小、端刃角小者　(C)進給小、刀鼻半徑小、切削深度小、切削速率快、側刃角大、端刃角大者　(D)進給小、刀鼻半徑大、切削深度小、切削速率快、側刃角大、端刃角小者。

（　） **8** 下列有關切削延性工件之敘述，何者<u>不正確</u>？　(A)使用切削劑可增加刀具的壽命　(B)減少刀具斜角（rake angle）可降低積屑刀口（BUE）之形成　(C)刀具伸出量過長易產生異常振動　(D)降低進給可改善刀具磨耗（wear）。

（　） **9** 下列何種工件最<u>不適合</u>使用三爪聯動夾頭夾持，並於夾持後進行車削加工？　(A)皮帶輪　(B)六角棒材　(C)偏心軸　(D)空心圓管。

（　） **10** 欲車削直徑為200mm之工件，若最佳切削速度為120m/min，則最適當之車床主軸轉數約為多少rpm？　(A)110　(B)190　(C)250　(D)320。

（　） **11** 一工件的直徑為40mm，若切削速度採用25m/min，則車床主軸的轉數約為多少rpm？　(A)99rpm　(B)199rpm　(C)299rpm　(D)399rpm。

（　） **12** 有關車床切削加工之敘述，下列何者正確？　(A)工件材質愈硬，選用的主軸轉數應愈高　(B)主軸轉數愈慢，機械動力愈小，適合輕切削　(C)切削時是否使用切削劑，進給量都應維持一定　(D)切削鑄鐵時，可以不使用切削劑。

（　） **13** 有一工件直徑為30mm，若以主軸轉數700rpm進行車削，則此工件之切削速度約為多少m/min？　(A)87　(B)66　(C)53　(D)34。

（　） **14** 有關車削加工之敘述，下列何者正確？　(A)安裝車刀時刀把應盡量伸長，可防止刀架與工件碰撞　(B)工件校正好中心之後，應先車削外徑再車削端面　(C)工件具有黑皮表面時，不應使用劃線針與尾座頂心來校正中心　(D)端面車削刀尖超過中心點後，如果刃口低於工件中心，可能會導致刀尖崩裂。

（　） **15** 工件直徑35mm，粗車削之切削速度50m/min，精車削時的切削速度需提高50%，則精車削之主軸轉數約為多少rpm？　(A)228　(B)455　(C)682　(D)1024。

(　) **16** 有關切削劑之敘述，下列何者正確？　(A)以調水油做為切削劑時，水：油之比例為1：50　(B)水溶性切削劑主要目的為冷卻，非水溶性切削劑主要目的為潤滑　(C)碳化物車刀在車削過程中溫度升高時，應立即對刀片噴灑水溶性切削劑降溫　(D)切削鑄鐵時，應使用礦物油作為切削劑。

(　) **17** 有關車床與車床操作之敘述，下列何者正確？　(A)三爪夾頭可夾持形狀不規則之工件，特別適合偏心車削工作　(B)四爪夾頭之夾爪無法反向裝置以夾持大直徑工件　(C)進行端面粗車削時，進刀方式通常由工件中心朝向外圓車削　(D)在車床上以游標卡尺量測工件外徑時應使用雙手扶持量測。

(　) **18** 工件直徑30mm，粗車削時切削速度應降低25%，經計算後主軸轉數為600rpm，則此材料原來的切削速度約為多少m/min？(A)75.5　(B)70.8　(C)56.6　(D)42.5。

(　) **19** 有關車削成品之表面粗糙度評估，下列敘述何者正確？　(A)Rz使用的單位為μm　(B)Rz為算數平均粗糙度　(C)要得到愈小的Ra值，車刀刀鼻半徑需愈小　(D)車削時進給率愈小，得到的Ra值愈大。

(　) **20** 有關車床與其操作方法，下列敘述何者正確？　(A)外徑分厘卡可用於四爪夾頭上安裝圓桿之同心度校正　(B)車削錐度時，可使用複式刀座以自動進給方式進行加工　(C)車床尾座軸孔所使用的是國際標準錐度　(D)油溶性切削劑主要以潤滑為目的，水溶性切削劑主要以冷卻為目的。

(　) **21** 有關切削加工之敘述，下列何者正確？　(A)工件材質脆性較高，較易產生連續切屑　(B)切削劑可降低刀具和工件的溫度　(C)刀具之斜角及間隙角較大，切削阻力較大　(D)刀鼻半徑較小、進給量較大及切削速度較慢，工件表面粗糙度較良好。

（　　）**22** 有關端面與外徑車削之敘述，下列何者<u>不正確</u>？　(A)車削外徑之前，須先車削端面，其目的是為了便於觀察車刀刃口是否與工件中心同高　(B)粗端面車削時，須由外向中心車削；細端面車削時，須由中心向外車削　(C)車削工件端面與車削工件外徑均會形成毛邊，且毛邊尖端方向相同　(D)切削刀具中心須與工件中心同高，否則會在工件端面留下凸點。

（　　）**23** 有關車刀安置於刀塔（刀座）之敘述，下列何者正確？　(A)不論粗車刀或精車刀，其刃口高度必須高於主軸中心2mm以上　(B)車刀安置於刀塔（刀座）時，不可使用墊片，以免剛性不足　(C)車刀刃口高度不足時，須使用墊片，其數量應越多越好　(D)將車刀鎖於刀塔（刀座）上時，其伸出之長度應適中，勿太長或過短。

（　　）**24** 車削一直徑40mm的低碳鋼圓棒，車床縱向進給為10mm/rev、主軸轉數為200rpm，試問欲車削60mm長度，需花費多少時間（sec）？　(A)1.2　(B)1.8　(C)2.4　(D)3.6。

（　　）**25** 有關金屬切削的敘述，下列何者正確？　(A)工件的硬度及延展性愈高，切削性愈佳　(B)進刀量對刀具壽命的影響較切削速度明顯　(C)切屑之捲曲半徑愈小，斷屑效果愈好　(D)刀具斜角較大，較易形成不連續切屑。

（　　）**26** 外徑車削時，工件直徑變成原來的2倍，但車床主軸的轉數維持不變，則新的切削速度會變成原來的多少倍？　(A)0.5　(B)1　(C)2　(D)4。

（　　）**27** 有關車削加工的敘述，下列何者正確？　(A)刀具切邊角60°較30°形成的切屑厚　(B)刀具刀鼻半徑愈大得到的加工表面粗糙度愈小　(C)提高切削速度可明顯降低刀具的切削力　(D)不連續切屑造成的刀具磨損大都在刀尖後方的刀頂面上。

（　　）**28** 製造圖面上，某軸的尺寸為 $\phi 30 \begin{smallmatrix} -0.01 \\ -0.02 \end{smallmatrix}$ mm，則其加工後容許之軸徑尺寸範圍為：　(A)30.01～30.02mm　(B)29.98～29.99mm　(C)29.98～30.01mm　(D)29.99～30.02mm。

(　) **29** 下列有關工作圖的敘述，何者正確？ (A)孔與軸配合件之裕度（Allowance）為孔之最小尺度與軸之最大尺度之差 (B)公差乃最大極限尺度與基本尺度之差 (C)基孔制中，孔的最大尺度為基本尺度 (D)一般測定表面粗糙度之公制單位為mm。

(　) **30** 一般機械零件的配合，其常用的公差等級為： (A)IT01～IT4 (B)IT5～IT10 (C)IT11～IT14 (D)IT15～IT18。

(　) **31** 有關工件量測之敘述，下列何者不正確？ (A)量測工件表面粗糙度的單位通常以μm表示 (B)使用Ra及Rz來表示同一個加工面之表面粗糙度時，通常Ra＞Rz (C)研磨後之工件在量測表面粗糙度時，量測水平（與研磨方向平行）及垂直（與研磨方向垂直）2個方向的數值大小可能不同 (D)規具公差（IT 01～IT 4）適用於塊規等精密量具，而非配合公差（IT 11～IT 18）適用於不需配合的工件。

(　) **32** 有關公差術語與定義，下列敘述何者正確？ (A)限界尺度：尺度型態可允許的限界值，為滿足要求的實際尺度，必須在上下限界尺度之間 (B)實際尺度：由工程製圖技術規範所定義之理想形態的尺度，亦為設計時最初尺度 (C)標稱尺度：實體特徵實際量測所得的尺度 (D)公差：上限界尺度與下限界尺度之差，可為正負值。

(　) **33** 有關尺寸公差之敘述，下列何者不正確？ (A)尺寸公差為上限界尺度（上限尺寸）與下限界尺度（下限尺寸）之差，且其數值一定為正值 (B)Ø10H7代表基本尺度（基本尺寸）為10mm的孔，公差等級為IT7級，且其上限界偏差（上偏差）為零 (C)CNS參照ISO公差制度定基本尺度（基本尺寸）500mm以下的公差級別，表列定共20級 (D)尺寸公差為上限界偏差（上偏差）與下限界偏差（下偏差）之差，且上限界偏差（上偏差）一定大於下限界偏差（下偏差）。

（　　）**34** 若孔之標稱尺度為35mm，上限界尺度為35.007mm，公差為
0.025mm，則下限界尺度為多少mm？　(A)34.975　(B)34.982
(C)35.000　(D)35.032。

（　　）**35** 若一工件的標稱尺度為80mm，則採用下列何種CNS標準公差等
級，其公差最小？　(A)IT01　(B)IT0　(C)IT1　(D)IT10。

（　　）**36** 依據國際公差標準制度，下列敘述何者正確？　(A)尺度相同時，
級數越大，公差越大　(B)級數相同時，尺度越大，公差越小
(C)IT11適用於軸承加工之公差　(D)IT01～IT4級適用於配合機
件之公差。

（　　）**37** 某公司生產二類機件，甲類：不需配合機件之公差；乙類：精密
規具之公差；配合二種不同公差等級：第一級：IT01～IT4；第
二級：IT5～IT10，下列何種選用方式較適合？　(A)甲類：第一
級　(B)乙類：第一級　(C)甲類：第二級　(D)乙類：第二級。

（　　）**38** 有關尺寸公差之敘述，下列何者不正確？　(A)尺寸公差為上限界
尺度與下限界尺度之差　(B)Ø10h7代表基本尺度為10mm的孔，公
差等級為IT7級，且其下限界偏差為零　(C)CNS基本尺度500mm
以下的公差共20級　(D)上限界偏差一定大於下限界偏差。

（　　）**39** 使用表面粗糙度量測儀時，應將工件表面之刀痕方向與探針運動
方向呈何種方式放置？　(A)平行　(B)45°　(C)垂直　(D)任意
放置。

（　　）**40** 加工符號中表面粗糙度值最常用的公制單位為：　(A)m　(B)cm
(C)mm　(D)μm。

第8單元　外徑階級車削操作

重點導讀

第8單元至第14單元是新課綱全新的單元，建議各位在機械基礎實習的課程上應多加用心，除了「做」之外，對於實習課的各種專業知識也要有所了解，應試時才能得心應手。準備本單元可先研讀第7單元端面與外徑車削操作，擁有了基本知識後，要準備此單元可謂游刃有餘，這單元重點主要在談外徑階級桿車削程序與注意事項，以及如何掌握尺寸控制與量測，同學們研讀後定會發現只是第7單元的延續知識，因此並不難準備。

8-1 階級之外徑與長度尺寸控制

一、基準面之選擇

1. 為設計與加工上的考量，**工件長度的基準面都定在工件端面上。**
2. 長度尺度都從工件端面算起，所以無論是長度量測或長度補償控制都方便。
3. 端面車削以手動方式轉動橫向進給手輪，並使刀具由工件中心朝工件外徑方向徐徐車削，刀具由內而外車削，可減少切削阻抗，並維持車刀刃尖部位的銳利度。
4. 端面**粗車削**時，車刀的進刀方向多宜**由外向內車削。**
5. 端面**精車削**時，車刀的進刀方向多宜**由內向外車削。**
6. 端面車削主軸轉數計算時，其直徑值採工作最大外徑。

二、外徑尺寸控制

1. 依工作圖上最大外徑尺寸進行外徑車削。
2. 以游標卡尺量測外徑尺寸，並注意盡量使工件軸徑靠近游標卡尺的主尺部位進行量測，以減少**阿貝誤差**的問題，眼睛視線**垂直**於刻度，再讀取刻度上的數字。
3. 注意橫向進給刻度環上所標示的刻度文字係指工件減少的直徑量。
4. 進刀螺桿刻度環：**每格精度** = $\dfrac{\text{縱（橫）向進刀螺桿之導程}}{\text{刻度環總刻度數}}$。

5. 車削外徑橫向進刀螺桿上千分圈（分厘卡的應用），**進刀深度每格為**0.02mm，**橫向進刀每進一格外徑減少**0.04mm，**內徑大**0.04mm。

6. 粗車刀不更換的情形下，利用最後一道粗車削，將進給率調緩，主軸轉數調高，當成精車削，一則可精確控制精車削預留量，二則可改善加工面的粗糙度。

三、長度尺寸控制

1. 工件經外徑粗車削後，在工件的外肩角處，會因材料的延性而在端面上擠出毛邊，毛邊移除可用外徑車刀當去角刀使用，將刀塔旋轉約45°，使外徑車刀的切刃邊與工件主軸互成45°角，再對工件外肩角進行**去角車削**。

2. 為精確控制車削的長度，利用車刀刃尖先在工件圓周面上劃線，當成車削停止的長度位置。在工件圓周面上劃線，最方便的方式是使用游標卡尺，將游標卡尺張開所需長度，利用階級量測功能，將車刀刃尖移至與游標卡尺主尺的前緣對齊，再將游標卡尺移開，正轉啟動車床，以車刀刃尖在工件的圓柱面上劃一條**淺溝紋**。

3. 車床上的**縱向手輪（大手輪）**，亦是控制工件長度的利器，使用前，先將刻度環歸零，再視工件所需切削的長度，一邊旋轉**縱向手輪（大手輪）**，一邊計數刻度環上的刻度，直至所需的長度為止。

4. 複式刀座經常被使用於工件長度不足時，進行補償切削之用。

5. 當使用複式刀座時，驅動刀座的導螺桿在正逆轉間，會發生**背隙**，所以使用複式刀座前，需先將刀座手輪**逆轉回一圈以上**，再正轉至原來的刻度位置，以便**消除螺桿背隙**，背隙消除後，便可逐次進行補償加工。

牛刀小試

(　) **1** 有關端面與外徑車削之敘述，下列何者**不正確**？　(A)車削外徑之前，須先車削端面，其目的是為了便於觀察車刀刃口是否與工件中心同高　(B)粗端面車削時，須由外向中心車削；細端面車削時，須由中心向外車削　(C)車削工件端面與車削工件外徑均會形成毛邊，且毛邊尖端方向相同　(D)切削刀具中心須與工件中心同高，否則會在工件端面留下凸點。　【106統測】

(　) **2** 在機力車床橫向進刀手輪上，顯示最小刻度為⌀0.04mm，若工件半徑要減少1.20mm，則正確的進刀格數為下列何者？
(A)15　(B)30　(C)45　(D)60。　　　　　【107統測】

────── 解答與解析 ──────

1 (C)。車削工件端面與車削工件外徑均會形成毛邊，由於車削工件端面與車削工件外徑進刀方向不同，毛邊尖端方向會不同。

2 (D)。在機力車床橫向進刀手輪上，顯示最小刻度為⌀0.04mm，表示進一格半徑少0.02mm，若工件半徑要減少1.20mm，則正確的進刀格數N＝1.20÷0.02＝60（格）。

8-2 階級之外徑與長度尺寸量測

一、游標卡尺量測

1. 車床工作中，對於各種不同的外徑與長度量測，最方便的量具莫過於游標卡尺。
2. **閉合時除0刻度對齊外，尚須注意游尺最後一刻度線是否與本尺對齊。**
3. 量測時，操作者須站穩於車床操作位置及工件的**右側方**，並以右手持穩游標卡尺，利用拇指的推力，使外測爪量測面貼住工件的圓柱面，並稍往夾頭方向傾斜，使視線易垂直於卡尺的刻劃讀數，再觀察讀數值。
4. **量爪夾住工件測定時，應即讀取測定值。** 避免取出游標卡尺閱讀或將游尺上的固定螺絲鎖固後再取出閱讀，都可能會發生**移位誤差。**
5. 當量爪與工件接觸的部位，**離本尺愈遠，則量測誤差愈大。**
6. 游標卡尺量測工件應使用**雙手扶持**量測為宜。

二、分厘卡量測

1. 精準的外徑量測可使用**外徑分厘卡，使用時需作歸零調整。**
2. 操作時，左手輕扶卡架，右手中指與無名指托住外套筒，並由拇指與食指一起轉動棘輪停止器。
3. 砧座與工件輕貼後旋轉棘輪以推進主軸，當棘輪彈簧鈕產生三響後再讀取尺度。

4. 為避免視差，分厘卡也應旋轉一角度，使**刻劃面盡量與視線垂直**，才能量出正確的尺度。

5. 分厘卡使用前，除應注意測頭接觸面是否乾淨外，更應**注意襯筒與套筒之間的刻劃線位置是否正確對齊**，亦即對分厘卡做**歸零**的檢驗。

6. 階級長度進行量測時，游標卡尺的游尺前端抵住工件較小直徑的端面，主尺前端抵住工件較大直徑的端面，並注意量測面與工件端面應完全接觸，利用此兩階段差，即可量出工件的階級長度。

7. 外分厘卡不使用時，必須將**主軸與砧座之量測面要分開**，以防變形。

8. 外分厘卡之**固定鎖**的作用是限制主軸轉動。

8-3 階級桿車削程序與注意事項

1	階級桿件加工可視為不同外徑車削的組合。
2	長度基準面可選擇在工件的端面或工件的階級端面上。
3	工件端面由內而外車削，可減少切削阻抗。
4	工件基準面設於任何端面位置，在進行次階級外徑車削前，建議最好先進行外肩角去角工作，以確認所度量的階級長度不受毛邊影響。
5	為獲致穩定的外徑車削及較佳的工作表面，最好使用車床的自動進給機能。
6	當切削長度即將到達車削的終止線時，眼睛視線需注視著切削區，而眼睛餘光更需注意車削的終止線位置。
7	在粗車削階段，需注意使用較低的切削速度（較低的主軸轉數），較大的進給率，以及預留精車削量，如各階級的直徑與長度均預留0.2mm；而在精車削階段，使用較高的切削速度及較小的進給率，可改善加工面粗糙度。

考前實戰演練

( ) **1** 長度量測時必須先確定？　(A)垂直面　(B)平行面　(C)基準面　(D)中心　位置。

( ) **2** 外徑量測時，游標卡尺應？　(A)至於直徑上來判讀　(B)將卡尺拿起來判讀　(C)拆下工件測量後再夾回　(D)以上均可。

( ) **3** 通常使用游標卡尺作為階級測量的部位是？　(A)外測爪　(B)內測爪　(C)深度尺　(D)本尺與游尺段差部位。

( ) **4** 有階級的長度量測時，游標卡尺必須？　(A)左手將本尺抵住下階級端面，右手將游尺抵住上階級端面　(B)左手將本尺抵住上階級端面，右手將游尺抵住下階級端面　(C)單手操作即可　(D)用深度桿來測量即可。

( ) **5** 車床橫向進刀刻度盤每小格的切削深度為0.02mm，若要將工件的直徑從39.60mm車削成38mm，則車刀還需進刀幾小格？　(A)15　(B)30　(C)40　(D)80。

( ) **6** 車床工作中，何者需最先加工？　(A)外徑　(B)端面　(C)內孔　(D)鑽孔。

( ) **7** 端面精車削之操作，下列何者正確？　(A)由內而外　(B)由外到內　(C)沒有差別　(D)以上皆可。

( ) **8** 為了得到精確的縱向補正尺寸，可使用？　(A)橫向手輪　(B)橫向縱向一起操作　(C)縱向大手輪　(D)複式刀座小手輪。

( ) **9** 量測外徑與長度時，游標卡尺所測之數值必須是？　(A)最小值　(B)最大值　(C)最大值減最小值　(D)測兩次再平均。

( ) **10** 車削工件之階級長度尺度宜選用？　(A)外徑分厘卡　(B)內徑分厘卡　(C)游標卡尺　(D)鋼尺與外卡鉗口量具度量。

( ) **11** 精切削使用的切削速度比粗切削為？　(A)高　(B)相等　(C)低　(D)不一定。

( ) **12** 工件上去角部位一般常採用？　(A)30°　(B)45°　(C)60°　(D)75°。

(　) **13** 三爪連動夾頭最<u>不適宜</u>夾持之工件為？　(A)偏心軸　(B)圓管　(C)輪軸　(D)圓桿形。

(　) **14** 車削金屬材料中，下列何者之切削速度較高？　(A)黃銅　(B)中碳鋼　(C)鑄鐵　(D)軟鋼。

(　) **15** 車削一厚7公厘並有一偏心圓孔之圓形機件，鏜切此圓孔時，用那一種方法夾持為最佳？　(A)三爪夾頭　(B)四爪夾頭　(C)組合夾頭　(D)面板。

(　) **16** 同一支量具可測量工件之外徑、階段、深度、寬度者為？　(A)樣柱　(B)樣圈　(C)分厘卡　(D)游標卡尺。

(　) **17** 車削外徑時，一次能使工件外徑減少5mm，則？　(A)進刀速度5mm/min　(B)車削深度2.5mm　(C)進刀量5mm/rev　(D)切削速度5mm/min。

(　) **18** 車削大端面時，若有過多裕量之材料，以下列何種車削方法較為迅速？　(A)先以軸向連續粗車削　(B)先由軸心向外連續粗車削　(C)先將多餘之長度切斷　(D)先由外向軸心連續粗車削再作精車削。

(　) **19** 一直徑40mm、長150mm之低碳鋼圓棒，以車床車削加工成最大徑為35mm之階級桿，參考圖，若將圓棒夾持於a端後，開始車削時，應最先車削之部位為下列何者？

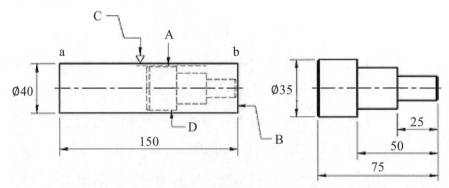

(A)鋼棒之外表黑皮　(B)b端之端面B處　(C)距b端約80mm處之淺溝識別記號　(D)車外徑至約35.5mm左右。

第9單元　鑄造設備之使用

重點導讀

第9單元至第11單元是有關鑄造的實務，同學們在研讀機械製造的鑄造單元時，對鑄造的定義與流程應該有一定的理解，這單元的準備重點可放在鑄造工具與鑄造安全、造模用工具之使用與鑄造安全規則，建議各位在鑄造實習的課程上應多加用心，必須以實務經驗印證學理，對鑄造考題的準備絕對有加乘的效果。

9-1　鑄造定義與流程

一、鑄造定義

1. 鑄造

將熔融的金屬材料，在適當溫度範圍的條件下，澆鑄於由模型、砂心及模砂所製成的鑄模內，待其冷卻凝固後，自鑄模中取出、清砂、修整等，以獲得所要求的鑄件成品。

2. 鑄造名詞

砂心	又稱心型，形成鑄件的中空部份。
模型	一般由適當的木材或非鐵金屬製作而成，其中以木材最常用。
鑄砂	形成鑄模的主要材料，應具有強度、耐熱性、透氣性等。
鑄模	用於容納熔融金屬液體的模子。
金屬熔融	藉由熔鐵爐、電爐等完成。
鑄型材料	常用者有模砂、金屬、石膏、陶瓷及聚苯乙烯，一般以模砂為主要。

二、鑄造流程

1. 模型設計與製作

依工作圖來製作模型，設計與製作時必須考量模型裕度，包括：收縮裕度、拔模斜度、加工裕度、變形裕度及震動裕度。將模型尺寸製作成比鑄件稍大，主要考量金屬熔液的冷卻收縮。

2. 砂心製作

形成鑄件的中空部份，為避免砂心自身重量下垂或金屬熔液的壓力浮動可使用**砂心撐**。砂心有乾與濕之分：乾砂心與砂模分開製作；**濕砂心與砂模同時製作**。

3. 鑄模製作

製作程序為先放入下方模型後堆下砂箱，翻轉下砂箱堆上砂箱並放入木梢，將上下模分開拔取模型及木梢後，形成鑄模的流路系統，最後合模，把上下模組合形成完整的鑄模。

4. 金屬熔融與澆鑄

依鑄件的金屬材質選用合適的**熔鐵爐或感應電爐**，掌握熔融溫度與澆鑄溫度，讓金屬熔液具有相當的流動性，再搭配鑄件的形狀大小與複雜程度選用合適的澆鑄方法，控制澆鑄速度與流量，使金屬熔液在冷卻凝固之前充滿模穴，完成澆鑄。

5. 後處理與成品

鑄件冷卻後取出，清理附在鑄件上的模砂，切除流路系統，依材料選用合適的鑄件表面清理，進行鑄件的缺陷檢驗，包括：氣孔、縮孔、砂眼、裂縫、夾雜等，最後檢查鑄件尺寸與表面粗糙度，獲得良好鑄件成品。

9-2 鑄造工具與鑄造安全

一、鑄造工具

1. **鑄砂設備**：混砂機、篩砂機、拋砂機等。
2. **模砂試驗**：硬度試驗機、水份含量試驗機、粘土含量試驗機等。
3. **造模工具**：造模板、砂箱、砂鏟、砂篩、搗砂鎚、刮板、豎澆道棒、通氣針、起模針、水刷、扁刷、鏝刀、吹管、提砂鈎等。
4. **度量工具**：鑄造尺、水平儀、角尺、分規等。
5. **熔融澆鑄**：熔鐵爐、感應電爐、溫度計、澆斗等。
6. **安全護具**：安全頭盔、護目鏡、防塵口罩、耐火圍裙、耐火手套、安全皮鞋等。

7. **鑄件處理**：振動脫砂機、圓鋸機、手提砂輪機、滾筒機、珠粒噴擊機、鋼絲刷等。
8. **鑄件檢驗**：冶金性檢驗、機械性質檢驗、破壞性檢驗、非破壞性檢驗等。

二、鑄造安全

1. 鑄造工作的流程為模型的設計與製作、砂心製作、鑄模製作、金屬熔融與澆鑄、後處理與成品，**任何一個流程其加工程序皆具有危險性**，務必遵守各項安全規則以及熟悉設備與工具的操作方式。
2. 鑄造工場屬於高溫、重物、噪音、粉塵的作業環境，因此個人方面需穿戴完整的安全護具，現場方面需有良好的通風與照明設備，公司方面需定期安排工業安全與衛生教育訓練，防止工安意外的發生。

9-3 造模用工具及使用方法

1	造模板	將模型與砂箱放置在造模板上，作為砂模的**基準面**，造模完成之後，可以得到良好的分模面。
2	砂箱	用於製作砂模，使模砂能承受壓力、防止砂模崩壞及搬運方便。常見砂箱由上、**下砂箱**組成，亦有多層砂箱。砂箱有木材與金屬材質。
3	砂鏟	用於鏟砂至砂箱、攪拌與調配模砂。常見砂鏟有平頭與尖頭，**平頭較為適用於鑄造**。
4	砂篩	用於篩選粒度平均的模砂，同時篩除模砂雜質與凝結砂塊。
5	搗砂鎚	用於搗實砂模，使砂模具有適當的強度與硬度。常見搗砂鎚有尖底與**平底，尖底適用於初搗與砂箱邊緣；平底適用於搗實與大平面處。**
6	刮板	用於刮除搗實後高於砂箱平面的模砂，使表面平整。
7	豎澆道棒	用於造模時豎澆道的模型，製作豎澆道提供金屬熔液流入模穴。常見豎澆道棒製成**上大下小**的錐形圓棒，配合鑄件有不同的直徑與長度。

8	通氣針	用於製作**通氣孔**，使熔融的金屬與模砂接觸時的氣體能夠排出，避免鑄件產生氣孔。通氣針以金屬線製成，一端磨成尖狀。
9	起模針	用於取出砂模中的模型。小型木模以通氣針取代；大型木模以起模針前端的螺絲旋入模型後取出。
10	水刷	又稱水筆，用於潤濕模型與模砂之間，避免取出模型造成損壞砂模。
11	扁刷	又稱乾筆，用於清除模型上的砂粒及分模砂的粉刷。
12	鏝刀	用於修整砂模的平整度，製作進模口、澆口杯、合模記號等，配合砂模有不同的大小與形狀。
13	吹管	用於吹除砂模內的散砂，一般以金屬圓管製成。
14	提砂鈎	用於取出或壓平砂模內的散砂，修整模穴深處的邊緣與垂直面。

9-4 鑄造安全規則

一、一般的安全規則

1. **實習前，依規定穿著工作服及完整的安全護具。**
2. 實習中，集中精神與注意操作流程，不可有危險動作。
3. **工場地面與走道，嚴禁堆放雜物，保持整潔暢通。**
4. 工作現場必須有良好的通風與照明設備。
5. 非經師長允許，不得任意開啟機械設備。
6. 吊掛作業時，嚴禁在下方走動或工作。
7. 熟悉消防設備的位置與使用方法，定期檢查與更換。
8. 急救箱放置於明顯處，定期補充與更換。
9. 發生意外事件時，應立即報告師長。
10. 實習後，進行機械設備清潔與保養，各項工具歸位。

二、造模的安全規則

1. 依照正確的操作方法與流程，選用合適的工具與設備。
2. 造模工具使用完畢後，應歸位且擺放整齊。
3. 砂鏟的放置應直立於砂堆中，勿放置地面以避免絆倒意外。
4. 使用通氣針或起模針時要留意，避免尖狀處造成刺傷。
5. 搬運重物或砂箱時，考量物重與注意正確姿勢。
6. 利用噴燈或瓦斯烘烤砂模時，注意點火方向與周遭有無易燃物品。

三、金屬熔融與澆鑄的安全規則

1. 操作熔鐵爐或澆鑄時，務必穿戴完整的安全護具。
2. 使用澆斗前，應檢查手柄是否牢固與澆斗是否破損。
3. 盛裝金屬熔液前，澆斗或澆桶要烘乾與預熱才可使用。
4. 盛裝金屬熔液約略八分滿，避免噴濺。
5. 操作人員於行進間，**不能以向後方式行走**。
6. **澆鑄時的操作要平穩**，注意澆鑄速度的快慢。

四、後處理的安全規則

1. 鑄模拆箱時，應使用火鉗夾取鑄件，避免灼傷。
2. 鑄件加工時，要確實夾牢，防止脫落。
3. **切除流路系統，務必戴上護目鏡與口罩**。
4. 隨時留意鑄件的毛邊，避免割傷。
5. 操作迴轉機械時，禁戴手套，防止捲入。
6. 鑄件或砂箱的放置，應整齊且不可放置過高，防止倒塌。

考前實戰演練

(　) **1** 鑄造在業界俗稱？　(A)翻砂　(B)沖壓　(C)鏟花　(D)打鐵。

(　) **2** 一般鑄造流程，模型製作與鑄模製作，何者為先？　(A)鑄模製作優先　(B)模型製作優先　(C)可同時完成　(D)無任何相關。

(　) **3** 工作母機之本體基座，通常以何種方法製造？　(A)鍛造　(B)銲接　(C)鑄造　(D)擠製。

(　) **4** 鑄造工具中熔化爐為熔煉金屬之用，下列哪種熔解爐常用於熔煉鑄鐵之用？　(A)轉爐　(B)電弧爐　(C)坩鍋爐　(D)熔鐵爐。

(　) **5** 金屬要送入熔解爐應使用何種工具才正確？　(A)活動扳手　(B)尖嘴鉗　(C)鐵鉗　(D)鋼絲鉗。

(　) **6** 鑄造作業時若遇調配化學溶液時，應配戴？　(A)橡膠手套　(B)防熱手套　(C)耐酸鹼手套　(D)棉紗手套　避免傷害。

(　) **7** 造模時用於大面積模砂搗實時，使用何種工具搗實？　(A)平底搗鎚　(B)尖底搗鎚　(C)平鐵鎚　(D)刮板。

(　) **8** 澆鑄砂模所使用盛裝金屬液的容器為？　(A)鐵桶　(B)澆斗　(C)漏斗　(D)水桶。

(　) **9** 砂模製作時用來作為將金屬液澆入鑄模內之引道的工具是？　(A)吹管　(B)挑砂鈎　(C)圓鏝刀　(D)澆道棒。

(　) **10** 常用於抹平或修整澆池與豎澆道或橫澆道與澆口連接處之工具是？　(A)挑砂鈎　(B)方鏝刀　(C)匙形抹刀　(D)吹管。

(　) **11** 砂模製作完成後，要從砂模中取出模型時會使用工具輔助？　(A)鐵釘　(B)尖嘴鉗　(C)活動扳手　(D)起模針。

(　) **12** 澆鑄過程，若有漏模或金屬熔液溢出時，應立刻？　(A)用水滅火　(B)以鑄砂覆蓋　(C)報警　(D)叫消防隊避免發生危險。

(　) **13** 研磨鑄件除了帶耳塞、口罩外，還需配戴？　(A)安全眼鏡　(B)防火衣　(C)防毒面具　(D)手套。

(　) **14** 下列何者<u>不是</u>鑄造工作常用的安全保護器具？　(A)耐火手套　(B)安全鞋　(C)耐火圍裙　(D)太陽眼鏡。

(　) **15** 鑄造工場安全守則中何者<u>不宜</u>？　(A)放置急救箱　(B)保持通道暢通　(C)光線通風良好　(D)工場可以跑步。

第10單元 整體模型之鑄模製作

重點導讀

本單元是整體模型（單體模型）的鑄模實作，可將重心放在鑄砂的成分與種類、整體模型鑄模製作、鑄模澆流道系統及熔解與澆鑄，所以只要把握住這幾個重點應不難得分，而且理論知識跟機械製造的鑄造命題重點也有雷同之處，可與此單元一起準備必可事半功倍，當你追求卓越，成功就在不遠處，同學們，加油！

10-1 鑄砂的成分與種類

一、鑄砂

1. 廣義而言為鑄造廠內的各種使用砂，包括：新砂（天然砂、矽砂等）、舊砂（再生砂、廢棄砂等）、造模用砂、分模砂、噴光砂、熔爐用砂等；狹義而言為造模用砂，一般稱為模砂。

2. 鑄砂依鑄造成品的差異與品質，由基砂、黏結劑及水分的不同比例混合而成，為增加鑄件的表面光度與改善鑄砂的性質，可加入適當的添加物。

二、鑄砂的成份

1. **基砂**：鑄造業的基砂有矽砂、鋯砂、鉻砂及橄欖石砂，矽砂用於一般鑄造，其餘三種則用於精密鑄造。以矽砂又稱石英砂的使用最廣，主要成份為**二氧化矽**，矽砂不具有黏結性。矽砂的優點：蘊藏量豐富、顆粒大小分佈廣、良好耐火性、硬度高及價格便宜。

2. **黏結劑**：以黏土的使用最廣，主要成份為**氧化鋁**。矽砂本身不具有黏性，因此必須添加適當的黏土與水分，以方便製作砂模。一般黏土的含量約2～12%，**黏土含量愈高，砂模強度愈大，透氣性愈差；黏土含量愈低，砂模強度不足，造模作業不易。**

3. **水分**：基砂與黏土混合後，需加入適當的水分，使黏土具有黏性，以利造模。**一般水分的含量約2～8%**，水分含量的增加，使黏性增加，但是過高的水分含量，卻會造成黏性降低。

4. **添加物**：依鑄造成品需求的不同，可加入添加物，以增加鑄件的表面光度與改善鑄砂的性質。常見添加物：石墨粉、木粉、瀝青、殼粉、氧化鐵等。

三、鑄砂的特性

1. **透氣性**：鑄模內含有**水分**，澆鑄時受到金屬熔液的高溫會產生大量的氣體，鑄砂要有良好的透氣性，使氣體能夠順利排出，防止鑄件產生氣孔。
2. **強度**：鑄砂要具有相當的強度，避免在造模時發生破損，澆鑄時抵抗金屬熔液的衝擊。
3. **耐熱性**：鑄砂要有良好的耐熱性，抵抗高溫的金屬熔液，避免被熔化與燒損，鑄件為鐵系合金，其**耐熱溫度要達**$1600°C$**以上**。
4. **崩散性**：鑄件冷卻凝固後，從鑄模中取出，因鑄砂在澆鑄後水分消失成為砂塊，鑄砂要具有良好的崩散性，以**便於容易清砂及回收再使用**。
5. **流動性**：鑄砂要具有良好的流動性，以便於造模工作的進行。
6. **可回收性**：鑄砂要具有良好的可回收性，在鑄造作業結束後，將鑄砂進行回收與處理，以便於重複使用，降低成本。

四、鑄砂的種類

1. **砂模型態**：濕模砂、乾模砂、砂心砂、水泥砂、殼模砂等。任何砂模型態都是由基砂與其它添加物混合而成。
2. **模砂來源**

天然砂	天然形成的各種模砂（山砂、海砂、河砂等）。天然砂的黏土與雜質的含量較多，粒度分佈廣泛、耐熱性與通氣性較差。
合成砂	洗選的矽砂、黏土及添加物混合而成。合成砂依模砂性質與條件進行適當的調配，屬於優良的模砂材料。
半合成砂	天然砂、黏土及添加物混合而成。半合成砂的性質介於天然砂與合成砂之間。

特殊模砂	基砂、人造黏結劑（樹脂、水玻璃等）及特殊添加物混合而成。特殊模砂適用於呋喃模、CO_2模、殼模等，目的在於改善砂模的性質、縮短造模的時間、提高工作的效率及提昇鑄件的品質。

10-2 簡易整體模型鑄模製作

一、整體模型

模型為一整體者，又稱為完整模型、**單體模型**。

二、簡易整體模型鑄模製作流程

1. 製作下砂模

(1) 將整體模型的尺寸**最大面**朝下放置在造模板上。

(2) 下砂箱放置在造模板上，預留澆流道系統位置。

(3) 使用砂篩在模型表面覆蓋一層面砂。

(4) 利用砂鏟添加背砂於砂箱，大約與砂箱等高。

(5) 以尖頭搗砂鎚由外而內的搗實模砂。

(6) 再次添加背砂，大約高出砂箱10cm。

(7) 以**平頭搗砂鎚**由外而內的搗實模砂。

(8) 使用刮板刮除高於砂箱平面的模砂，利用通氣針製作通氣孔。

(9) 180°**翻轉下砂模**，使用鏝刀修整與抹平砂模表面。

(10) 在砂模表面均勻撒上**分模粉**。

2. 製作上砂模

(1) 上砂箱套放在下砂箱上及在適當位置放置豎澆道棒。

(2) 使用砂篩在模型表面覆蓋一層面砂。

(3) 利用砂鏟添加背砂於砂箱，大約與砂箱等高。

(4) 以**尖頭搗砂鎚**由外而內的搗實模砂。

(5) 再次添加背砂，大約高出砂箱10cm。

(6) 以**平頭搗砂鎚**由外而內的搗實模砂。

(7) 使用刮板刮除高於砂箱平面的模砂，利用通氣針製作通氣孔。

3. 製作澆流道系統、合模及澆鑄

(1) 搖動與取出豎澆道棒，製作澆池。

(2) 在上、下砂箱表面製作3處合模記號。

(3) 以垂直方式提起上砂箱，並檢視與修整砂模。

(4) 在豎澆道底與模穴之間，製作進模口與流道。

(5) 以水刷潤濕模型與模砂之間，再以起模針取出模型並修整模面。

(6) 上砂箱對準合模記號套放在下砂箱上，放置壓塊在上砂箱。

(7) 將熔融的高溫熔液倒入澆池，待其凝固後取出，進行後處理。

10-3 鑄模之澆流道系統

一、澆池

一般設在豎澆道的最上方，另可增加一砂箱作為澆池用，稱為澆口箱。手工造模則在豎澆道頂端挖製上大下小的圓錐狀，以便於澆鑄，稱為澆口杯。功用：**便於澆鑄金屬熔液、沉澱排除雜質、緩和引導金屬熔液。**

二、豎澆道

又稱澆口，形狀製成上大下小的錐形圓棒，距離模穴約25.4mm（1吋）。功用：**輸送金屬熔液、避免夾雜空氣、調節澆鑄壓力、控制澆鑄速度。**

三、豎澆道底

形狀為半圓球形，位於豎澆道與橫流道的交界，使金屬熔液由垂直轉為水平流動。功用：**降低亂流的發生。**

四、橫流道

位於模穴四周，金屬熔液經此準備流入模穴。功用：**輸送與分配金屬熔液、排除雜質與氣體、減少金屬熔液的亂流、控制流速。**

五、橫流道尾

橫流道的延伸部份。功用：**排除低溫金屬熔液與雜質、高溫質純的金屬溶液進入模穴。**

六、進模口

又稱鑄口,金屬熔液進入模穴的小通道。功用:**控制金屬熔液的流量與流速、穩定與快速的充滿模穴。**

七、冒口

位於鑄件的**最大斷面處**。功用:**補充凝固收縮的金屬熔液、觀察澆鑄狀況、排氣與除渣。**

八、溢放口

又稱**排泄口、升鐵口**,一般設在面積大或斷面薄的鑄件,距離澆口最遠的地方。功用:**排泄氣體、排泄低溫金屬熔液與雜質。**

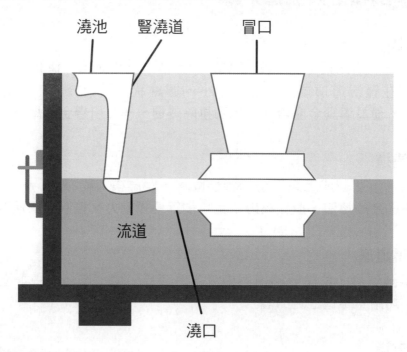

```
澆池   豎澆道          冒口



                流道



                     澆口
```

牛刀小試

( ) **1** 有關鑄造使用之冒口(Riser),下列何者<u>不是</u>其最主要的功用? (A)有助於排渣與排氣 (B)加速鑄件之冷卻速度 (C)可觀察鑄造模穴內之金屬熔液是否灌滿 (D)保持部分熔融金屬維持液態,以補充鑄件凝固收縮所需金屬熔液。 【105統測】

（　　）**2** 有關砂模的澆冒口系統敘述，下列何者<u>不正確</u>？　(A)豎澆道主要功用為輸送金屬液　(B)冒口一般設置在金屬液最快凝固處　(C)溢放口一般設置在離澆口最遠處　(D)通氣孔主要功用為避免鑄件產生氣孔。　　　　　　　　　　　　　　　【108統測】

───── 解答與解析 ─────

1 (B)。冒口（Riser）主要是補充收縮，不具有加速鑄件之冷卻速度之功能。

2 (B)。冒口一般設置在最大斷面處，其最主要功能為補充鑄件凝固收縮所需金屬熔液。

10-4 熔解與澆鑄

一、金屬適用的熔解設備

1. **鑄鐵**：熔鐵爐、低週波感應電爐。
2. **鑄鋼**：電弧爐、轉爐、平爐、高週波感應電爐。
3. **鑄銅、鑄鋁、鋅合金**：坩堝爐、反射爐、低週波感應電爐。
4. **鎂合金**：坩堝爐。

二、熔解設備介紹

1. **熔鐵爐**：由爐體與鼓風機組成，熔鐵爐的大小以熔化速率來表示，即每小時的熔鐵噸數，**號數愈大其熔化率愈大**。熔鐵爐所需的原料：生鐵、焦碳、熔劑及空氣等，生鐵與焦碳的比例為8：1。**熔鐵爐的構造簡單、維護容易、可連續出鐵，廣用於灰鑄鐵與可鍛鑄鐵的生產**。
2. **感應電爐**：由爐體外圍繞以導電銅管線圈，金屬材料作為二次線圈，利用交流電來感應產生渦電流，將金屬加熱至熔化。**感應電爐不需其它熱源與燃料、加熱效率最高、環保與節能、熔液的品質易於控制**。
3. **坩堝爐**：由爐體、坩堝、爐蓋與支架組成，將金屬材料置於坩堝內加熱，使坩堝與金屬材料升溫，以便於熔化金屬。坩堝爐的大小以坩堝號數來表示，**號數愈大其熔解量愈大**。坩堝爐應用於非鐵金屬的熔化與保溫，如：鋁合金、銅合金等。

三、澆鑄方法

1. 澆桶構造與金屬熔液流出位置

(1) 頂澆式：澆桶上方邊緣有斜槽，金屬熔液由頂部流出。頂澆式的操作簡單，**大部份澆鑄作業採用此法，缺點是浮渣容易混入模穴。**

(2) 底澆式：澆桶底部有出鐵口，金屬熔液由底部流出。底澆式可避免熔渣混入模穴，利用人力操作搖桿來控制耐火桿開關出鐵口，**中大型鋼鐵鑄件採用此法。**

2. 澆鑄動力來源

(1) 人力澆鑄法：**單人作業適合小型鑄件**；雙人或多人作業適合中小型鑄件。

(2) 懸吊式澆鑄法：以吊車懸吊澆桶，人力輔助澆鑄作業。懸吊式澆鑄法節省人力且作業確實，適合**中大型鑄件或小型鑄件的大量生產。**

(3) 自動化澆鑄法：利用電腦輔助控制，配合機器手臂進行澆鑄作業。自動化澆鑄法不受人為因素影響，適合**小型鑄件的大量生產。**

四、影響澆鑄時間與速度的因素

1. **澆鑄重量**：鑄件與澆流道系統的總重量。鑄件重量愈大，澆鑄時間愈長，澆鑄速度放慢。

2. **鑄件厚度**：鑄件中重要部位的厚度或相同斷面的主要厚度。**鑄件厚度愈薄，澆鑄時間愈短，澆鑄速度加快。**

3. **鑄件溫度**：鑄件溫度愈高，澆鑄時間愈長，澆鑄速度放慢，避免鑄件產生氣孔、縮孔等。

4. **鑄件材質**：不同的金屬材料對澆鑄速度有不同程度的影響。

(1) 鑄鐵：澆鑄速度的影響較小，但因鑄件的大小與形狀的不同，澆鑄速度必須調整。

(2) 鑄鋼：冷卻凝固範圍較大，所以澆鑄速度要快，避免過早凝固。

(3) 鋁合金或鎂合金：澆鑄速度放慢，避免造成亂流、夾渣及混入氣體。

考前實戰演練

( )　**1** 下述何項與模砂性質<u>無關</u>？　(A)透氣性　(B)強度　(C)耐蝕性 (D)耐熱性。

( )　**2** 翻砂用之型砂，其主要原料為？　(A)碳化矽　(B)矽化鈣　(C)矽 酸鈣　(D)氧化矽。

( )　**3** 下列何者<u>不是</u>鑄砂的主要成分？　(A)矽砂　(B)泥土　(C)水分 (D)黏土。

( )　**4** 一般濕砂模含水量約為？　(A)1%　(B)2%～8%　(C)15%～20% (D)愈多愈好。

( )　**5** 砂模製作完成為方便合模常在上下模作何動作？　(A)噴漆　(B) 劃線　(C)打洞　(D)銼角。

( )　**6** 砂模製作為讓砂模有良好的透氣性會使用何種工具完成通氣孔？ (A)通氣針　(B)拔模針　(C)鐵線　(D)鐵釘。

( )　**7** 砂模的流路系統中，哪一部分具有補充收縮、排氣、除渣、檢視 金屬液是否充滿的功能？　(A)溢放口（Flow Off）　(B)通氣孔 （Vent）　(C)冒口（Riser）　(D)流道（Runner）。

( )　**8** 冒口的型態為開敞式，從上模頂端可以看到冒口的位置及形狀者 稱為？　(A)明冒口　(B)澆口　(C)暗冒口　(D)通氣口。

( )　**9** 澆口的功用是？　(A)補充金屬液　(B)排除氣體與熔渣　(C)使鑄 件組織緻密　(D)輸送金屬液。

( )　**10** 具有調節澆鑄壓力及控制澆鑄速度的功能是指？　(A)澆池　(B) 豎澆道　(C)豎澆道底　(D)橫澆道。

( )　**11** 澆鑄薄工件時下列述訴何者正確？　(A)澆鑄時間要長　(B)澆鑄 速度要快　(C)澆鑄速度要慢　(D)快慢不會有影響。

(　) **12** 何種澆鑄法適合中大型鑄造？　(A)懸吊式澆鑄法　(B)人力澆鑄法　(C)頂澆式鑄法　(D)無特別規定。

(　) **13** 金屬熔液進入砂模前之瞬間溫度稱為澆鑄溫度，下列有關澆鑄溫度敘述何者<u>不正確</u>？　(A)溫度太高，易造成模砂熔燒　(B)溫度太高，易造成縮孔現象　(C)溫度太低，易造成鑄件內含氣泡　(D)溫度太低，易形成金屬液滯流現象。

(　) **14** 下列有關澆鑄速度描述何者<u>有誤</u>？　(A)鑄件重量愈重其澆鑄速度要愈慢　(B)鑄件厚度愈薄其澆鑄速度要愈慢　(C)鋁合金澆鑄速度宜較慢　(D)澆鑄溫度愈高，澆鑄時間要拉長。

(　) **15** 鑄砂的特殊添加物，下列何者<u>不是</u>常用添加物？　(A)煤粉　(B)瀝青　(C)氧化鐵　(D)氧化鋁。

第11單元　分型模型之鑄模製作

重點導讀

本單元是分型模型（對合模型）的鑄模實作，有了單體模型的鑄模實作為基礎，此單元是延伸知識，命題重點會著重在砂心的功能與種類、砂心的製作、分型模型鑄模實作及其澆鑄，務必以理解輔助背誦，定能拿到高分。

11-1　砂心的功能與種類

一、砂心

1. 廣義而言為以耐火材料，包括：砂心砂、陶瓷、石膏、金屬等製作，以便形成鑄件的內部形狀，又稱心型；狹義而言為以砂心砂製作而成，放置於鑄模的模穴之中，形成鑄件的**中空**部份。
2. 砂心在澆鑄後必須具有良好的崩散性，以便將砂心敲碎取出，形成孔洞或凹陷的鑄件。

二、砂心的功用

1. 形成鑄件內部的孔洞。　　2. 形成鑄件複雜的外形。
3. 加強或改善鑄模的表面。　4. 成為濕砂模的一部份。
5. 成為澆口系統的一部份。　6. 成為模型的一部份。

三、砂心的種類

1. **濕砂心**：由實體模型造模而成，濕砂心與砂模結合為一體。
2. **水平式乾砂心**：採水平放置，由兩端的砂心座來支撐砂心。
3. **垂直式乾砂心**：採垂直放置，砂心的上端應製成約15°的倒角。
4. **平衡式乾砂心**：採水平放置，僅由單側的砂心座來支撐砂心。
5. **懸吊式乾砂心**：砂心由模穴上方來支撐，砂心在適當位置要預留澆口。
6. **落入式乾砂心**：鑄件內孔無法在分模面的位置時來使用，要預留砂心座。

11-2 砂心的製作

一、砂心的製作方法

1. 砂心是利用砂心盒、刮板模型、骨架模型來製作而成，大部份的砂心是利用**砂心盒**製作。砂心的製作可分成：手工製作及機械製作。

2. 手工製作砂心的速度較慢、生產力較低，適合任何形狀與大小的砂心，特別是大型砂心。若利用刮板模型或骨架模型來製作砂心，可降低設備與模型的費用，針對小量生產而言，可降低生產成本。

3. 機械製作砂心的速度較快、生產力較高，利用砂心機將砂心砂吹射入砂心盒中，在短時間內硬化成型，適合小型砂心的大量生產。依砂心機可分為**熱匣法與冷匣法**。

二、手工製作砂心

1. 利用砂心盒製作

(1) 砂心盒組合一起製作砂心：適合形狀簡單的砂心，最常見的製作方法，特別是利用砂心機的製作。必須注意砂心盒的固定，可採用C型夾或螺栓，避免填砂時，造成砂心盒變形或撐開。

(2) 砂心盒分開個別製作部份砂心，再組合成砂心：適合形狀複雜的砂心。依砂心的複雜程度，將砂心盒分開且個別製作部份砂心，最後用黏結組合而成砂心。

2. 利用刮板模型製作

(1) 適合**形狀有對稱性與規則性**的砂心，可減少砂心盒的費用。

(2) 用於小量生產。

3. 利用骨架模型製作：適合**大型**的中空鑄件。

三、機械製作砂心

1. **利用熱匣法製作：**

(1) 熱匣法製作砂心時，預先將砂心盒加熱，砂心砂接觸到高溫的砂心盒會產生硬化與增加強度。

(2) 當製作殼模砂心時，利用高壓空氣將殼模砂吹射入已加熱的砂心盒中，砂心外層遇熱黏結硬化，當硬化厚度足夠時，將中心位置尚未

　　黏結硬化的殼模砂倒出，持續加熱使砂心內層硬化且達相當強度，
　　可得中空的殼模砂心。

2. **利用冷匣法製作：**

   (1) 冷匣法製作砂心時，在常溫之下進行作業，利用高壓空氣將樹脂砂
   　　吹射入砂心盒中，通入硬化促進氣體，在數秒鐘內即產生硬化。

   (2) 適合高速與大量的生產。

四、砂心製作與安置的注意事項

1. **砂心製作–砂心骨**：砂心必須具有強度以便於搬運、組合、安置及承受
   金屬溶液的澆鑄，用以增加強度的物品稱為砂心骨。**一般利用∅3mm以**
   上的鐵絲，製作適當的形狀與尺寸，埋放於砂心內部，以獲得足夠強度
   的砂心，其功用如同鋼筋。

2. **砂心安置–砂心撐**：砂心撐是利用不同形狀的金屬墊片，來支撐砂心與
   克服金屬溶液的浮力，使砂心在模穴內的位置能夠固定，不因澆鑄而浮
   動與移位。

11-3　分型模型鑄模製作

一、分型模型

又稱為**分割模型**、**對合模型**。當物體具有曲線且上下或左右對稱，造模為
了便利性，將模型由中心線分割為兩個單體模型，分模面在水平位置，具
有省時省力的優點，但是缺點為增加製作模型費用。

二、分型模型鑄模製作

1. **製作下砂模**

   (1) 將下半部的分型模型的尺寸**最大面朝下**放置在造模板上。

   (2) 下砂箱放置在造模板上，預留澆流道系統位置。

   (3) 使用砂篩在模型表面覆蓋一層面砂。

   (4) 利用砂鏟添加背砂於砂箱，大約與砂箱等高。

   (5) 以**尖頭搗砂鎚**由外而內的搗實模砂。

   (6) 再次添加背砂，大約高出砂箱10cm。

   (7) 以**平頭搗砂鎚**由外而內的搗實模砂。

(8) 使用刮板刮除高於砂箱平面的模砂，利用通氣針製作通氣孔。

(9) 180°**翻轉下砂模**，使用**鏝刀修整與抹平砂模表面**。

(10) 將有定位銷的上半部的分型模型與下半部的分型模型組合，在砂模表面均勻撒上**分模粉**。

2. 製作上砂模

(1) 上砂箱套放在下砂箱上及在適當位置**放置豎澆道棒**。

(2) 使用砂篩在模型表面覆蓋一層面砂。

(3) 利用砂鏟添加背砂於砂箱，大約與砂箱等高。

(4) 以**尖頭搗砂鎚**由外而內的搗實模砂。

(5) 再次添加背砂，大約高出砂箱10cm。

(6) 以**平頭搗砂鎚**由外而內的搗實模砂。

(7) 使用刮板刮除高於砂箱平面的模砂，利用通氣針製作通氣孔。

3. 製作澆流道系統、合模及澆鑄

(1) 搖動與取出豎澆道棒，製作澆池。

(2) 在上、下砂箱表面製作3處**合模記號**。

(3) 以垂直方式提起上砂箱，並檢視與修整砂模。

(4) 在豎澆道底與模穴之間，製作進模口與流道。

(5) 以水刷潤濕模型與模砂之間，再以起模針取出模型並修整模面。

(6) 上砂箱對準合模記號套放在下砂箱上，放置壓塊在上砂箱。

(7) 將熔融的高溫熔液倒入澆池，待其凝固後取出，進行後處理。

11-4 熔解與澆鑄

內容同10-4熔解與澆鑄，在此簡略說明步驟：

1	以熔解爐熔化金屬錠。
2	穿妥防護裝備。
3	待金屬液溫度達到熔解溫度，以澆缽盛接金屬熔液。
4	將金屬熔液鑄入模穴，直到充滿整個模穴為止。
5	金屬熔液凝固後，破壞砂模，取出鑄件。
6	敲除砂心與流路系統。
7	清理鑄件。

考前實戰演練

( )　**1** 砂心又稱為心型，下列有關其用途之敘述，何者正確？
(A)加重鑄件壓力，使金屬組織緻密
(B)補給收縮所需金屬液
(C)使熔渣排除
(D)形成鑄件的中空部分。

( )　**2** 砂心主要的功能是？
(A)鑄件之中空部分或外型凹入部分
(B)增加砂模強度
(C)防止砂模崩砂
(D)作為合模記號。

( )　**3** 利用與砂模相同的模砂所製成的砂心是？
(A)熱硬性砂心　　　　　　(B)乾砂心
(C)濕砂心　　　　　　　　(D)自硬性砂心。

( )　**4** 下列關於砂心應具備性能之敘述，哪一項<u>不正確</u>？
(A)要有足夠之強度，在澆注時不會破壞
(B)應具備密不通氣的結構
(C)應能使鑄件內孔表面保持清潔而平滑
(D)在清砂步驟中應易於去除。

( )　**5** 用乾淨的河砂混入黏結劑，成形後，烘乾去除水分，增加其強度的砂心種類是？
(A)濕砂心　　　　　　　　(B)乾砂心
(C)氣硬性砂心　　　　　　(D)以上皆非。

( )　**6** 下列有關砂心的敘述，何者正確？
(A)濕砂心係於製作砂模時，與砂模同時製作完成
(B)砂心表面應做成粗糙面，以增加金屬附著力
(C)與砂模比較，砂心應有較高強度，故應使之密實，無孔隙
(D)在砂心表面塗上一層水玻璃液，可以增加耐熱度。

(　)　**7** 砂心骨之主要功能在於？　(A)增加通氣　(B)減少用砂　(C)製作方便　(D)強化砂心。

(　)　**8** 起出木模前，可用霧狀灑水器（或水筆）潤濕模型邊緣模砂，可？
(A)加速砂模硬化　　　　　　(B)增加模砂硬度
(C)潤滑木模型　　　　　　　(D)預防起模時的崩砂。

(　)　**9** 砂模鑄造過程中，金屬凝固時體積收縮產生裂痕經常發生於？
(A)溫度最高處　(B)溫度最低處　(C)最大斷面處　(D)最小斷面處。

(　)　**10** 澆桶在盛裝熔融金屬液前，應保持？　(A)乾燥無其他雜質　(B)上油　(C)濕潤　(D)以上均非　以避免金屬熔液噴濺。

(　)　**11** 下列何者不屬於人力澆鑄法？
(A)單人手提澆鑄　　　　　　(B)懸吊式澆鑄
(C)雙人合抬澆鑄　　　　　　(D)多人合抬澆鑄。

(　)　**12** 安置砂心時為力求穩固可以用何種工具輔助？　(A)尖嘴鉗　(B)紙片　(C)通氣針　(D)起模針。

(　)　**13** 下列敘述何者不正確？
(A)上、下砂箱模宜先造下砂模
(B)黏土為結合劑
(C)模砂的幾何形狀最佳的是近多角形者，因為能兼具結合強度與透氣性
(D)模砂之主要成分為碳化矽。

(　)　**14** 在砂模上之澆口，最佳位置為？　(A)砂模孔正上方　(B)距砂模孔約1吋之處　(C)距砂框10mm處　(D)砂框四個角落。

(　)　**15** 下列有關流路系統之敘述，何者不正確？
(A)澆池具有除渣之作用
(B)橫澆道尾之主要功用為排氣
(C)鑄口靠模穴處之斷面應縮小
(D)溢放口之主要功用為排渣。

第12單元　電銲設備之使用

重點導讀

第12單元至第14單元是有關銲接的實務，同學們應該在高一機械基礎實習課程中有實際操作過電銲的實務經驗，所以唸起來並不陌生，本單元可著重準備在電銲機銲接原理、電銲設備使用與維護、電銲條之規格以及電銲安全規則，尤其在交流電銲機與直流電銲機特性容易混淆，相似主題要明確瞭解其異同處，務必以理解輔助背誦，同學必須特別加強。

12-1 銲接概述

一、銲接

1. 銲接就是將兩件以上的**金屬或非金屬銲件**，在其接合處加熱至適當溫度，使其**熔化或不熔化、添加填料（銲條）或不添加填料、施加壓力或不施加壓力**，而使材料性質相同或相異的兩種以上之工件確實接合在一起的加工方法或程序。
2. 加熱法可用電流、氣體、火焰或火爐等加熱。
3. 加壓法可用錘擊、滾壓或外力直向等加壓。
4. 銲接加熱或加壓法中，常使金屬之延性增加，原子擴散快速，內部之非金屬軟化而分散或除去，銲接效率高，但強度不增大。
5. 鍛造較不適於形狀複雜之大型工件，若工件數量少時可改以銲接替代鍛造。

二、銲接特性

1. 兩金屬銲件接合**母材不一定要加熱至熔化狀態**接合，例如：軟銲、硬銲。
2. 可以**不必施加壓力於兩金屬銲件接合處的母材**而達成結合作用，例如：氣銲、電弧銲。
3. 兩金屬銲件接合處不一定要添加填料（又稱銲料或銲條）才能達成結合作用，例如：電阻銲。
4. **可以不必加熱**，例如：冷銲、超音波銲、摩擦銲。

12-2 電銲機銲接原理

一、電銲機銲接原理

1. 電弧銲接又稱電銲，係藉工件與電極（銲條）之間隙，所產生之高溫電弧熱量，熔化本體金屬與電極（銲條），而予以接合的方法。

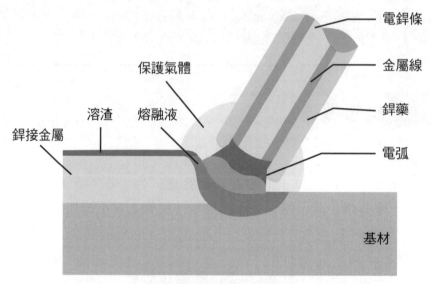

電弧銲接示意圖

2. 電銲機（ARC welder）是銲接所用的設備，它是利用正、負兩極在瞬間短路時產生的高溫電弧來熔化電銲條上的銲料和被銲材料，使材料熔合為一體的方法，又稱電弧銲接。
3. 利用銲條（電極）與金屬本體之中間間隙（不接觸）持續放電所產生的熱量，熔化本體金屬與銲條，而予以接合的方法。
4. 用途最廣，溫度最高達6000°C以上，電銲廣用於機械及造船工業。
5. 採用**低電壓**、**大電流**進行銲接。

二、電弧銲接機可用交流（AC）電銲機或直流（DC）電銲機

1. 電銲機有直流與交流之分，直流電銲機對工件與銲條之接法有正、負極性之分，所產生的熱也不同。交流電銲機無正、負極性之分兩者所生的熱一樣多，因其構造簡單、故障排除容易、價格便宜，常用於一般銲接工作。

2. 交流（AC）電銲機與直流（DC）電銲機特性：
   (1) 交流（AC）電弧銲接機不需整流，構造比直流電弧銲接機簡單。
   (2) 直流（DC）電弧銲接機又分直流正極性銲接與直流反極性銲接。
      A. 直流正極性（DCSP）電路銲接時，工件接正極，產生的熱量大部分集中正極工件上，較適於厚材料銲接。
      B. 直流反極性（DCRP）電路銲接時，工件接負極。

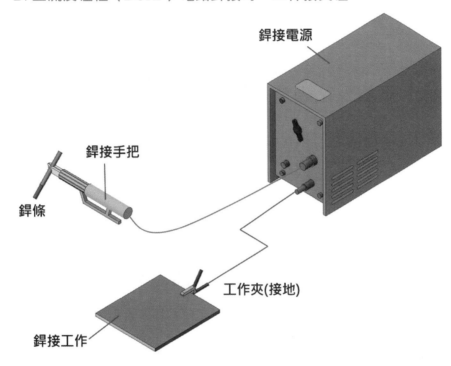

銲接電源

銲接手把

銲條

工作夾(接地)

銲接工作

電銲機示意圖

12-3 電銲設備之使用與維護

一、電銲設備使用方法

1. 電銲設備主要有直流電銲機、交流電銲機、電源開關、一次側電纜、輸出側電纜、銲接手把、銲條、接地等裝置。
2. 交流電銲機面板上有電源開關、電流調整手柄、電流調整指示器等。
3. 電銲機上的**自動電擊防止裝置**可將無載電壓（約50～100V）在沒有進行銲接時降到25V以下，防止操作者誤觸時不致於造成觸電傷害，目前電銲機大多將自動電擊防止裝置安裝在電銲機內。

二、電銲設備維護要點

1. 電銲機放置處應避免震動、潮濕與易腐蝕等環境，避免縮短使用壽命。
2. 電銲機**外殼應接地**，以防漏電。
3. 銲把要保持乾淨與良好絕緣。
4. 開啟電銲機前，應先檢查電極把手與地線夾，兩者絕不可正、負極接觸，避免瞬間短路，耗損電銲機。
5. 銲接結束後，關閉電源、取下電銲條。

12-4　電銲條之規格與選用

一、CNS電銲條之規格（CNS13719（現行標準））

1. CNS電銲條編號原則

規格：

$$\underset{1}{\underline{CNS}}\ \underset{2}{\underline{E}}\ \underset{3}{\underline{XX}}\ \underset{4}{\underline{XX}}$$

(1) CNS：代表中華民國國家標準規格。
(2) E：英文字母表示電弧銲接用電銲條。
(3) 前XX數字表示**熔填金屬抗拉強度**（N/mm^2；MPa）。
(4) 後XX數字表示表示**銲藥種類**。（常用軟鋼電銲條：03：石灰氧化鈦系。10：高纖維素系。13：高氧化鈦系。）

2. 電銲條選用範例

例：

$$\underset{銲條種類}{\underline{E5516}}\ -\ \underset{線徑}{\underline{5.0}}\ -\ \underset{長度}{\underline{400}}$$

55：**熔填金屬抗拉強度**在550MPa以上。
16：**被覆劑種類**為低氫系。

二、銲接方法

1. **平銲**：以F符號代表，最常用。　　2. **橫銲**：以H符號代表。
3. **立銲**：以V符號代表。　　　　　　4. **仰銲**：以OH或O符號代表。

三、銲藥主要功能如下

1. 除去工件表面不純物及氧化物。
2. 穩定電弧、減少濺散、改善銲珠形狀。
3. 產生保護氣罩，避免外圍氣體入侵，保護熔池。
4. 可添加合金元素，改善銲道之機械性質。
5. 形成銲渣，覆蓋於熔融金屬，增加電弧穿透深度，延長熔池冷卻時間，保護熔融金屬不被氧化，使其緩慢冷卻，防止龜裂現象。

四、交流電銲機電流轉輪調整

1. 交流電銲機的電流轉輪專用來調整銲接電流大小，以獲得適當的電流產生熱量熔化母材與銲條。
2. 電流值依材料之厚薄及電銲條尺寸而定，材料越厚、銲條越粗則所需之銲接電流越大。
3. 通常電流大小約取銲條直徑的40倍，例如∅3.2mm電銲條，電流大小＝3.2×40＝128安培，使用時再視銲接情況調整至正確值。

12-5 電銲安全防護裝備與工具

1	安全帽	保護操作者頭部，避免碰撞。
2	面罩	有手提式、頭戴式兩種，若施工簡易使用手提式面罩，若於施工不易處，則選用頭戴式面罩。面罩上有一片濾光玻璃，以過濾電弧強光，以免遭受電弧光直射與防止飛濺物傷及眼睛。
3	皮手套	用來保護雙手，避免受電弧光、飛濺物所傷。
4	皮圍裙	用來保護身體不被灼傷。

5	袖套與腳套	用來保護手部與腳部不被灼傷，材料以**皮革**為佳。
6	電極把手	係用以夾持及控制電銲條，並由電纜將電流輸送至銲條。
7	地線夾	用於接地與工作物連接，使電流形成迴路進行銲接。
8	銲接電纜	用於連接電銲機至電極把手與地線夾。
9	敲渣鎚	前端呈尖頭狀，用於敲擊銲道上之銲渣或飛濺物。
10	鋼絲刷	用於刷除鋼板表面鐵鏽與髒污，以及銲後銲渣、飛濺物刷除。

12-6 電銲實習工場公共安全衛生注意事項

1	電銲機應定期檢查保養。
2	電銲人員應配戴電銲面罩、皮手套、袖套、皮圍裙、膠鞋等電銲防護衣物。
3	應穿長袖工作服，避免電銲時弧光直照眼部或其他皮膚部位。
4	應使用絕緣良好的電銲把手，以防漏電。
5	電銲電流不可超過電銲機之安全電流，以免發生工安意外。
6	銲接前，須了解施銲材料性質，並選定適當銲條與電流大小。
7	清除銲渣時，必須使用防護眼鏡等防護裝備。
8	不可徒手或戴濕手套在潮濕的環境更換銲條。
9	電銲工作完畢後，應確實將電銲機電源切斷。
10	工作場所保持清潔且通風應良好。最好能加裝抽風設備與遮光屏障，以防弧光傷人眼睛或影響他人。
11	暫時離開銲接現場，應取下銲條，將銲把掛於絕緣處，關閉電源後方可離開。

考前實戰演練

( )　**1** 利用銲條與金屬本體間持續放電，所產生的熱量來熔化本體金屬與銲條，而予以接合的方法稱為？　(A)電阻銲接　(B)氣體銲接　(C)電弧銲接　(D)發熱銲接。

( )　**2** 電弧銲之代號為？　(A)AW　(B)AHW　(C)GMAW　(D)GTAW。

( )　**3** 電弧銲之電源機是採用？　(A)低電壓低電流　(B)低電壓高電流　(C)高電壓低電流　(D)高電壓高電流。

( )　**4** 電銲機機殼的接地是為了預防？　(A)偏弧　(B)電銲機振動　(C)電擊　(D)火災。

( )　**5** 欲使電銲條能有較強的滲透力時應適度的？　(A)提高電流　(B)降低電流　(C)提高電壓　(D)提高電阻。

( )　**6** 清除銲渣所用之工具，一般均為？　(A)塑膠錘　(B)木鎚　(C)尖頭錘　(D)圓頭錘。

( )　**7** 電弧銲所用之銲條，其外層塗層藥劑的目的是？　(A)增大受熱面積　(B)防止銲條受損　(C)產生保護層以免銲道氧化　(D)改良工件材料強度。

( )　**8** 電銲條規格中常於E字後加四個數字，現就E7010電銲條中「70」之代表意義為？　(A)銲接的姿勢　(B)銲條包覆材料　(C)電流的大小　(D)熔填金屬抗拉強度。

( )　**9** 下列有關銲接方法代號，何者<u>不正確</u>？　(A)平銲以F符號代表　(B)橫銲以B符號代表　(C)立銲以V符號代表　(D)仰銲以OH或O符號代表。

( )　**10** CNS E4311電銲條中的「E」字代表？　(A)電銲條　(B)抗拉強度　(C)衝擊值　(D)伸長率。

(　) **11** 銲接時用來保護腿與腳踝的護具是？ (A)手套 (B)腳套 (C)袖套 (D)圍裙。

(　) **12** 銲接時用來保護眼睛的護具是？ (A)手套 (B)太陽眼鏡 (C)袖套 (D)面罩。

(　) **13** 面罩濾光玻璃之主要功用是為防止？ (A)輻射熱 (B)銲濺火花 (C)電弧強光 (D)銲渣。

(　) **14** 穿戴潮濕手套進行電銲工作時，會引起？ (A)爆炸 (B)電擊 (C)中毒 (D)感冒。

(　) **15** 電銲工作時穿載皮製手套主要作用是？ (A)保持手部清潔 (B)搬運材料方便 (C)美觀 (D)防止銲渣和弧光灼傷。

第13單元　電銲之基本工作法操作

重點導讀

本單元的重點主要在手工電銲、氬銲與金屬電弧銲三種銲接的基本工作法操作，必須詳細了解此三種銲接方法差異之處，所謂「基本工作法」就是實習課中銲接的操作與加工，起弧及運行是基本功，請同學熟加研讀之。

13-1　手工電銲運行

一、電銲手把的握持

1. 原則上以容易操作，能保持正確電銲條角度，視線清楚即能順利運行為準。
2. 為了使電極把手能很自在的操作起見，宜心情放鬆，輕輕地握住電極把手的握柄。

二、起弧

1. 起弧又稱**引弧**，就是**引燃電弧**。起弧前，須先了解銲接所需電流，**銲接電流是依材料厚度及銲條大小來決定**。
2. 常見電銲的起弧方法有**摩擦法與敲擊法**：
   (1) 摩擦法：電銲條夾持後，傾斜一角度，做弧形運動，使銲條前端劃擦母材表面，當電銲條與母材接觸時隨即產生電弧。所謂電弧長度是指電銲條末端與母材之間的距離，**標準電弧長度一般約等於或略小於銲條直徑**。
   (2) 敲擊法：電銲條垂直方向朝母材碰觸後，馬上拉起一短距離。當電銲條接觸母材表面立即產生電弧，提高後再迅速回復到標準弧長。

三、平銲起弧

1. 依電銲機使用要點，檢查有無漏電危險及自動電擊防止裝置，完成準備。
2. 穿妥防護衣物，清潔母材與銲接工作台。
3. 母材置於工作台上，接地夾夾於工作台。
4. 夾持電銲條、打開電源、調整電流約120A。

5. 坐穩於板凳上，採取正確之平銲姿勢，右手輕握電銲把手。
6. 電銲條尖端移至母材上方約30mm，手持面罩遮好。
7. 依摩擦法起弧法，用手腕動作使銲條前端做弧形運動，迅速摩擦劃母材表面。
8. 起弧後，銲條快速向下壓低至2～3mm。
9. 保持一定高度使電弧持續。
10. 提高銲條，熄滅電弧。
11. 反覆練習起弧、維持電弧與熄滅電弧，使銲條不黏著鋼板為止。

四、平銲基本走銲

1. 起弧後，電銲條朝移行方向傾斜，**約與母材之水平面成**70°～80°，**銲條左右兩側與母材保持**90°。
2. 走銲時，電銲條會慢慢消耗，需緩緩均勻往下遞送，維持固定的電弧長度與電弧穩定。

13-2 氬銲（TIG）運行

一、氬銲（TIG）銲接原理

1. 鎢電極惰性氣體（鈍氣）電弧銲（TIG或GTAW）（Gas tungsten arc welding，簡稱TIG）（又稱惰氣遮護鎢極電弧銲）。
2. TIG使用**不消耗鎢棒**作為電極（含1～2%之釷），對交、直流電皆可適用。以**氬與氦氣遮蔽**為主。
3. TIG常用惰性氣體為氬（Ar）與氦氣（He），又稱**氬銲**。
4. TIG由於不消耗，**需填補銲料或銲條**。
5. TIG銲接鋼、鑄鐵、銅合金、不鏽鋼，宜使用**直流正極（DCSP）聯接法**。
6. 銲接鎂、鋁等合金宜用交流電（AC）。
7. TIG電弧銲接器內備有水冷卻循環（一管入口，另一管為出口）、惰性氣體輸入口、電源線。
8. TIG優點：**不需熔劑、銲條不需被覆塗層。極適於薄片材料之銲接**。

二、氬銲（TIG）銲接設備

1. TIG的銲接設備包括氬銲機、冷卻系統、惰性（鈍氣）氣體、供氣系統、銲槍及鎢極棒等六大部份。

2. 氬銲機通常分為直流型與交直流兩用型銲機。TIG銲接機具備以下功能：

    (1) 銲接方法：交直流手工電弧銲接、直流TIG電弧點銲。

    (2) 電弧控制脈波機：無脈波、低週脈波及中週脈波三種。

    (3) 電源入力與控制：單向／三相共用，起弧電流、收尾電流、電流緩昇及電流緩降之控制機能完全具備。

三、冷卻系統

1. 氬銲銲槍因銲接溫度高，必須使用冷卻水裝置。

2. 若沒有冷卻水供水系統，銲槍電纜膠皮及電力線很容易被燒損，若無水冷裝置（100A以上）必要時亦可採空氣冷卻（100A以下），但不宜長時間使用。

四、供氣系統

1. TIG銲接中，氬氣（Ar）是最被廣泛使用的惰性（鈍氣）氣體，其次是氦氣（He）。

2. 電流接通時，電磁閥開啟使氣體流出；電流切斷時電磁閥自動關閉氣流。其目的是保護熔融狀態之銲道不與外界的空氣接觸而氧化。

五、氣體流量調節器

1. 主要在調整足夠保護鎢極與熔池的惰性氣體，流量錶本身為一玻璃管內含鋼珠，管上劃有刻度，啟動時鋼珠往上跳，讀取刻度數，以判別氣體流量大小。

2. 流量單位為ℓ/min或ft³/hr。

六、氬銲銲槍

1. 銲槍主要用途在於夾持鎢棒輸送電流與氣體至施銲處的裝置。

2. 冷卻方式可分為水冷（100A以上）及空冷（100A以下）兩種。

七、鎢棒的選用與修整

1. 視銲接母材及電流，並將鎢棒頭研磨成**尖錐型或圓型**。
2. 選用直流電必須採用1%釷鎢合金鎢棒（黃色）或2%釷鎢合金鎢棒（紅色），專用於不鏽鋼、銅、合金鋼、碳鋼等。

八、起弧及運行

1. 鎢棒安裝於銲槍，調整鎢極電極伸出的長度約為3～5mm。
2. 進行**引弧銲接**時，將噴嘴前端輕靠母材表面使銲鎗穩定，鎢棒尖端距母材表面約2mm，銲槍與母材角度為20°～30°為宜，如圖所示。

引弧時鎢棒尖端與母材約離2mm

3. 按下銲槍開關引發電弧，在母材與鎢棒間產生電弧，保持適當的電弧長度約2mm，並調整銲槍與母材角度約60°～80°並至銲接起始點形成熔池，接著開始直線運行。
4. 氬銲條熔填於熔池前端邊緣處，熔填的銲道表面高度約為電極的1/2倍，略顯凸度。

13-3 金屬電弧銲（MIG）運行

一、金屬電弧銲（MIG）銲接原理

1. 金屬電極惰性氣體（鈍氣）電弧銲（MIG與GMAW）（Gas metal arc welding，簡稱MIG）（又稱氣體遮護金屬電弧銲）。
2. MIG使用**消耗性金屬**為電極，以低碳鋼為主，常以CO_2遮蔽為主。
3. MIG常用於CO_2遮蔽，廣用於低碳鋼和低合金鋼之銲接，穿透性及接合性優良，故MIG又稱CO_2銲。

4. MIG需使用銲條或銲料，銲條或銲料可由饋送輪自動推送銲料，電弧直接產生於電極上，故熱效率較TIG為高，且工作速度較快，滲透力較大，用途較廣。

5. MIG法主要使用直流電源，且較常使用直流反極（DCRP）聯接法。

6. MIG如用直流正極性接法，並用氬氣保護熔池及電弧則具有其下列優點：具高的熔化率、滲透力較深、熱影響區域狹窄。缺點：電弧不太穩定、熔珠有濺散現象、僅限於鋁、鎂等金屬以外之材料。

7. MIG如用直流反極性接法，亦可用氬（Ar）保護熔池及電弧則電弧穩定，特別適於鋁、鎂、銅及鋼之銲接。

8. MIG優點：銲接迅速、銲接效率大。

二、CO_2銲（MIG）銲接設備

1. MIG銲接設備包括電源機、送線機、銲槍及附屬裝置（如氣瓶、流量計等）。

2. MIG電源機通常為直流定電壓式電銲機，此種電源機自動修正弧長的範圍較廣，與其搭配的送線裝置有電子自動線速調整器。電弧電壓可在電源主機上調整，至於電流大小主要根據送線速度的變化來調整，送線速度慢則電流較小，反之，送線速度快則電流較大。

3. MIG銲槍的消耗性電極（即銲線）係自動輸送，銲線皆以捲捆狀，一般常用之線徑為0.8、0.9、1.0、1.2、1.6mm。

4. MIG銲槍上有一手控開關，前端的氣體噴嘴必須保持清潔；銲線的銲線嘴和噴嘴直徑大小需配合銲線的粗細。

三、MIG銲接電流、電壓及銲接速度關係與設定

1. 銲接中，電流大小、電壓高低以及銲接速度的快慢，都會改變銲道的形狀及滲透情形。

2. 選擇銲接電流的方式，主要根據母材的厚度及銲縫的接合情形而定。

3. 銲接電流主要是依據送線速度的變化來調整，隨著銲線送線速度增加，則銲接電流也相對應地增大，反之，送線速度降低，銲接電流也相對應地減小。

4. 送線速度太快時，電弧短路頻率增加，電弧燃燒時間縮短，電弧電壓下降，銲線來不及熔化而燒紅、折斷、銲縫無法形成。

5. **送線速度**太慢時，銲線成大顆粒的熔融過度，因熔化速度大於銲線送給速度，銲線容易反燒而黏在火嘴上。

四、起弧及收尾

1. 將銲線對準母材欲銲接之點，銲線微微接觸母材，然後戴上面罩按下電流開關，即可成功起弧走銲。
2. 收尾之步驟如下圖所示，先在A處熄滅電弧，待熔融金屬稍微凝固後，在於B、C處斷續引弧填補，直到填滿為止。

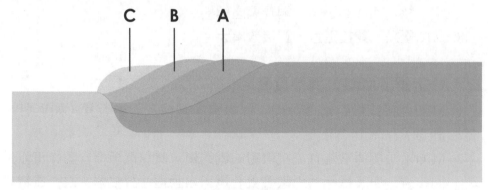

按A→B→C順序作短暫起弧熄滅電弧

收尾之步驟圖

五、銲槍的角度與進行方向

1. 銲槍與母材的角度約70～80度，銲道運行方向分為**前進法**與**後退法**兩種。
2. 採用**前進法**時，熔融金屬被推前方，因此**電弧力不易直接到達母材**，故**滲透較淺、銲道面寬**，噴渣大，較適合實心銲線的CO_2銲線採用。
3. 採用**後退法**時，熔融金屬被推向後方，因此電弧力直接作用於母材，故**滲透深、銲道面高，以及飛濺物減少**，較適合中厚板材用包藥銲線銲法。

前進銲法與後退銲法之比較

特徵	前進銲法	後退銲法
熔填金屬	往前	往後
滲透	滲透淺	滲透深

特徵	前進銲法	後退銲法
遮護效果	較佳	稍差
氣孔	不易產生	易產生
銲道能見度	能見度佳，易於觀察	銲嘴阻擋視線，不易觀察
銲冠高度	銲冠低，銲道成扁平狀	銲冠高，銲道成窄小
打底銲道穩定性	佳	不穩定
銲渣	往前飛濺	飛濺量少

考前實戰演練

( ) **1** 下列何者是常用於直流電銲機電弧產生的方法？ (A)摩擦法 (B)敲擊法 (C)懸空法 (D)碰觸法。

( ) **2** 當銲條碰觸母材，瞬間發生電弧的動作稱為？ (A)偏弧 (B)燒穿 (C)預熱 (D)引弧。

( ) **3** 平銲工作時，銲條與銲接物要成幾度最佳？ (A)30° (B)45° (C)90° (D)120°。

( ) **4** 有關氬銲的說明，下列敘述何者<u>不正確</u>？ (A)鎢極不消耗 (B)交直流電源都適用 (C)以消耗性的銲條為電極 (D)以氬氣為保護氣體。

( ) **5** 氬銲運行操作手把與母材兩邊須保持各幾度？ (A)10° (B)30° (C)60° (D)90°。

( ) **6** 氬銲銲接時，銲把上電極之材料為？ (A)銅 (B)低碳鋼 (C)鎢 (D)鋁。

( ) **7** 最佳電弧長度約為鎢極棒直徑的幾倍？ (A)1.5 (B)3 (C)5 (D)10。

( ) **8** 常用遮護電弧銲中，惰性氣體金屬電極電弧銲接簡稱？ (A)TIG (B)MIG (C)LBW (D)USW。

( ) **9** MIG銲接的極性，通常採用_____以使電弧穩定。 (A)DCRP (B)DCSP (C)AC (D)ACRP。

( ) **10** 前進法銲道能見度： (A)佳 (B)不佳 (C)沒差別 (D)視溫度而定。

( ) **11** 若使用直流電弧銲接機施行電弧銲接時，正極之發熱量約佔總發量之？ (A)$\frac{1}{4}$ (B)$\frac{1}{3}$ (C)$\frac{2}{3}$ (D)$\frac{1}{2}$。

(　　) **12** 銲接工作與水平線成90°的為何種銲接？　(A)平銲　(B)橫銲　(C)立銲　(D)仰銲。

(　　) **13** 銲接時起弧工作下列述訴何者<u>不正確</u>？　(A)可用摩擦起弧　(B)可用敲擊起弧　(C)可直接在工作檯面直接起弧　(D)在廢料工件上起弧。

(　　) **14** 銲接時如銲條與銲接物容易黏在一起，是何種原因？　(A)電弧長度太短　(B)電弧長度太長　(C)電流太大　(D)移動速度太快。

(　　) **15** 銲接工作完成時，應用何種工具取下工件？　(A)用手直接拿下　(B)用皮手套取下　(C)用火鉗夾持　(D)用皮衣包覆取下。

第14單元　電銲之對接操作

重點導讀

整體而言，未來考題仍是以「實務技能」為主，「專業知識」為輔的命題方式，顯然科技大學端非常重視實務技能與專業知識，相信以後的試題還是會以此方式呈現，本單元準備重點在手工電銲、氬銲與金屬電弧銲三種銲接的對接操作，操作要領與注意事項也必須研讀才能獲得高分。

14-1 手工電銲對接操作

一、電銲對接操作要領與注意事項

1. 正確的姿勢

(1) 平銲是最容易操作銲接位置，最困難的是仰銲。

(2) 無論採用何種姿勢，都須保持身體穩定，手持電極把手應輕輕握持。

2. 正確的電流

(1) 電流愈大，銲填速率愈大，但過高的電流，電弧吹弧力大，使得濺渣過多、銲道外觀粗糙且易生氣孔，進而造成母材變形。

(2) 若電流太小，難產生電弧與維持正確的電弧長度，電弧吹弧力小，熔渣與金屬熔液難分離，滲透不良且銲接效率低。

(3) 平銲操作易掌控，可選用較大直徑的銲條和較大的電流，提高效率。

3. 正確的起弧位置

(1) 起弧位置宜在鋼板邊緣後方約10～20mm處，起弧後再移回鋼板起始端進行施銲。

(2) 目的是對母材有預熱效果，且能覆蓋起弧點的痕跡。

4. 標準的電弧長度

(1) 標準的電弧長度能使電弧穩定、飛濺物少，銲道均勻美觀。

(2) 電弧太長易喪失方向性與密集度，熔融金屬易分散、濺渣多、銲道波紋粗糙、滲透率低。

(3) 若弧長太短，電弧不穩定且易短路，銲條經常與母材黏著，銲道寬度不規則、滲透變淺。

5. 正確的銲條角度
(1) 在施銲移動過程，銲條需沿銲接方向傾斜，傾斜角度分為工作角度與移行角度。
(2) **工作角度**就是銲條兩側與銲接平面的夾角，**移行角度**就是銲條沿移動方向傾斜後與母材平面的夾角。
(3) 工作角度偏一邊則會造成熔合不足，移行角度太大會造成夾渣。以平銲而言，**銲條的工作角度為**90°，**移行角度約**70°～80°。
(4) 堆積銲施銲過程中，應將前一道銲渣徹底清除乾淨，再銲下一道，避免夾渣。銲接第二道時，銲條應指向第一銲道並傾斜10°～15°之側角。
(5) 銲接過程銲道寬度需和第一條銲道相互交疊，交疊量約為寬度的1/3。

6. 適當的移行速率
(1) 平銲銲接方向通常都是從左至右，亦可由右至左。
(2) 移行速率因母材種類、銲條形式與銲接電流而異，施銲過程常需視熔池熔化情形及銲道寬度、高度而定。

7. 銲道的接續與收尾
(1) 手工電銲之電銲條為消耗性銲條，銲接過程銲條愈來愈短，當銲條長度約剩餘40～50mm時須熄滅電弧換上新銲條。
(2) 再次施銲時，必須重新起弧使銲道接續下去，在接續過程，銲道不得凹陷或凸起，以免破壞銲道的均勻性，凹陷或凸起情形。

二、銲條運行方式

1. 直線運行法
(1) 銲條在移動方向**直線穩定且均勻**的前進。
(2) 直線運行法是**最簡單**運行方法。

2. 撥動運行法
(1) 銲條沿著施銲方向做縱向來回擺動，施銲中藉著往復撥動的短暫時間移開電弧，避免母材熔穿。
(2) 主要用於**薄金屬板、非平銲位置或底槽**的銲接。

3. 織動運行法

(1) 織動就是銲條沿著銲接方向做橫向交互擺動，目的在堆銲出較寬的銲道，使銲道邊緣獲得良好的熔合。

(2) 織動時，橫向兩側移動速度較慢，中間較快，織動幅度愈大，銲道愈寬，織動寬度以不超過三倍的銲條直徑為原則。

14-2 氬銲（TIG）對接操作

一、TIG銲接操作

1. 銲接前

(1) 清潔材料。

(2) 將劃線後的材料平放於工作台上。

(3) 選用釷鎢電極棒，將未塗色端用砂輪機磨成標準尖錐形。

(4) 選用∅2.4×1000mm氬銲條（不鏽鋼專用）。

(5) 調整銲槍，將**鎢棒伸出氣罩**約5mm。

(6) 調整氬氣壓力1.5～2.0kg/cm^2，流量8ℓ/min。

(7) 調整銲接電流80A，起弧電流30A，收尾電流50A。

(8) 打開冷卻水循環系統。

(9) 將電極極性，切至直流正極性（工件接正極）。

(10) 後吹時間：10～15秒。

2. 銲接操作中

(1) 右手握持銲槍。

(2) 左手持銲條。

(3) 起弧後，**銲槍與母材保持**70°～80°，熔化母材形成熔池，此時銲條與母材成10°～15°作上下移動填加銲條。

(4) 銲條每加一次即產生一個波紋，所以必須有規律的填加銲條才能使銲道波紋整齊均勻。

(5) 銲接終了，可將母材末端銲點**稍作重疊**，確實將熔池之凹坑填滿，再將銲條提高移開，中止電弧。

3. 銲接操作後

(1) 放掉銲槍開關熄滅電弧，確定氬氣已停流。

(2) 檢查銲道是否均勻。

(3) 銲道寬度應控制在6～8mm，高度在1.0～2.0mm。

14-3 金屬電弧銲（MIG）對接操作

一、銲線的種類

1. CO_2銲線可分為**實心銲線**與**包藥銲線**兩種，通常實心銲線的芯線較細，而包藥銲線芯線則較粗。

2. 常見實心銲線的線徑是由Ø0.6mm～Ø2.4mm之間，而包藥銲線徑則在Ø1.2mm～Ø3.2mm之間。

二、MIG銲接注意事項

1. MIG銲線的選用必須配合母材材料之性質，接著再選用**適宜之線徑**。

2. 銲槍的電纜線不可過度彎曲，以防止銲線無法順暢輸送。

3. CO_2銲接時，易產生有毒的一氧化碳，因此通風要良好。

4. 工作場所的風力會吹散電弧保護氣體，銲道容易氧化。

5. 銲接時會飛濺出較多的銲渣及火花，因此施銲時電弧長度盡量縮短，並且選用**定電壓式**之電源機為宜。

6. 銲線嘴應配合銲線直徑大小使用。

7. **電弧電壓**是決定銲道外觀形狀的主因。

三、MIG銲接操作

1. 準備

(1) 清潔材料。

(2) 將劃好線的鋼板平放在工作台上。

(3) 調整銲接電流約180～250A，CO_2流量約15ℓ/min。

(4) 以氣罩口切平，將**銲線伸出約**5～10mm。

2. 作直線銲道

(1) 銲槍與母材保持70°～80°，熔化母材，再以直線的前進方式進行走銲。

(2) 銲接時保持均勻的速度，使銲道達寬度約8～10mm之間，高度約3mm以下。

(3) 銲接終了，可將母材末端銲點稍作重疊，確實將熔池之凹坑填滿，再將銲槍提高移開，中止電弧。

3. 檢查

(1) 銲接完成後待銲道稍微冷卻，用鋼絲刷清除銲道兩側之銲濺物。

(2) 檢查銲道寬度、高度是否均勻合乎要求，有無缺陷。

四、金屬電弧銲銲接變數注意事項，如下表所示

1. 電極與母材間距離太大時，**電弧變大，電弧不安定**。
2. 電極與母材間距離太大時，**電流不會增加，電流與設定有關**。
3. 噴嘴高度太高時，**不影響氣泡問題**，更能清楚看見銲接線。
4. 銲接母材表面油鏽附著量多時，**易產生氣孔**。
5. 銲接速度太慢時，會產生**銲道變寬大，易產生過熔、燒缺**。

金屬電弧銲銲接變數

銲接參數	變數	影響
銲條直徑	太大	銲濺物多、電弧不安定、銲接滲透淺。
電弧長度（電壓）	太長	銲道寬、銲道低、銲濺物顆粒大、銲接滲透淺。
電極母材間距離	太大	電流減小、電弧不安定、電弧長變大、銲接滲透減小。
遮護氣體（CO_2）	流量小、風力強	易產生氣孔。
銲槍角度	逆行時	銲道狹小、銲道高凸、滲透較深
銲接電流	太大	銲接滲透深、銲道寬、銲道高凸、銲濺物少。
銲接速度	太快	銲道狹小、銲接滲透淺、銲道低、易產生過熔、燒缺。
銲嘴高度	太高	銲接線看不見、銲濺物易附著於銲嘴上，無法長時間作業。
母材表面	油鏽附著量多	易產生氣孔。

考前實戰演練

( ) **1** 對接銲時,如果根部沒有間隙,則易產生? (A)搭疊 (B)銲蝕 (C)氣孔 (D)滲透不足。

( ) **2** 平銲對接施銲通常用於厚度多少以下之鋼板? (A)2mm (B)4mm (C)6mm (D)8mm。

( ) **3** 對接銲中,兩母材之間的距離稱為? (A)根面 (B)喉部 (C)趾端 (D)間隙。

( ) **4** 氬銲銲接終了為了確實將熔池凹坑填滿,可將母材末端銲點稍作? (A)提高 (B)下壓 (C)重疊 (D)暫停。

( ) **5** 氬銲操作時,氬氣氣體需多少kgf/cm^2? (A)$1kgf/cm^2$ (B)$3kgf/cm^2$ (C)$5kgf/cm^2$ (D)$7kgf/cm^2$。

( ) **6** 氬銲對接時銲接首先會對工件如何操作,可減少變形和接點跑掉? (A)點銲 (B)直銲 (C)雙面銲 (D)單面銲。

( ) **7** 二氧化碳對接銲接時工件需預留幾度的應變變形量? (A)1° (B)2°～3° (C)3°～5° (D)5°～7°。

( ) **8** 電銲操作較為容易,並可使用較大電流銲接的位置是? (A)平銲 (B)立銲 (C)橫銲 (D)仰銲。

( ) **9** 下列何種現象屬於電弧過短所產生的結果? (A)銲濺物增多 (B)電壓增高 (C)易生銲蝕 (D)易發生黏著而短路。

( ) **10** 銲接速度太快,所造成的缺陷是? (A)滲透不良 (B)搭疊 (C)銲道太高 (D)熱影響區太寬。

※僅收錄機械基礎實習

(　　) **1** 有關手工具的敘述,下列何者正確? (A)小型螺絲起子的規格一般以刀桿直徑大小表示 (B)梅花扳手常使用於內六角螺帽的裝卸工作 (C)鋼錘(硬錘)的規格一般以手柄長度表示 (D)使用扳手拆裝時,施力方向應拉向操作者較為安全。

(　　) **2** 以內徑分厘卡進行量測,如圖所示,正確讀值為多少mm?

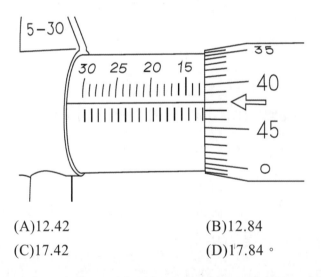

(A)12.42　　　　　　　　(B)12.84
(C)17.42　　　　　　　　(D)17.84。

(　　) **3** 欲在一工件平面上以組合角尺劃一角度線,劃線分解成下列五個步驟:①在工件欲劃線處做記號;②調整組合角尺至所需角度;③手壓緊組合角尺貼緊工件,劃線針往劃線方向劃線;④將工件、組合角尺及平板擦拭乾淨;⑤將組合角尺貼緊於工件之基準邊,下列何種操作順序比較合適?
(A)④→⑤→②→③→①　　(B)②→⑤→①→④→③
(C)①→②→③→④→⑤　　(D)④→②→①→⑤→③。

(　) **4** 有關虎鉗的敘述，下列何者正確？　(A)規格以最大可夾持距離表示　(B)鉗口製成齒型紋路的作用為增加硬度　(C)為增加夾緊工作物的力量，一般可增加套管於手柄上增加力矩　(D)裝置最佳高度約與操作者手臂彎曲後的手肘同高。

(　) **5** 鑽頭鑽削工件的最佳鑽削速度為12m/min，欲以20mm的高速鋼鑽頭鑽削不鏽鋼工件，則主軸轉數約為多少rpm？　(A)190　(B)240　(C)750　(D)1000。

(　) **6** 有關手弓鋸的敘述，下列何者<u>不正確</u>？　(A)鋸切時添加切削劑或潤滑油，可避免鋸屑阻塞並提高鋸切品質　(B)常用的鋸條鋸齒數目規格有14、18、24、32齒等四種　(C)鋸切行程越長，鋸切效率越高，一般應用鋸條長度80%以上進行鋸切　(D)鋸切厚板料，鋸片前傾約10°〜15°可減少鋸切阻力。

(　) **7** 欲使用鉸刀鉸削一直徑10mm的內孔，需先鑽削直徑多大mm的孔？　(A)8.8　(B)9.0　(C)9.8　(D)10。

(　) **8** 有關螺絲攻的敘述，下列何者<u>不正確</u>？　(A)手工螺絲攻一組有三支螺絲攻　(B)螺絲攻是用來製造內螺紋的工具　(C)順序螺絲攻的第二攻切削負荷最小　(D)須依序使用三支等徑螺絲攻來攻盲孔（不通孔）。

(　) **9** 車床刀具溜座組由兩部份組成，其中那一部份包含有縱向進給手輪、橫向自動進給與縱向自動進給機構、螺紋切削機構等機構？　(A)床鞍（Saddle）　(B)床軌（Rail）　(C)床台（Bed）　(D)床帷（Apron）。

(　) **10** 以砂輪研磨車刀，在檢視砂輪外觀、調整扶料架、調整安全護罩後，尚包括下列五個步驟：①開啟電源啟動砂輪機；②清潔砂輪機上的粉塵與切屑；③雙手握著待研磨車刀進行研磨；④如砂輪片有鈍化則使用修整器修銳；⑤關閉砂輪機電源，下列何者為五個步驟正確的操作順序？
(A)①→②→④→③→⑤　　(B)①→③→④→②→⑤
(C)①→④→③→⑤→②　　(D)①→②→⑤→③→④。

( ) **11** 如圖所示高速鋼外徑車刀的幾何形狀,下列何者為各刃角正確的對應名稱?

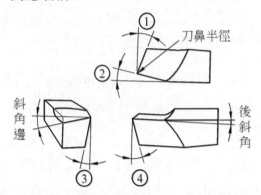

(A)①刀端角;②切邊角;③邊間隙角;④前間隙角
(B)①切邊角;②刀端角;③前間隙角;④邊間隙角
(C)①前間隙角;②邊間隙角;③切邊角;④刀端角
(D)①邊間隙角;②前間隙角;③刀端角;④切邊角。

( ) **12** 外徑車削時,工件直徑變成原來的2倍,但車床主軸的轉數維持不變,則新的切削速度會變成原來的多少倍? (A)0.5 (B)1 (C)2 (D)4。

( ) **13** 某公司生產二類機件,甲類:不需配合機件之公差;乙類:精密規具之公差;配合二種不同公差等級:第一級:IT01~IT4;第二級:IT5~IT10,下列何種選用方式較適合? (A)甲類:第一級 (B)乙類:第一級 (C)甲類:第二級 (D)乙類:第二級。

( ) **14** 一般機械加工程序,從詳閱工作圖、選擇適當尺寸的材料,直到完成製品,尚包括四項工作:①決定加工方法與步驟;②檢測與組合;③加工基準面;④劃線與加工,下列何者為此四項工作的正確順序? (A)①→②→③→④ (B)①→③→④→② (C)①→②→④→③ (D)①→④→②→③。

109年 統一入學測驗

※僅收錄機械基礎實習

( )　**1** 以手攻進行通孔、盲孔之攻螺紋的敘述，下列何者正確？　(A)攻螺紋後，兩者均應使用銼刀去除毛邊　(B)若使用增徑螺絲攻，不論通孔或盲孔，三支螺絲攻均應依序使用　(C)攻牙過程中，均應使用角尺檢查螺絲攻是否平行於工件　(D)兩者均應先鑽孔，且鑽孔直徑為螺紋內徑減去節距（螺距）。

( )　**2** 以車床自動化車削圓形工件外螺紋時，下列何種車床構造不會被使用？　(A)導螺桿　(B)尾座手輪　(C)刀具溜座　(D)主軸齒輪。

( )　**3** 有關車床尾座的敘述，下列何者不正確？　(A)裝置鑽夾與鑽頭可用以鑽中心孔或攻螺紋　(B)調整螺絲可用以偏置或對正尾座與主軸之中心　(C)尾座有橫（徑）向進給手輪提供尾座前進　(D)須先鬆開固定（桿）把手方可調整尾座位置。

( )　**4** 有關車刀做橫向（徑向）進刀時，下列何者可引導切屑流動方向與斷屑，以及增加刀端角刃口鋒利度之用？　(A)後斜角　(B)邊斜角　(C)邊間隙角　(D)前間隙角。

( )　**5** 某生用量角器量得高速鋼外徑車刀的前間隙角為10°，如果此車刀的刃高為20mm、刃寬為10mm，則以直角規接觸刀尖，如右圖所示，直角規與車刀放置於平台以量測間隙，則底部間隙約為多少mm？（註：$\sin 10°=0.173$、$\tan 10° = 0.176$）

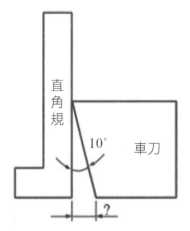

(A)3.46　　　　　　　(B)3.52

(C)1.73　　　　　　　(D)1.76。

（　　）　**6** 以高速鋼（HSS）、碳化鎢兩種車刀，車削軟鋼之建議切削速度（m/min）為：
條件一：HSS粗車速度為18～30；
條件二：HSS精車速度為30～60；
條件三：碳化鎢粗車速度為60～100；
條件四：碳化鎢精車速度為100～160。
某生依上述建議選用車床轉數1200rpm，車削半徑10mm的軟鋼，下列何者為該生的切削條件？
(A)條件一　　　　　　　　　(B)條件二
(C)條件三　　　　　　　　　(D)條件四。

（　　）　**7** 規劃合適的加工程序，下列敘述何者<u>不正確</u>？　(A)須考量製品形狀及公差　(B)應降低成本及減少加工時間　(C)可以任意變換加工基準面　(D)考量進料、加工、量測及品管。

（　　）　**8** 有關鉗工工作的敘述，下列何者<u>不正確</u>？　(A)識圖能力為鉗工工作的基本技能　(B)車床為鉗工工作常用的簡單機械　(C)虎鉗為鉗工工作中用於夾持工件之主要工具　(D)零件組裝及設備維修均屬於鉗工工作範圍。

（　　）　**9** 有關指示量錶的敘述，下列何者正確？　(A)指示量錶測軸應與測量面保持約45°的夾角以提高量測精度　(B)配合磁力量錶架使用時，為避免干涉，測桿應儘量伸長　(C)指示量錶主要用於工件真平度、平行度及真圓度等的量測　(D)指示量錶為精密工件的主要量具，可精準量測工件尺寸。

（　　）　**10** 有關劃線工具的使用方法，下列何者<u>不正確</u>？　(A)為保持精度，劃線完成後可直接在平板上進行中心沖敲打工作　(B)分規的規格以能張開的最大距離表示，為等分距離的工具　(C)不規則工件可配合C型夾、V枕或角板等工具來輔助劃線　(D)平板是劃線工作的基準平面，主要用來支持劃線工具及材料。

（　　）　**11** 有關銼削工作的敘述，下列何者<u>不正確</u>？　(A)虎鉗為固定工作物的主要工具，其規格以鉗口寬度表示　(B)銼刀主要以銼刀長

度、切齒形式及斷面形狀等作為分類依據　(C)以紅丹油檢查工件平面度，觀察沾有紅丹油的部分為工件凹陷處　(D)為得到較佳的工件銼削表面粗糙度，可於銼刀面塗上粉筆。

(　) **12** 有關手弓鋸鋸切方法的敘述，下列何者正確？　(A)鋸切長工件，為避免鋸架與工件干涉，宜將鋸片垂直於鋸架安裝　(B)鋸切薄圓管時應一次鋸斷，鋸切阻力小且鋸切效率高　(C)為避免鋸切時鋸架撞擊工件，一般鋸切行程不超過鋸條長度60%　(D)鋸切的主要步驟順序為工件夾緊於虎鉗→劃線→起鋸→鋸切。

(　) **13** 有關鑽床種類與規格的敘述，下列何者正確？　(A)旋臂鑽床的規格一般以床台的尺寸大小來表示　(B)一般靈敏鑽床主軸轉數變化由變速齒輪箱控制　(C)靈敏鑽床有自動進刀機構，而立式鑽床則無　(D)鑽床除了進行鑽孔外，亦可做鉸孔、攻螺紋等工作。

(　) **14** 有關鉸孔加工的敘述，下列何者正確？　(A)鉸刀鉸削目的為擴大鑽削的孔徑，以補足鑽頭規格不足的狀況　(B)鉸孔加工完成後，為順利退刀，需將鉸刀慢速反轉退出　(C)手工鉸刀的材質一般為高速鋼，刀柄柄頭則為方柱形　(D)機械鉸削應儘量用高轉數，可確保孔壁光滑且光亮。

110年 統一入學測驗

※僅收錄機械基礎實習

(　　) **1** 下列何種銼刀切齒形是銼削鋁材最佳選擇？
(A)雙切齒　　　　　　　　(B)棘切齒
(C)曲切齒　　　　　　　　(D)單切齒。

(　　) **2** 低碳鋼料上採機器鉸孔時，下列操作方式何種較不易損傷鉸刀？
(A)慢速正轉進刀與主軸停止退刀
(B)慢速正轉進刀與慢速反轉退刀
(C)慢速正轉進刀與快速反轉退刀
(D)慢速進刀與退刀同一轉向。

(　　) **3** 關於鑽削之敘述，下列何者不正確？
(A)當鑽頭直徑大於13mm時，需將工件以虎鉗夾持後鎖固在床台
(B)鑽頭直徑愈大，進刀量愈小
(C)鑽削薄板時，可於薄板下方放置木材或軟金屬等材料，以利於加工
(D)鑽大孔之前，先用小鑽頭鑽削一個導引孔，可降低鑽削阻力。

(　　) **4** 關於夾頭的種類與功用，下列何者正確？
(A)三爪夾頭的夾持力較四爪夾頭的夾持力強
(B)三爪夾頭適用夾持方形工件
(C)四爪夾頭適用於不規則形狀及偏心工件的夾持
(D)使用雞心夾頭時，工件兩端無需鑽中心孔，即可進行車削。

(　　) **5** 使用游標卡尺量測圓棒外徑尺寸，在游標卡尺上，本尺刻度每格1mm單位長，取本尺39mm單位長，在游標尺刻度長等分為20個刻度，則量出尺寸之讀數，下列何種尺寸之讀數較符合該游標卡尺之量測值？
(A)13.01mm　　　　　　　(B)13.00mm
(C)13.005mm　　　　　　(D)13.02mm。

( ) **6** 關於鑽頭之各部位功能的敘述，下列何者<u>不正確</u>？
(A)靜點愈大，軸向進刀阻力愈大
(B)鑽削不鏽鋼件比鑽削銅件，必須使用較大的螺旋角
(C)鑽削一般鋼件比鑽削鋁件，必須使用較大的鑽唇角
(D)鑽削鋁件比鑽削一般鑄鐵件，必須使用較大的鑽唇間隙角。

( ) **7** 關於手弓鋸條規格「300×12.7×0.64－32T」之敘述，下列何者正確？
(A)適合鋸切薄鋼板或厚度較薄的管材
(B)齒距大約0.64mm
(C)全長齒數共有32齒
(D)每100mm鋸長含有的鋸齒齒數是32齒。

( ) **8** 下列幾何公差符號中，何者屬於定位公差符號？
(A)圓柱度 /〇/   (B)同心度 ◎
(C)垂直度 ⊥   (D)曲面輪廓度 ⌒。

( ) **9** 關於螺絲攻的敘述，下列何者正確？
(A)增徑螺絲攻係以三支一組，其中第一攻切削負荷為55%
(B)等徑螺絲攻係以三支一組，其中第一攻前端有3～5牙倒牙
(C)手工螺絲攻之槽的功能為形成刀口、容納切屑及切削劑
(D)增徑螺絲攻係以三支一組，其中第三攻外徑最大，用來作引導切削。

( ) **10** 關於螺絲攻的種類與規格，下列何者正確？
(A)螺絲攻一般由高速鋼及合金工具鋼等材料製造，經熱處理後，再研磨而成
(B)螺絲模為攻內螺紋，螺絲攻為攻外螺紋
(C)公制螺絲攻的表示法為：M螺紋底徑×全長材質
(D)英制螺絲攻的表示法為：螺紋底徑－每吋牙數及螺牙系列材質。

( ) **11** 關於車刀的材質與種類的敘述，下列何者正確？
(A)P類碳化物刀具適合用於會形成連續性切屑的材料，如鋼及合金鋼等
(B)陶瓷刀具係利用粉末冶金技術燒結而成，具有良好的抗壓能

(B)陶瓷刀具係利用粉末冶金技術燒結而成，具有良好的抗壓能力及耐磨性，故適合連續性切削

(C)高速鋼車刀於車削溫度達500°C時，就會發生回火軟化的現象

(D)鑽石刀具因鑽石材質極硬，所以適用於慢速重切削方式。

( ) **12** 關於公差與配合，下列何者正確？

(A)國際標準組織將公差分為20個等級，其中IT5～IT10為規具公差

(B)大寫字母代表軸偏差，A～G代表正偏差

(C)過盈配合即孔的尺寸大於軸的尺寸，需加壓才能配合

(D)圓棒的圖面標註中，其真圓度為幾何公差，內徑及外徑為尺寸公差。

( ) **13** 操作車床時，有關安全注意事項，下列何者正確？

(A)可戴手套操作，並配戴合格護目鏡，且著輕便工作服

(B)工件加工完成，主軸停止時，可徒手處理切屑

(C)把加工完成後的工件卸下後，為了使用方便，可將夾頭扳手留在夾頭上

(D)工件加工完成，主軸停止時，可量測工件尺寸。

( ) **14** 車削加工時，下列何者正確？

(A)粗車削時，為了提高金屬移除率，可採減少切削深度，提高主軸轉速的方式進行車削

(B)粗車削高碳鋼材料時，進給速度要比低碳鋼慢

(C)當車削工件表面粗糙度要求愈高時，其進給速度應愈快，而切削深度應愈深

(D)車削工件時，先車端面的目的為讓工件漂亮好看。

111年　統一入學測驗

※僅收錄機械基礎實習

▲閱讀下文，回答第 1～2 題

某學生在進行校外實習時，選擇到一飛機修護廠學習，廠內師傅要求協助修復某合金板之零件，該生準備氣冷式銲炬TIG銲機，保護氣體鋼瓶與純鎢棒電極，請問：

( )　1　使用純鎢棒電極修復鋁合金板時，請問鎢棒端頭的塗色為什麼顏色？
(A)綠　　　　　　　　　　(B)黃
(C)紅　　　　　　　　　　(D)棕。

( )　2　關於氬銲銲接的敘述，下列何者正確？
(A)氬銲銲接因為使用鎢棒電極，所以是一種消耗性電極的銲接方法
(B)使用惰性保護氣體，提升高溫時銲道與空氣中的氧和氮反應增加韌性
(C)一般適用於軟鋼板、鋁、不鏽鋼、鈦合金及合金鋼等薄板金屬材銲接
(D)常見施工電流100A以下使用水冷式銲炬，100A以上使用氣冷式銲炬。

( )　3　安裝砂心時，當模穴較大且形狀較薄，缺乏足夠的結構強度支持砂心，為了避免合模時壓壞砂心或澆鑄時發生偏移，常用下列何種配件承托與定位砂心？
(A)砂心盒　　　　　　　　(B)砂心座
(C)砂心骨　　　　　　　　(D)砂心撐。

( )　4　關於鉸孔及攻螺紋的敘述，下列何者不正確？
(A)左螺旋刃鉸刀會使切屑向下排出，可減少切屑刮傷孔壁
(B)通孔的攻牙工作，不可只用增徑螺絲攻第三攻一次完成
(C)螺絲攻每旋轉一圈，須反時針轉1/4圈，以利切屑斷落
(D)鉸孔加工可改善孔的表面光滑度、正位度及提升真圓度。

( )　**5** 關於造模用工具搗砂鎚的敘述，下列何者正確？
(A)又稱砂樁、砂衝子主要用來將模砂搗緊實，讓砂模能具備適當的強度與硬度
(B)一般來說，搗砂鎚可以分為手動式及電動式，又可再細分為窄柄與寬柄兩種
(C)造模時，先用平頭搗鎚將砂模底部模砂搗實
(D)搗砂先由砂箱中心開始，漸漸地向邊緣捶製。

( )　**6** 關於鑄砂成份與種類的敘述，下列何者正確？
(A)模砂以二氧化矽砂為主，矽砂本身有黏結能力
(B)基砂可區分成二氧化矽砂與非二氧化矽砂兩種
(C)鋯砂、鉻砂、橄欖砂、石英砂等都屬於天然砂
(D)山砂主要成分為石英、長石，約含25 %以上黏土。

( )　**7** 若要進行一般軟鋼厚板平銲對接的手工電銲操作，請問第一層打底時，為使滲透力提高，應選用下列何種銲條？
(A)E3401　　　　　　　(B)E4303
(C)E4311　　　　　　　(D)E4313。

( )　**8** 以游標式高度規進行畫線時，其步驟包括：
① 將游尺移動至概略高度
② 將劃刀測量面接觸平板面做歸零檢查
③ 鎖緊滑塊固定螺絲
④ 鎖緊游尺固定螺絲
⑤ 轉動微調鈕至指定高度
下列程序何者正確？
(A)② → ① → ③ → ⑤ → ④
(B)② → ① → ④ → ③ → ⑤
(C)② → ③ → ① → ④ → ⑤
(D)② → ③ → ⑤ → ① → ④。

( )　**9** 關於平面銼削的敘述，下列何者<u>不正確</u>？
(A)銼削過程中應藉由身體的前傾來推送銼刀
(B)推銼法常用雙銼齒銼刀適於精銼面細長的工件

(C)銼削站姿高度須使手肘與虎鉗同高以保持銼刀平行

(D)細銼平面應從材料長邊方向銼削以增加材料相接觸面積。

(   ) **10** 關於精車階級外徑及長度的加工程序，包含：

①車削大外徑

②車削端面

③車削小外徑

④車削階級端面

下列何者為車削正確的步驟？

(A)② → ④ → ③ → ①

(B)② → ④ → ① → ③

(C)③ → ② → ④ → ①

(D)③ → ① → ② → ④。

(   ) **11** 關於基本工具及量具使用的敘述，下列何者正確？

(A)游標卡尺測量階級時，應使用深度測桿，且測桿應和工件垂直

(B)槓桿量錶的測軸應與工件測量面垂直，以利減少產生餘弦誤差

(C)指示量錶係將測軸直線運動變為迴轉運動，常用於平行度量測

(D)使用活動扳手時應朝活動鉗口方向施力，以使其承受較大力量。

(   ) **12** 如下圖所示，關於金屬電弧銲（MIG）銲接變數的敘述，下列何者正確？

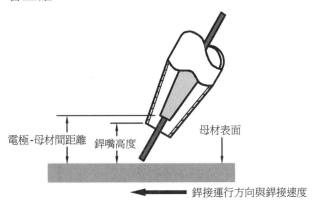

(A)電極與母材間距離太大時，電流增加，電弧變大，電弧不安定

(B)噴嘴高度太高時，易產生氣泡，看不見銲接線

(C)銲接母材表面油鏽附著量多時，易產生氣孔

(D)銲接速度太快時，銲道寬大，易產生過熔、燒缺。

( )　**13** 關於車床與其基本操作的敘述，下列何者正確？

(A)床台多以白鑄鐵鑄成，其台面表層需實施硬化處理及研磨加工

(B)一般車削加工時，自動進給操作桿不應撥放於空檔位置

(C)尾座可協助工件進行鑽孔、攻螺紋、支撐及車削錐度等工作

(D)刀塔夾爪上的方牙螺桿，應上油維護以達到保養的效果。

( )　**14** 關於銲接工作的敘述，下列何者<u>不正確</u>？

(A)手工電銲作銲道接續時，須從銲道末端所留下的熔坑前方約10～15 mm處引弧

(B)氬銲銲接結束時，為了保護熔池，通常有保護氣體後流時間且依電流大小調整

(C)MIG銲接施銲前，可在銲鎗噴嘴噴沾抗渣劑，以降低噴渣沾黏噴嘴的機率

(D)MIG銲接時，銲鎗用後退法進行銲鎗織動，適合實心銲線的CO_2銲接使用。

( )　**15** 關於熔解與澆鑄的敘述，下列何者正確？

(A)鑄鋼可直接置於鐵熔鍋中，使用炭爐或煤氣爐即可進行熔解

(B)坩鍋爐主要目的為用來熔煉鋁、鋅及銅等低熔點的非鐵金屬

(C)熔鐵爐製造鑄鐵時，大約是以6：1的比例來添加生鐵及焦炭

(D)鼓風爐製造生鐵時，添加石灰石、焦炭、鐵礦石的比例為1：1：1。

( )　**16** 關於鑽頭與鑽床的敘述，下列何者正確？

(A)使用退鑽銷卸下錐柄鑽頭或鑽頭夾頭時，退鑽銷的平面需朝向鑽頭方向

(B)鑽床調整轉速時，皮帶移動的順序是以小皮帶輪調整至大皮帶輪為原則

(C)鑽唇角為鑽槽及圓錐形狀相交而成，適用於一般鋼材的鑽頭
鑽唇角為108°
(D)以鑽頭直徑10mm，進給率0.1m/min，完全鑽穿厚度10mm工
件，約需8秒。

112年 統一入學測驗

( )　**1** 有關量具的原理與使用之敘述，下列何者正確？
(A)游標卡尺刻度設計中，若本尺每刻度為1mm取39等分作為游尺20等分時，可得到最小讀數為0.02mm
(B)一分厘卡的製作，選擇主軸螺紋節距為0.5mm，若分厘卡的精度為0.01mm，則分厘卡外套筒的圓周刻度為100等分
(C)萬能量角器游標刻度設計中，若主圓盤的每一個刻劃為1°，則游標刻度取主圓盤之23刻度之弧度等分為12刻度時，可得到最小讀度為5分
(D)正弦桿兩圓柱中心距離為100mm，正弦桿與工作平板間夾一角度30°，若圓柱一端置於平板上，則墊於另一端圓柱下方塊規的高度為100cos 30°mm。

( )　**2** 有關銼刀種類與使用方法之敘述，下列何者不正確？
(A)單銼齒銼刀之銼齒角度一般與銼刀邊緣成65°～85°，適用於精銼削
(B)推銼法較適於狹長面銼削，常用單銼齒銼刀以獲得較佳表面粗糙度
(C)雙銼齒銼刀之右切齒與銼刀邊成70°～80°，銼齒較細且淺具排屑作用
(D)銼削時，銼刀面塗粉筆可使切屑易脫落，以獲得較佳的表面粗糙度。

( )　**3** 如圖所示右手握銼刀柄，左手握銼刀前端，銼削過程中，保持水平推出銼刀，下列各段（①為前段、②為中段、③為後段）銼削給予銼刀之右手與左手壓力分配百分比何者正確？
(A)①約30：70、②約50：50、③約70：30
(B)①約30：70、②約70：30、③約50：50
(C)①約70：30、②約50：50、③約30：70
(D)①約70：30、②約30：70、③約50：50。

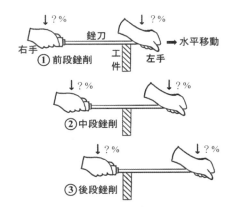

(　)　**4** 有關劃線工作之敘述，下列何者正確？
(A)花崗石平台採用花崗岩石材經鏟花製程而成，常用於量測室
(B)中心衝的尖端角度約30°～60°，可製出凹痕，在線上做記號
(C)利用組合角尺之直尺與角度儀組合，可劃平行線或量測角度
(D)高度規可做精密劃線工作，其劃刀為鎢鋼材質，質硬耐碰撞。

(　)　**5** 有關螺絲攻與攻螺紋加工之敘述，下列何者<u>不正確</u>？
(A)攻螺紋時，螺絲攻需後退之目的是為了切斷切屑
(B)增徑螺絲攻第三攻外徑與切削負荷較第一、二攻大
(C)等徑螺絲攻第三攻可使螺絲攻儘量攻到不通孔底部
(D)攻M9×0.75螺紋，採約75%接觸比，攻螺紋鑽頭直徑應為8.3 mm。

(　)　**6** 有關車床基本操作之敘述，下列何者正確？
(A)車削中為避免遭噴出的鐵屑燙傷，應戴手套並穿長袖衣服
(B)操作變速桿，以左手扳動變速桿，同時右手微轉車床夾頭
(C)刀架板手可套上套管施力，以鎖緊車刀與車刀下方的墊片
(D)夾爪上的方牙螺桿應加潤滑油，以防生鏽造成無法夾緊工件。

(　)　**7** 有關以砂輪研磨碳化鎢外徑車刀之敘述，下列何者正確？
(A)研磨刀片各刃角，應以綠色碳化矽之砂輪研磨
(B)砂輪之刀具扶料架與砂輪面之間隙應調整約8~10 mm
(C)為方便觀察斷屑槽之寬度與深度，應以砂輪側面磨削
(D)手握刀柄研磨刀片時，手感覺太燙，應立即將刀片浸水冷卻。

(　　) **8** 有關外徑車削之敘述，下列何者<u>不正確</u>？
(A)車床縱向進給率5mm/rev，主軸轉速500rpm，欲車削長度50mm，則所需車削時間約1.2sec
(B)車床橫向手輪刻度標示每格∅0.04mm，若工件直徑由40mm要車削至38mm，則要進50格
(C)車削速度為12m/min，欲車削直徑50mm之工件，則車床主軸轉速應為600rpm
(D)車削時若需以潤滑為主的加工，切削劑調配比例，太古油比自來水約1：10～1：20。

(　　) **9** 有關階級車削操作之敘述，下列何者正確？
(A)測量尺寸前應先去除毛邊
(B)一般精車削使用較大的進給率
(C)一般粗車削使用較高的切削速度
(D)外徑及長度量測工具常選用分厘卡。

(　　) **10** 有關鑄造安全之敘述，下列何者<u>不正確</u>？
(A)澆斗使用前應確實烘乾
(B)熔解爐地面四周應保持乾燥
(C)操作轉動機具應配載防滑手套
(D)存放易燃氣體應安置於通風場所。

(　　) **11** 有關鑄砂特性之敘述，下列何者正確？
(A)鑄砂顆粒愈粗，耐火性愈差
(B)鑄砂顆粒愈粗，透氣性愈好
(C)鑄砂顆粒愈粗，砂模強度愈佳
(D)鑄砂顆粒愈粗，鑄件表面愈細緻。

(　　) **12** 有關整體模型砂模製作過程之敘述，下列何者<u>不正確</u>？
(A)模型表面先覆蓋面砂，再填加背砂
(B)搗砂過程一般順序由外緣向內搗實
(C)完成合模記號後，再進行插置通氣孔
(D)水刷濕潤砂模後，再使用起模針起模。

(　) **13** 有關鑄造用砂心特性之敘述，下列何者正確？
(A)乾砂心精度通常比濕砂心高
(B)乾砂心強度通常比濕砂心低
(C)乾砂心製作常與模型一起完成
(D)乾砂心常使用相同的模砂完成

(　) **14** 利用手工電銲進行鋼板銲接，若選用電銲條直徑 3.2 mm，下列電
銲操作條件何者最正確？
(A)電流30 A進行平銲　　　　(B)電流40 A進行橫銲
(C)電流60 A進行平銲　　　　(D)電流70 A進行橫銲。

(　) **15** 有關氬銲（TIG）進行起弧銲接如圖所示，其中①為鎢棒與母材
距離、②為銲槍與母材角度，下列何者操作條件最正確？
(A)①為約 1 mm、②為5°～ 10°
(B)①為約 1.5 mm、②為10°～ 15°
(C)①為約 2 mm、②為20°～ 30°
(D)①為約 4 mm、②為30°～ 40°。

(　) **16** 有關CO_2銲接(MIG)運行方式採用前進法時，其銲接特徵與後退法
相較之敘述，下列何者正確？
(A)銲冠較高　　　　　　　(B)銲道較窄小
(C)銲渣飛濺較少　　　　　(D)遮護效果較佳。

(　) **17** 有關手工電銲進行平銲採取織動法，如圖所示，①為工作角度、
②為移行角度，下列何者操作條件最正確？
(A)①為90°、②為70°～ 85°
(B)①為100°、②為50°～ 65°
(C)①為110°、②為40°～ 55°
(D)①為120°、②為30°～ 45°。

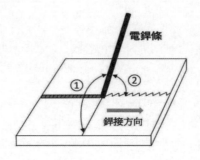

▲閱讀下文，回答第18～20題

CNC加工廠品管工程師主要負責產線零件抽檢與品質分析。近期，現場即將投產一量產零件，該零件中有一孔尺寸為∅8.3±0.05（單位：mm），該工程師要以塞規來作現場檢測用，並繪製一張塞規圖面，如圖所示，以提供廠商製造。

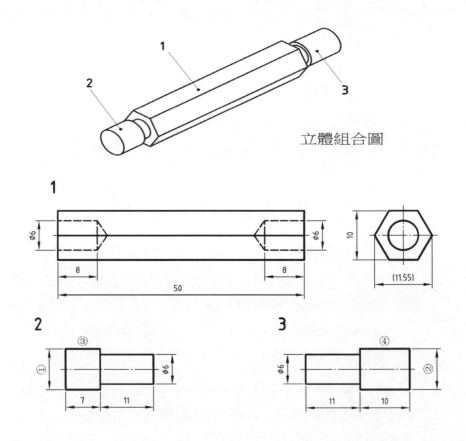

立體組合圖

(　) 18 如圖所示中①與②處之公稱尺寸分別為何？
(A)∅8.275與∅8.325　　　　(B)∅8.25與∅8.35
(C)∅8.35與∅8.25　　　　　(D)∅8.30與∅8.35。

(　) 19 圖面中③與④處的外徑表面粗糙度為Ra 0.8，其圖面表面織構符
號何者正確？

(A) Ra 0.8　　　　(B) Ra 0.8

(C) Ra 0.8　　　　(D) Ra 0.8

(　) 20 工程師要在品質會議簡報上，呈現該檢測孔每天不合格件數圖，
使用下列何種類型管制圖表示最正確？

(A)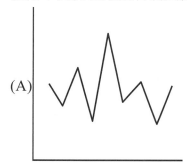

(B)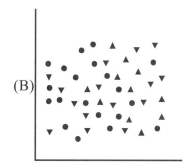

(C)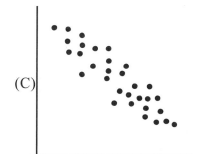

(D)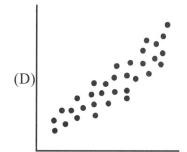

113年 統測《機械基礎實習》試題與解析

( ) **1** 使用游標卡尺量測一工件的孔深、內徑、槽寬及階級，經5次量測結果如表所示，應選擇下列何者數值作為測量結果最合適？　(A)孔深：23.28mm　(B)內徑：10.06mm (C)槽寬：9.00mm　(D)階級：4.92mm。

量測次數	孔深 (mm)	內徑 (mm)	槽寬 (mm)	階級 (mm)
第 1 次量測	23.30	10.02	8.98	4.88
第 2 次量測	23.24	10.04	9.00	4.90
第 3 次量測	23.28	10.00	9.02	4.92
第 4 次量測	23.28	10.06	8.98	4.86
第 5 次量測	23.26	10.04	9.02	4.88

( ) **2** 若銼削鋁或銅等軟金屬，應選用下列何種齒形的銼刀最合適？

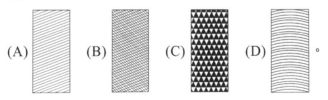

(A)　　(B)　　(C)　　(D)　　。

( ) **3** 以手弓鋸鋸切外徑10mm，厚度1.0mm的SAE4025空心鋼管，選用下列何種規格之鋸條最合適？　(A)300×2×2.56－14T　(B)300×4×5.12－18T　(C)300×0.6×12.8－24T (D)300×12×0.64－32T。

( ) **4** 鑽削時對鑽頭的選擇，下列敘述何者正確？ (A)鑽削S45C鋼材應選用鑽唇角30°的鑽頭 (B)紅銅進行4mm小圓孔鑽削，可選用直槽鑽頭 (C)手工鉸削孔徑10mm孔時，鑽孔應選用直徑10mm之鑽頭 (D)攻製75%的M12×1.5的內螺紋，應選用直徑13.5mm之鑽頭鑽孔。

( ) **5** 今有8種待加工項目：①切斷、②錐度、③螺紋、④方孔、⑤壓花、⑥齒形、⑦內孔、⑧鍵槽，哪些項目適合以傳統車床進行？
(A)①、②、③、⑤、⑦ (B)①、④、⑤、⑥、⑦
(C)②、③、④、⑥、⑧ (D)②、③、⑥、⑦、⑧。

( ) **6** 以鎢系18-4-1型之高速鋼外徑車刀車削SAE1030鋼材，採用下列何種車刀刃角組合最合適？
車刀刃角名稱：a. 前間隙角、b. 後斜角、c. 邊斜角、d. 刀端角、e. 切邊角
車刀刃角角度：① –10°、② –8°、③ 8°、④ 10°、⑤ 12°、⑥ 15°、⑦ 20°、⑧ 60°
(A)a-①、b-③、c-⑤、d-⑦、e-⑧
(B)a-②、b-④、c-⑥、d-⑦、e-⑧
(C)a-③、b-⑤、c-⑤、d-⑥、e-⑦
(D)a-⑧、b-⑤、c-⑥、d-⑦、e-②。

( ) **7** 下列4種孔與軸尺寸的配合，哪幾項為餘隙配合？
①φ20H7/r6、②φ20H8/f7、③φ20H8/s7、④φ20H9/d9
(A)①、③ (B)②、④ (C)①、④ (D)②、③。

(　　) **8** 某車床的轉速檔有：①檔250rpm、②檔500rpm、③檔750rpm、④檔1000rpm。若車削外徑40mm之SCM420鋼材，車削速度約為62.8m/min，應採用哪一個檔位較合適？（π=3.14）　(A)①　(B)②　(C)③　(D)④。

(　　) **9** 有關階級桿車削七項步驟中（①階級粗車、②倒角與毛邊修整、③工件夾持、④端面精車、⑤校正中心、⑥階級精車、⑦端面粗車），下列何者為最適當之加工順序？
(A)③→⑤→①→⑦→⑥→④→②　(B)③→⑤→⑦→①→④→⑥→②　(C)③→⑤→⑥→⑦→④→①→②　(D)③→⑤→④→⑦→⑥→①→②。

(　　) **10** 有關各鑄模部位及其對應的功能組合如下表所示，下列何者正確？

代碼	鑄模部位名稱	代碼	部位功能
①	澆池	a.	阻隔浮渣進入模穴
②	冒口	b.	降低金屬熔液流動渦流
③	鑄口	c.	排除模穴內的高溫氣體
④	溢放口	d.	補充鑄件收縮時所需金屬熔液

(A)① -a、② -d、③ -b、④ -c (B)① -c、② -b、③ -d、④ -a
(C)① -b、② -a、③ -d、④ -c (D)① -d、② -b、③ -c、④ -a。

(　　) **11** 鑄造造模作業過程中會使用的工具有：①起模針、②水刷、③砂篩、④鏝刀，則下列何者為正確的使用順序？　(A)①→②→③→④　(B)③→②→④→①　(C)③→④→②→①　(D)④→③→①→②。

(　　) **12** 有關電銲過程中，常見的操作問題及所產生銲道異常狀況
的對應組合如下表所示，下列何者正確？

代碼	常見的操作問題	代碼	常見的銲道異常狀況
①	電流過大	a.	濺渣過多
②	移行速率過慢	b.	夾渣現象
③	電弧弧長過短	c.	銲條與工件易黏著
④	移行角過大	d.	銲道高度過高

(A)① -a、② -b、③ -c、④ -d (B) ① -c、② -b、③ -d、④ -a
(C)① -d、② -b、③ -c、④ -a (D)① -a、② -d、③ -c、④ -b。

▲閱讀下文，回答第 **13~15** 題

某鑄造廠主要產品為球墨鑄鐵水溝蓋，接獲每年 30 萬片訂單，該產
品含有 12 個同尺寸的矩形孔，其整體尺寸如下圖所示：

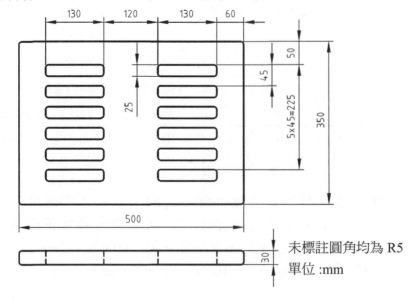

未標註圓角均為 R5
單位 :mm

(　　) **13** 該訂單鑄造用模型製作以下列何者最佳？　(A)蠟模　(B)鋁模　(C)石膏模　(D)保麗龍模。

(　　) **14** 如上圖水溝蓋之500mm長邊，在製作鑄造模型時，考慮收縮裕度，此模型長邊尺寸應為多少mm？　(A)475　(B)490　(C)505　(D)525。

(　　) **15** 為使鑄造後之水溝蓋與基座設置緊密，須於鑄造後再進行銑削加工，下列何種刀具不適合用在該銑削加工上？　(A)鑽石刀具　(B)氮化鈦披覆刀具　(C)高速鋼刀具　(D)K類碳化物刀具。

解答與解析　答案標示為#者，表官方曾公告更正該題答案

1 (B)。 游標卡尺測量時，內徑：取極大值。孔深、槽寬、階級：取極小值。

2 (D)。 曲切齒適於銼削軟金屬，如黃銅、鉛等銼削。

3 (D)。 32齒/25.4mm適於鋸切#18以下的薄鋼板、小鐵管、硬或強韌及斷面小的材料。

4 (B)。 (A)一般鑽削鋼料其鑽頭鑽唇角為118°。(C)d（導孔鑽頭直徑）=D（孔徑）–（0.2～0.3）mm=10-0.2=9.8（mm）。(D)d（孔徑）=D（外徑）–P（節距）=12–1.5=10.5（mm）。

5 (A)。 車床廣用於加工外徑、端面、切斷、壓花、螺紋、錐度、偏心、內孔、來福線管等工作。無法加工方孔、齒形及鍵槽。

6 (C)。 建議各刀角角度如下：a.前間隙角8°、b.後斜角8°～12°、c.邊斜角12°～14°、d.刀端角10°～15°、e.切邊角15°～30°。

7 (B)。 (1)配合簡易判別法：

	基孔制	基軸制
餘隙配合	H/a ~ h	A ~ H/h
干涉配合	H/n ~ zc	N ~ ZC/h
過渡配合	H/j、js、k、m	J、JS、K、M/h

(2)基孔制配合系統其餘隙配合H/(a~h)：②Ø20H8/f7、④Ø20H9/d9；過渡配合H/(j~m)；干涉配合H/(n~zc)：①Ø20H7/r6、③Ø20H8/s7。

8 (B)。 $V = \dfrac{\pi DN}{1000}$，$62.8 = \dfrac{3.14 \times 40 \times N}{1000}$，N=500rpm。

9 (B)。 階級桿車削步驟中依序為③工件夾持→⑤校正中心→⑦端面粗車→①階級粗車→④端面精車→⑥階級精車→②倒角與毛邊修整。

10 (A)。①澆池：防止雜質流入模穴；②冒口：提供鑄件冷凝收縮金屬容易補充；③鑄口：輸送及分配金屬液，減少亂流；④溢放口：用以排除空氣、低溫金屬和熔渣。

11 (C)。鑄造造模作業過程中會使用的工具其正確使用順序依序為砂篩（篩選粒度）→鏝刀（修整砂模的平整度）→水刷（潤濕模型與模砂）→起模針（用於取出砂模中的模型）。

12 (D)。①電流過大：表面易生銲渣；②移行速率過慢：銲道高度易太高，銲接物容易積熱變形；③電弧弧長過短：容易黏在一起，銲道會形成窄且高凸；④移行角過大：滲透不均勻，發生夾渣。

13 (B)。鑄件數量大時則以非鐵金屬製成模型，其中以鋁最常用。

14 (C)。鑄鐵之收縮率為1%，亦即100mm收縮約1mm。故500mm長邊尺寸應為505mm。

15 (A)。鑽石刀具主要切削材料為非金屬或軟質非鐵金屬，不適於切削鐵系材料。

4G141131 《機械基礎實習完全攻略》修訂表

頁數	位置	更正
52	三、2. 第1~2行	材質以高碳工具鋼（SK）或合金工具鋼（SKS）為主，整枝鋸條需經淬火及回火處理而成，……

113年 統測《機械基礎實習》試題與解析

編　著　者：劉得民、蔡忻芸

發　行　人：廖雪鳳

登　記　證：行政院新聞局局版台業字第 3388 號

出　版　者：千華數位文化股份有限公司

　　　　　　地址：新北市中和區中山路三段 136 巷 10 弄 17 號

　　　　　　電話：(02)2228-9070　　傳真：(02)2228-9076

　　　　　　客服信箱：chienhua@chienhua.com.tw

法律顧問：永然聯合法律事務所

編輯經理：甯開遠

主　　編：甯開遠

執行編輯：陳資穎

校　　對：千華資深編輯群

設計主任：陳春花

編排設計：林婕瀅

千華官網
／購書

千華蝦皮

出版日期：2024 年 7 月 25 日　　增訂二版／第一刷

本書如有勘誤或其他補充資料，
將刊於千華官網，歡迎前往下載。

解答及解析

第1單元 基本工具、量具使用

P.21 **1 (B)**。直尺與中心規組合,才可求得圓桿端面的中心。

2 (B)。為管鉗扳手。

3 (C)。組合角尺之量角器(角度儀)量測角度每格1°,故適用於量測±1°。

4 (A)。(1)誤差量＝12.00－11.86＝0.14(mm)。
(2)正確尺寸＝58.16＋0.14＝58.30(mm)。

5 (D)。18mm為孔深度,游標卡尺深度測桿最適於量測深度。

P.22 **6 (A)**。(1)一次元(1D,一維)測定:游標卡尺、分厘卡、塊規等。
(2)二次元(2D,二維)測定:光學投影機、工具顯微鏡等。(3)三次元(3D,三維)測定:座標測量儀。

7 (C)。光學投影機不適用於量測深孔深度。

8 (B)。一公制外徑分厘卡之心軸採用螺距0.5mm的單線螺紋,外套筒圓周上等分50格,當外套筒旋轉一圈,心軸前進或後退0.5mm,精度為0.01mm。

9 (D)。投影放大儀又稱輪廓投影機或光學投影機,主要可做工件的外緣輪廓量測。

10 (B)。如欲組合成32°26'6",可組合32°(41°－9°)、26'(27'－1')及6",故最少需要5塊角度塊規。

11 (A)。游標卡尺的使用,越靠近測爪根部夾持工件,產生之阿貝(Abbe)誤差越小。

12 (A)。組合角尺是以直接式角度量測法來量測工件的角度。角尺只能測量90°。角度塊規及正弦桿需經過公式計算,以間接式角度量測法來量測工件的角度。

13 (A)。光學平板色帶為直線且間隔相等者,表示受驗平面為平坦面,平面度為0μm。

14 (B)。萬能量角器(又稱游標角度規)係利用游標卡尺原理而構成精密角度測量。主尺每刻度為1°,主尺取23格,分副尺為12格,主尺2格與副尺1格差(最小角度讀值)$=2°-\frac{23°}{12}=\frac{1°}{12}=5$分。

P.23 **15 (A)**。誤差值＝27.12－26.96＝0.16(mm)。
工件尺寸＝62.42－0.16＝62.26(mm)。

16 (A)。一般分厘卡套筒1格為0.01mm,歸零時需調整套筒或襯筒。

17 (A)。按所欲組合的尺寸數,選擇的塊規數愈少愈好。尺寸選擇,應由最小單位做為基數選擇,如此

題之1.005mm。此外組合時由厚而薄，拆卸時由薄而厚。

18 (C)。厚薄規用以測量兩工件間之距離（間隙）。

19 (C)。使用榔頭鏨削工件時，眼睛應注視著鏨子刀口進行鏨削。

20 (D)。工具顯微鏡為二次元測量儀，主要測量平面尺度，無法測量深孔之深度。

21 (A)。六角扳手又稱愛倫扳手，適宜拆裝六角窩頭螺絲。梅花扳手有15°型及45°型，各端有6個、12個或24個內面尖角，套在螺帽或螺桿頭。用開口扳手鎖緊螺栓時，不可將扳手套以管子使用。

P.24 **22 (D)**。鳩尾槽角度宜使用角度儀器直接測量。分厘卡不適合測量角度。

23 (C)。S＝（60－14）＋（0.02×14）＝46.28（mm）。

24 (A)。使用游標卡尺外測爪量測工件外部尺寸時，工件應盡量靠近主尺，遠離測爪的尖端。使用游標卡尺內測爪量測工件內徑時，應取多次量測值中的最大值。使用游標卡尺內測爪量測工件的槽寬時，應取多次量測值中的最小值。

25 (D)。光學投影機適用於小件產品之輪廓量測，如縫一針之輪廓量測，不適用於工件厚度、盲孔的孔深及螺紋之螺旋角之量測。

26 (A)。S＝23＋（0.02×14）＝23.28（mm）。

27 (C)。開口扳手是用於外六角頭螺栓或螺帽的裝卸工作。六角扳手是用於內六角沉頭螺絲的鎖固與鬆退。使用活動扳手時，應朝扳手的活動鉗口方向旋轉，使固定鉗口受力。

P.25 **28 (A)**。精密量測人類頭髮直徑時利用分厘卡最適宜。

29 (D)。使用扳手拆裝時，應以拉力較安全。以閉口的梅花扳手優先使用，其次為開口扳手。不可增加套管於柄部，使扳手拆裝時扭力增加。

30 (B)。塊規組合時先從大（厚）尺寸堆疊到小（薄）尺寸。塊規拆卸時先從小（薄）尺寸拆卸到大（厚）尺寸。

31 (A)。高度規的劃線刀不可伸出太長，以免影響精度。

32 (D)。鋼尺的最小讀值為0.5mm。加工現場常聽到尺寸單位「條」，1條等於0.01mm＝10μm。機械式游標卡尺的量測精度（0.02mm或0.05mm）比分厘卡的量測精度（0.01mm）差。

33 (A)。螺紋分厘卡的用途是測量螺紋的節徑。光學平板是利用光波干涉原理檢驗工件平面度。齒輪游標卡尺之平尺用於量測齒輪的弦齒厚，垂直尺用於量測齒輪的弦齒頂。

$$游標卡尺精度 = \frac{主尺1格長}{副尺格數} = \frac{1}{20}$$

$$= 0.05（mm）。$$

34 (A)。欲量測間隙的尺寸應使用之量具為厚薄規。

P.26 **35 (C)**。塊規選用時塊數越少越好，由厚至薄進行組合。

36 (A)。(B)活動扳手規格以全長表示。(C)硬鎚（鋼鎚）規格以鎚頭重量表示。(D)六角扳手規格以六角形對邊長表示。

37 (D)。精度（最小讀數）0.02mm的游標卡尺只可以量測出0.02mm倍數的尺寸。

38 (D)。$H=L×\sinθ=L×T（錐度值）=200×\dfrac{1}{5}=40（mm）$。

39 (D)。小型螺絲起子的規格一般以刀桿長度大小表示。梅花扳手常使用於外六角螺帽的裝卸工作。鋼鎚（硬鎚）的規格一般以鎚頭重量表示。

40 (A)。$S=12+(0.01×42)=12.42$（mm）。特別注意：此題為內徑分厘卡量測，與外徑分厘卡量測讀值方式相反。

第2單元　銼削操作

P.39 **1 (B)**。

2 (B)。以游標卡尺利用多點量測，最適宜平行面（平行度）銼削量測。

3 (A)

4 (D)。什錦銼一般不裝銼柄。

5 (A)

6 (B)。1吋約25.4mm，6吋約150mm。

7 (D)　**8 (D)**　**9 (B)**　**10 (A)**

11 (B)。虎鉗之規格以鉗口寬度表示。

P.40 **12 (C)**　**13 (D)**　**14 (B)**　**15 (D)**
16 (D)　**17 (D)**　**18 (C)**　**19 (C)**
20 (A)　**21 (D)**

P.41 **22 (A)**

23 (A)。以角尺與平板檢查時，工件之基準面與角尺置於平板上，相互接觸，由透光情形判斷之方法，最適宜垂直面銼削測量。

24 (C)。鉗工用虎鉗轉動手柄時，藉方螺紋螺桿使活動鉗口作前後移動。

25 (C)。銼刀長度係銼刀端至踝部，不含柄部（根部、舌部）之長度。

26 (C)。雙銼齒中的主銼齒，其銼齒較深具有切削作用。

27 (C)。將紅丹油薄薄塗抹於平板，工件與平板貼合往復滑動，沾有紅丹油處為工件凸出部位。

P.42 **28 (C)**。單銼齒之銼刀用於精光銼削。為了提高工件表面精光度或利於排屑，可於銼刀面上塗些粉筆，且防止銼屑崁入齒間。由於鑄件硬度較高，銼削時應不先選擇新銼刀。

29 (C)。紅丹油可以用於檢查銼削平面的平面度。

30 (C)。粗齒之新銼刀銼削加工，不可銼削硬材料，銼削軟材料如銅合金最恰當。

31 (B)。單齒紋銼刀適合小量銼削之精銼。雙齒紋銼刀適合大量銼削之粗銼。

32 (A)。銼削時，使用粉筆塗在銼刀

面上的主要作用為有利排屑。

33 (D)。鳩尾槽角度宜使用角度儀器直接測量。分厘卡不可直接測量角度。

34 (D)。單銼齒銼刀之銼齒角度一般與銼刀邊緣成65°~85°。單銼齒銼刀，適用於精銼削加工。曲銼齒（curved cut）較適合於軟金屬材料銼削。

P.43 **35 (D)**。右手銼削姿勢：當銼刀向前推進，左腳的膝蓋部位必須向前彎曲，右腳則仍然保持伸直。

36 (B)。以角尺檢查工件的平面度，透光處表示工件在該處凹下。以紅丹油塗抹在平板上，利用角板可以檢測工件的垂直度。以指示量表在平板上檢查工件的平行度，指針擺動愈大則平行度愈差。

37 (D)。曲切齒銼刀適用於銼削較軟之合金。單切齒銼刀是65°～85°的單一方向平行切齒。棘切齒適用於銼削木材、皮革、塑膠等材料。

38 (D)。虎鉗可單邊夾持工件進行銼削，為防止工件脫落，不可用力夾緊虎鉗。

39 (D)。棘切齒：銼齒成單獨半圓弧狀，適於銼削木材、皮革、塑膠等非金屬材料。

40 (D)。虎鉗規格以鉗口寬度距離表示。虎鉗鉗口製成齒型紋路的作用為增加夾持力（摩擦力）。為增加虎鉗夾緊工作物的力量，不可增加套管於手柄上增加力矩。

第3單元 劃線與鋸切操作

P.58 **1 (D)**。組合角尺無法劃圓，鉗工利用分規畫圓。

2 (B) **3 (C)** **4 (A)** **5 (B)**

6 (D)。為了使劃線不會模糊或消失而失去指示的位置，應使用刺沖衝出細點凹痕做為記號。

7 (B)。板金劃圓弧作業，應準備之機具除抹布、鋼尺、分規、刺沖及劃針。

8 (D)。中心沖之尖錐角度，一般多為90度。

P.59 **9 (C)**。鑽孔前，應選擇90°中心沖來衝中心眼較正確。

10 (B)。花崗岩平板優於鑄鐵平板，主要是耐壓、不易變形、使用壽命長，硬度為鑄鐵之兩倍。耐磨性高於鑄鐵7.5倍。

11 (A)。沖子可分為中心沖及刺沖，皆為高碳工具鋼製成。

12 (D)。劃線台（surface gage）適合作為迴轉工件的校正參考基準點。

13 (C)。使用游標高度規之前，需將主尺與副尺（或稱游尺）的零點固定在平板上歸零檢查。

P.60 **14 (D)**。以高度規劃兩條互相垂直的直線，工件的兩個基準邊必互相垂直。

15 (B)。圓桿之端面劃出中心線及找出中心點；最先步驟為圓桿置於V形枕上。再利用游標高度規碰觸圓桿以

測出V形枕及圓桿之總高度。再將游標高度規所測得之總高度扣除圓桿半徑，即為圓桿中心高度。再左手壓緊圓桿及V形枕，右手移動游標高度規底座，使刀尖與圓桿之端面接觸，劃出第一條中心線。最後為將圓桿轉動任意角度，劃出第二條中心線，則兩線之交點即為中心點。

16 (A)。高度規的劃線刀不可伸出太長，以免影響精度。

17 (B)。劃線工作首要步驟是選定基準面，一般取已加工面為基準面。使用游標高度規劃線時，除了微調裝置固定螺絲鎖緊外亦需鎖緊滑槽固定螺絲後，才可進行劃線工作。劃線完成後，工件可在平板上利用軟鎚進行中心沖敲打工作。

18 (A)。刺（尖）沖和中心沖皆以高碳工具鋼製成，尖端須經淬火硬化處理。

P.61 19 (D)。欲在一工件平面上以組合角尺劃一角度線，劃線分解成下列五個步驟：(1)將工件、組合角尺及平板擦拭乾淨；(2)調整組合角尺至所需角度；(3)在工件欲劃線處做記號；(4)將組合角尺貼緊於工件之基準邊；(5)手壓緊組合角尺貼緊工件，劃線針往劃線方向劃線。

20 (C)。鋸切工作第一要考慮的因素是鋸齒數。

21 (A)。由於原鋸路較窄，鋸切工作中，鋸條磨損，換新鋸條後，宜由另一端重新鋸切。

22 (D)。鋸切行程中至少要二個鋸齒與材料接觸。大斷面宜用粗齒鋸條，小斷面宜用細齒鋸條。軟材料宜用粗齒鋸條，硬材料宜用細齒鋸條。

23 (C)。快要鋸斷前，要減少推力與向下壓力，以免鋸條折斷。

24 (C)

25 (D)。粗鋸齒適合鋸切厚工件，細鋸齒適合鋸切薄工件。粗鋸齒適合鋸切軟材料，細鋸齒適合鋸切硬材料。粗齒適合鋸切大截面的工件。

P.62 26 (C)。手弓鋸回復行程不需具有切削功能。

27 (A)。鋸切時右手握持鋸架把手、左手輕扶鋸架前端。

28 (A)。鋸條的齒數越少，齒距越大，適用於大斷面或較軟材料之鋸切。

29 (A)。鑿刀用於鑿削。

30 (D)。鋸條的規格，一般以「長度×寬度×厚度－齒數」表示。鋸條的安裝，務必使鋸條的切齒朝向鋸架前方。鋸條的齒數越多，齒距越小，適用於較小斷面或較硬材料之鋸切。鋸條若搭配砂輪機使用，減少鋸條寬度，則有可能鋸切略小於原鋸條寬度之內方孔。

31 (A)。以手弓鋸（hacksaw）鋸切薄管，其鋸條之安裝鋸齒尖應朝前，朝向遠離握柄方向。

P.63 32 (D)。若手邊有齒距分別為0.794mm、1.06mm、1.41mm的三種鋸條時，應

選擇齒距0.794mm的鋸條來鋸切壁厚為1.2mm的鋼管。工件快要鋸斷時，鋸切速度宜減慢，施力不要增加。手弓鋸鋸切時不可滴注機油。

33 (D)。工件快要鋸斷前，要降低鋸切力量，並且降低鋸切速度。

34 (A)。安裝鋸條時，鋸齒方向應朝向手弓鋸架的前端。鋸切時應向前施加推力，且須施加向下壓力。鋸切時只須充分利用鋸條的全長80%以上進行鋸切。

35 (A)。鋸條規格為250×12.7×0.64×24T，其中0.64代表鋸條的厚度0.64mm。鋸條的鋸齒數目規格通常有14、18、24、32齒等四種。鋸切薄鋼板或厚度較薄的管材，應選用齒數為32T的鋸條。

36 (C)。撓性（可撓性）鋸片鋸齒為高速鋼之材質，而且只有鋸齒處熱處理，其餘鋸背部材質為彈簧鋼。

37 (B)。手弓鋸鋸切金屬工件，鋸切時不可加入潤滑油或切削劑。

P.64 **38 (D)**。高碳鋼鋸條因熱處理而表面呈現黑色。14T的鋸條之齒距約為1.81mm，用於鋸切軟鋼。鋸切途中更換新鋸條時，需更換新鋸路，不可在原鋸路上急速施力鋸切。鋸齒設計成左右歪斜排列是使鋸條鋸切順暢，並可以降低鋸切溫度。

39 (C)。(A)鋸條材質有高碳鋼及高速鋼，高碳鋼鋸條為黑色，高速鋼鋸條表面常塗上藍色漆。(B)鋸切鋼鐵材料時，向前推送鋸條才產生切削

效果，向後拉回無切削作用。(D)鋸條齒數選用原則是每吋齒數越多、齒距越小、鋸齒越細，適用於較硬材料與小斷面的鋸切。

40 (A)。鋸切時不可添加切削劑或潤滑油，避免打滑。

第4單元　鑽孔、鉸孔與攻螺紋操作

P.89 **1 (C)**。機械鉸刀之鉸削速度採低轉數、大進刀。鉸削速度小於鑽削速度。

2 (C)。鉸削預留量，和鉸孔直徑有關。鉸孔前鑽導孔鑽頭直徑的計算：d（導孔鑽頭直徑）＝D（完工鉸光孔徑）－S（預留尺寸）。手工鉸孔預留量0.1～0.25mm為宜。機械鉸孔導孔鑽頭直徑選擇：

完工鉸光孔徑 D mm	鉸孔預留量 S mm	導孔鑽頭直徑 d mm
5以下	0.1	D–0.1
5～20	0.2～0.3	D–（0.2～0.3）
21～50	0.3～0.5	D–（0.3～0.5）
50以上	0.5～1	D–（0.5～1）

3 (A)。鉸刀鉸削鋼料時，須使用切削劑較不容易損傷鉸刀。

4 (B)。鉸孔加工可以改善孔徑的精度，且可提升表面粗糙度。鉸孔加工時，鉸刀以順時針方向旋轉鉸削，以順時針方向旋轉退出。鉸孔加工時，鉸刀不可以同時進行鑽孔與鉸孔切削。

5 (A)。手工鉸刀之刀柄末端有一方

形柱，此方形柱應使用螺絲攻扳手夾持。

6 (B)。欲鉸削一直徑為20mm的內孔，要先用直徑19.7mm～19.8mm鑽頭鑽孔。機械鉸刀之鉸削進給量約為鑽削的2～3倍。機械鉸刀之鉸削速度約為鑽孔的1/2～1/3。可調式鉸刀當其中一刀片損壞時，須全部刀片更新，刀片不可單獨更新。

P.90 **7 (D)**。鉸孔時進刀與退刀的旋轉方向需相同。

8 (C)。預留鉸孔裕量0.2～0.3mm。d＝D－S＝10－0.2＝9.8（mm）。

9 (A)。攻絲時加潤滑油不可能使螺絲攻折斷。

10 (B)。d（孔徑）＝D（外徑）－P（節距）＝14－2＝12（mm）。

11 (D)。萬一螺絲攻於作業中折斷，應先退火，再以鑽頭鑽除。螺絲攻不可以直接由第一攻跳至第三攻。活動扳手不可以用來取代攻螺紋作業之T形旋轉扳手。

12 (D)。手工螺絲攻：係由斜螺絲攻、塞螺絲攻及底螺絲攻三枚所組成，三枚螺絲攻之直徑相同。手工螺絲攻分下列三種：
(1)第一攻（斜螺絲攻）：前端約有7～10(7～8)牙倒角，前端呈錐度之牙數最多者，先端較小而攻絲容易。
(2)第二攻（塞螺絲攻）：前端約有3～6牙倒角，繼續第一攻使用。
(3)第三攻（底螺絲攻）：前端約有

1～2牙倒角，前端呈錐度之牙數最少者，為最後之攻絲。

13 (A)。M20×2.5 length 30mm為單線螺紋。

P.91 **14 (D)**。螺絲攻第一攻（斜螺絲攻）前端至少有7～10（7～8）牙倒角，先端小攻絲容易。第二攻（塞螺絲攻）前端約有3～6牙倒角，繼續第一攻使用。第三攻（底螺絲攻）：前端有1～2牙倒角，為最後之攻絲。

15 (B)。攻絲鑽頭直徑(d)＝螺紋外徑(D)－節距(P)＝$(\frac{1}{4}-\frac{1}{20})\times25.4$＝5.1(mm)。

16 (A)。螺絲攻切製適於加工低碳鋼零件上之內螺紋。

17 (B)。以螺絲攻來攻製M14×2的螺紋時，鑽頭直徑應使用12mm。攻螺紋時，每旋轉1/2～3/4圈，需反轉1/4圈，目的是為了斷屑。攻螺紋的順序，需按照第一攻、第二攻、第三攻依序攻製。

18 (B)。手工用螺絲攻（Hand Tap）一組有三支，第一攻大都用在通孔的攻牙。攻盲孔則一、二、三攻皆需要使用。

19 (B)。對於貫穿孔（通孔）的攻牙，只須使用第一攻攻牙。

20 (B)。節徑上螺旋線與軸線所構成之夾角稱為螺旋角。M20×1.5之螺紋公稱直徑（外徑）20mm，螺距是1.5mm。螺紋滾軋所需之胚料直徑約等於螺紋的節徑。壓鑄適用於

低熔點非鐵金屬機件之外螺紋大量生產。

P.92 **21 (C)**。使用手動螺絲攻進行貫穿孔攻牙時，直接取第一攻進行工作。手動螺絲攻之排屑槽為直槽。公制管螺紋的錐度為1/16。

22 (B)。d（孔徑）＝D（外徑）－P（節距）＝12－1.75＝10.25（mm）；取∅10.3mm。

23 (C)。螺絲攻斷裂在孔中，不可以在相同孔位打中心沖後，再次鑽孔取出斷掉的螺絲攻。

24 (A)。工件欲攻製1/2－13UNC的螺紋時，若採75%的接觸比，則攻螺紋鑽頭直徑＝螺絲外徑(D)－節距（P）＝$(\frac{1}{2}-\frac{1}{13})\times 25.4$＝10.7（mm）。增徑螺絲攻的三支外徑與前端的倒角牙數都不相同，但節距相同。手工攻螺紋時，每旋轉1/2～3/4圈，需反轉1/4圈。一般材料之螺紋接觸比為75%，對於硬度或強度需求較高的材料可以使用較小直徑之鑽頭，以提高接觸比。

25 (D)。在進行通孔（貫穿孔）攻螺紋，下列何者為正確的操作程序為：鑽孔、孔外緣倒角→攻入2～3牙→用角尺檢查垂直度→繼續攻螺紋並加入切削劑→完成攻製並修孔毛邊。

26 (C)。順序螺絲攻的第二攻切削負荷最大，約占55%。第一攻主要為引導，切削負荷約為25%。第二攻主要為攻絲，切削負荷約為55%，負荷最大。第三攻主要為校正，切削負荷約為20%，第三攻切削負荷最小。

P.93 **27 (C)**。鑽邊螺旋線與軸線之交角稱為螺旋角，一般鑽頭的螺旋角約為15°～30°。

28 (D)。鑽削鋼料的鑽唇角（又稱鑽頂角）約為118度。

29 (D)。鑽削加工除鑄鐵及黃銅外均需使用切削劑。

30 (A)。鑽模夾具（drill jig and fixture）適用於大量生產、精密鑽孔之工件夾持。

31 (B)。$V=\frac{\pi DN}{1000}$：$63=\frac{3.14\times 10\times N}{1000}$ ∴N=2000(rpm)。

32 (C)。鑽孔前，應選擇90°中心沖來衝中心眼較正確。

P.94 **33 (D)**。α角為半頂角，鑽削中碳鋼鋼板頂角為120°，半頂角α角為60°。

34 (C)。鑽魚眼孔係將孔端周圍粗糙或不平的表面削平，常將孔頂端凸出的部分切削成與孔中心垂直之平面，作為螺桿頭或螺帽之底座。

35 (A)。沖子可分為中心沖及刺沖，皆為高碳工具鋼製成。

36 (B)。鑽削大孔徑時，先用小鑽頭鑽削導引孔的最主要目的為減少鑽頭靜點阻力。

37 (C)。小型工件鑽孔時，不可用手直接抓住工件，一般常用虎鉗夾持。進行鑽孔工作時，不可戴上手套。小直徑鑽頭進行鑽孔工作時，宜採用高轉數、小進給量。

38 (D)。為讓工件於虎鉗上水平夾緊，可用軟鎚敲平調整工件，不可用鐵鎚敲平調整工件。

39 (D)。用相同直徑的高速鋼鑽頭，當工件的材質愈硬，則鑽削速度應愈低。工件欲沖製中心點，凹痕大小應比鑽頭的靜點大。鑽削加工時鑽頭斷在工件內部，不可用鐵鎚直接敲下去。

P.95 **40 (C)**。靈敏鑽床只能用於13mm以下鑽頭，立式鑽床能用於13mm以上或以下鑽頭。靈敏鑽床與立式鑽床皆可固定在地上使用。立式鑽床有自動進刀機構，可自動攻螺紋。靈敏鑽床則沒有自動進刀機構，不可自動攻螺紋。

41 (B)。調整靈敏鑽床的主軸每分鐘的迴轉數（rpm），皮帶拆卸移動之順序，須先行以塔輪直徑大端調至直徑小端為原則。

42 (B)。S45C為含碳0.45%之中碳鋼，查表切削速度為15.7m/min，

$V = \dfrac{\pi DN}{1000}$；$15.7 = \dfrac{3.14 \times 10 \times N}{1000}$

$\therefore N = 500$（rpm）。

43 (A)。

(1)$V = \dfrac{\pi DN}{1000}$；$25 = \dfrac{3.14 \times 15 \times N}{1000}$

$\therefore N = 531$（rpm）。(2)$T = \dfrac{L}{f \times N}$

$= \dfrac{25}{0.15 \times 531} = 0.31$（分）$= 18.8$（秒）。

P.96 **44 (D)**。斜面鑽一個與A底面垂直之∅5mm的圓孔，先用銑床銑削與A底面平行之小平面，然後再於小平面上鑽出與A底面垂直之圓孔。

45 (C)。(1)$V = \dfrac{\pi DN}{1000}$，$25 = \dfrac{\pi \times 10 \times N}{1000}$

$\therefore N = 800$（rpm）。(2)一般鑽削鋼料的鑽唇間隙角為8～15度，鑽唇角採118度。

46 (C)。在鑽孔加工中在相同切削速度下，鑽頭直徑越大轉數要越慢。

$V = \dfrac{\pi DN}{1000}$，V一定，D大則N小。

47 (A)。$V = \dfrac{\pi DN}{1000}$，$12 = \dfrac{3.14 \times 20 \times N}{1000}$

$\therefore N = 190$（rpm）。

P.97 **48 (D)**。5～20mm直徑的孔徑，d（導孔鑽頭直徑）＝D（孔徑）－(0.2～0.3)mm $\therefore d = 12 - 0.2 = 11.8$（mm）。

49 (D)。鉸削不銹鋼材料的孔時，需使用切削劑。

50 (A)。鉸刀如有傾斜，要取出鉸刀，重新鉸孔。

第5單元　車床基本操作

P.111 **1 (A)**。車削係工件旋轉加工。

2 (C)。S形彎管形狀複雜無法在車床上製作。

3 (D)。操作車床時不得使用手套。

4 (D)。車床剎車後，主軸無法立即停止轉動，剎車放開時，主軸又恢復轉動，可能原因為剎車微動開關失靈。

5 (B)。橫向刻度環的讀數值：每一刻度值等於工件半徑或直徑的增減量。

6 (B)。車床尾座分上、下二座，上座可作橫向移動。

7 (A)。車床尾座無法固定時，應調整尾座下方之螺帽。

8 (D)。尾座可藉尾座調整螺絲，使上座橫向偏位作尾座偏置調整操作。

9 (C)。車床之開口螺帽一般皆以銅合金製成。

P.112 **10 (D)**。車床規格常以旋徑、床台長度、兩心間距等表示。

11 (A)

12 (C)。車床是人類最早發明之工作母機，為工作母機之前身。

13 (B)。用於鬆緊車刀架或車刀把為刀架扳手。

14 (D) **15 (B)**

16 (C)。車床上之油珠孔，需經常加油，其最佳方式為用油槍抵緊珠口注入。

P.113 **17 (B)** **18 (A)** **19 (D)** **20 (A)**

21 (C)。車床半合（開口）螺帽無法閉合較為可能原因為縱、橫向自動進給操作桿未在中立位置。

22 (D)。普通車床之主要構造，包括有機床、車頭（head stock）、刀具溜架（carriage，又稱群鞍）、變速與進刀機構以及尾座。

23 (D)。車削短工件之外徑時，採用複式刀具台進刀，易形成錐度。

24 (A)。複式刀座在車床刀具溜座之水平部床鞍位置上。

25 (D)。刀具溜座包括床鞍及床帷。床台一般以鑄鐵鑄造而成。床帷部分設置縱向進刀、自動進給機構及螺紋車削機構。

P.114 **26 (C)**。立式車床工作台為圓形，具有側機柱側刀座進刀、橫向導軌橫向刀座進刀，適宜重量大，形狀複雜的工作，外形如搪床。

27 (A)。放電加工又稱之為火星加工或電氣腐蝕加工法，為電能變熱能之加工方式。放電加工法乃是應用一電極（刀具）與極導電體之工作物在非導體之液體媒質（冷卻液；絕緣液）之間產生放電作用，將金屬除去及成形之一種加工方法。不論工作物硬度如何，均能加工，且工作物與電極不直接接觸，有適當之間隙。缺點為速度太慢，成本太高，不適於大量生產。

28 (A)。車床和鑽床主軸孔慣用莫斯錐度（MT），錐度值約1/20。

29 (C)。車床複式刀台無法使用自動進刀車削。

30 (D)。 操作車床時，為避免意外事故的發生不得使用手套。

P.115 31 (C)。 在車床上進行銼削時，操作者應盡量遠離夾頭以握持銼刀。操作人員應穿工作服，並配戴安全眼鏡，不可戴手套。刀塔夾爪上的方牙螺桿不應添加潤滑油。

32 (C)。 為了能確實夾緊工件，不可增加夾頭扳手的力臂長度。在車削中遇到嚴重的鐵屑纏繞時，應立即退出車刀，停止車削。車床的規格為300mm，表示最大旋徑為300mm。調整複式刀座的角度，應使用六角扳手鬆緊內六角窩頭螺絲。

33 (C)。 拉緊尾座的心軸固定桿可使尾座心軸不再移動。另有尾座固定桿固定尾座不再移動。

34 (C)。 方刀塔（旋轉方刀架）位於床鞍上，其主要功用為固定車刀。操作車床時不應戴手套，以防止捲入。夾頭扳手的頭部為外方柱形，可用來鎖緊夾頭之夾爪。

35 (A)。 車床規格表示法：旋徑（主軸中心至床台距離2倍）、兩頂心間距離、床台的長度、主軸孔徑等。

36 (D)。 車床操作，不應戴上手套。車床不可二人同時操作。車削工件產生之切屑，不可空手清除，需利用切屑勾清除。為進行主軸入檔，可用一手微微轉動夾頭，另一手撥動變化桿。

P.116 37 (A)。 選定所要變換的轉數，用右手旋轉夾頭，左手撥動變化桿。

38 (D)。 在機力車床橫向進刀手輪上，顯示最小刻度為Ø0.04mm，表示進一格半徑少0.02mm，若工件半徑要減少1.20mm，則正確的進刀格數。$N = 1.20 \div 0.02 = 60$（格）。

39 (B)。 車床自動縱向、橫向進給與其速率變化之操作為依主軸頭所貼附之進給率表，找到進給率所對應之檔位與變速桿。

40 (D)。 床帷（Apron）包含有縱向進給手輪、橫向自動進給與縱向自動進給機構、螺紋切削機構等機構。

第6單元　外徑車刀的使用

P.128 1 (D)。 切削刀具超精密加工依序為：鑽石、立方氮化硼、陶瓷、瓷金、碳化鎢、非鐵鑄合金、高速鋼、合金工具鋼、高碳鋼。

2 (D)。 碳化鎢刀刃不可於水中急冷，會產生碎裂的現象。

3 (A)。 鏡面加工選用鑽石刀具。

4 (C)。 燒結碳化鎢車刀中最適合車削鑄鐵的是K類。

5 (A)。 陶瓷刀具主要成分為氧化鋁，不適合重切削或斷續切削。鑽石刀具不適合切削鐵系材料。高速鋼硬度小於碳化鎢刀具。

6 (A)。 切削刃在左邊，即由右向左車削者為右手車刀。

7 (B)。 右手車刀切削時，係自右向左車削。切螺紋刀兩側皆要磨成側

間隙角，以便車削。內削刀需裝於鏜桿上，一般由右向左車削。

8 (C)。配置車刀的順序係依照工作程序。

P.129 **9 (A)**。刃口附近磨溝槽為斷削槽，主要目的為阻斷連續切屑。負斜角車刀強度較大較適用於黑皮工件之重車削。刀鼻半徑較大則工件車削精度較高。

10 (A)。車刀開一小槽，其主要目的為斷屑。

11 (C)。車刀斜角主要目的為排屑。

12 (C)。前間隙角+後斜角+刀唇角＝90°。∴刀唇角＝90°−前間隙角−後斜角＝90°−8°−5°＝77°。

13 (D)。前間隙角+後斜角+刀唇角＝90°。∴刀唇角＝90°−前間隙角−後斜角＝90°−8°−（−5°）＝87°。

14 (C)。可避免切邊與工件產生摩擦，使刃口在軸向（縱向）能順利進給之刃角為邊間隙角。

15 (D)。可避免切邊與工件產生摩擦，使刃口在徑向（橫向）能順利進給之刃角為前間隙角。

16 (C)。切屑之捲曲半徑愈小，斷屑效果愈好。

17 (B)

P.130 **18 (D)**

19 (B)。截斷工件之高速鋼車刀刀頭型狀為平寬式。

20 (A)。角度1為後斜角，角度2為邊隙角，角度3為前隙角，角度4為邊斜角。

21 (C)。切削工具（刀具）硬度依序：硬度由硬至軟依序為：鑽石→立方氮化硼→陶瓷→瓷金→碳化鎢→非鐵鑄合金→高速鋼→合金工具（刀具）鋼→高碳鋼。

22 (B)。依據ISO規定碳化鎢車刀之分類為P、M、K。

23 (B)。增加刀具斜角（rake angle）可降低積屑刀口（BUE）之形成。

24 (D)。端刃角／刀端角（end cutting edge angle）越大，車刀強度越小。

P.131 **25 (C)**。a處為刀端角。b處為切邊角。c處為前隙角。d處為後斜角。

26 (C)。碳化鎢車刀切削鑄鐵、鑄鋼要利用K類。

27 (D)。前間隙角+後斜角+刀唇角＝90°。∴刀唇角＝90°−前間隙角−後斜角＝90°−8°−（−5°）＝87°。

28 (A)。切削較硬材料時應採用小斜角，以增加刀具強度。間隙角（clearance angle）分為前間隙角與邊間隙角，角度通常在8°左右。切削較軟材料時應採用較大間隙角，使刀具更銳利。

P.132 **29 (B)**。後斜角與邊斜角的功用，是引導切屑流向與控制刃口強度。前間隙角與邊間隙角的功用，是避免刀具刃口與工件產生摩擦。在工件不產生振動的情形下，刀具的刀鼻

30 (D)。碳化物主要分P、M、K三類編號，各類編號愈小用於高速精加工；編號愈大用於低速粗加工。M類刀具的識別顏色為黃色，適用於切削韌性材料。此題特別注意碳化物刀具並無M01、K50等二類。

31 (A)。鎢系高速鋼，常見標準型為18－4－1，含18%鎢，4%鉻及1%釩。

32 (A)。斜角分為後斜角與邊斜角，功用是引導切屑流動方向。刀端角的功用減少車刀前端與工件摩擦，刀端角越大，車刀強度越小。全新的高速鋼車刀通常先研磨切邊角。

33 (A)。右手外徑車刀的刀刃在左前方，適合由右向左的車削。以油石礪光碳化物刀具時應保持潤滑，應使用機油。全新的銲接式碳化物車刀須研磨刀角，不可直接使用，若捨棄式即可直接使用。

34 (C)。邊斜角的功用是使切屑順著刀口方向朝側面流動。邊斜角越大強度越低，車削鋼料一般使用正的邊斜角。前間隙角可避免刀口與工件摩擦，其角度不可為負值。

P.133 **35 (D)**。碳化鎢刀具刀刃部分，應以綠色碳化矽或鑽石砂輪研磨，並不須以水冷卻。

36 (A)。積屑刀口（BUE）之連續切屑，其循環過程為形成、成長、分裂、脫落。車刀於切削中所受的三個主要分力：軸向分力（27%）、

切線分力（67%）、徑向分力（6%），以切線分力（67%）最大。水溶性切削劑適合用於低碳鋼的切削加工。

37 (A)。M類碳化物刀具適用於切削不鏽鋼及延性鑄鐵，其刀柄顏色塗黃色識別。P類碳化物刀具適用於切削高強度鋼類，其刀柄顏色塗藍色識別。碳化物刀具主要成分為碳化鎢（WC）、碳化鈦（TiC）及碳化鉭（TaC）等組成；並以鈷（Co）為結合劑。

38 (C)。(A)(B)後斜角及邊斜角主要功能為排屑。(C)邊間隙角可避免切邊與工件產生摩擦，使刃口在軸向（縱向）能順利進給。(D)前間隙角可避免刃口與工件產生摩擦，使刃口在徑向（橫向）能順利進給。

39 (A)。斜角又稱傾角，可作為引導切屑流動方向與斷屑之用。

P.134 **40 (A)**。①刀端角；②切邊角；③邊間隙角；④前間隙角。

第7單元　端面與外徑車削操作

P.153 **1 (A)**。面盤（又稱花盤）專用於夾持大型或不規則形狀的工件。

2 (D)。內卡主要測量內徑。

3 (D)。正弦桿主要測量角度。

4 (C)。車削工件端面與車削工件外徑均會形成毛邊，由於車削工件端面與車削工件外徑進刀方向不同，毛邊尖端方向會不同。

5 (B)。$V=\dfrac{\pi DN}{1000}$，$130=\dfrac{3.14\times60\times N}{1000}$ $\therefore N=700$（rpm）。

6 (C)。最適用於不規則工件之重車削為六爪單動夾頭。

7 (D)。欲獲得較小工件表面粗糙度之組合宜為：進給小、刀鼻半徑大、切削深度小、切削速率快、側刃角大、端刃角小者。

P.154 **8 (B)**。增加刀具斜角（rake angle）可降低積屑刀口（BUE）之形成。

9 (C)。三爪聯動夾頭夾持偏心軸。偏心軸要使用四爪獨立夾頭夾持。

10 (B)。$V=\dfrac{\pi DN}{1000}$，$120=\dfrac{3.14\times200\times N}{1000}$ $\therefore N=191$（rpm）。

11 (B)。$V=\dfrac{\pi DN}{1000}$，$25=\dfrac{3.14\times40\times N}{1000}$ $\therefore N=199$（rpm）。

12 (D)。工件材質愈硬，選用的主軸轉數應愈低。主軸轉數愈慢，適合粗重切削。切削時是否使用切削劑與進給量及切削材質有關。

13 (B)。$V=\dfrac{\pi DN}{1000}=\dfrac{3.14\times30\times700}{1000}$ $=66$（m/min）。

14 (D)。安裝車刀時刀把不可伸出太長，可防止震動。工件校正好中心之後，應先車削端面再車削外徑。工件具有黑皮表面時，可使用劃線針與尾座頂心來校正中心。

15 (C)。切削速度需提高50%後為$V=75$m/min；$V=\dfrac{\pi DN}{1000}$；$75=\dfrac{\pi\times35\times N}{1000}$ $\therefore N=683$（rpm）。

P.155 **16 (B)**。以調水油做為切削劑時，水：油之比例約為50：1。碳化物車刀在車削過程中溫度升高時，不可立即對刀片噴灑水溶性切削劑降溫。切削鑄鐵時，不應使用切削劑。

17 (D)。三爪夾頭只可夾持圓形或六角形形狀之工件，不適合偏心車削工作。四爪夾頭之夾爪可以反向裝置以夾持大直徑工件。進行端面粗車削時，進刀方式通常由工件外圓朝向中心車削。

18 (A)。$V=\dfrac{\pi DN}{1000}$；$V=\dfrac{\pi\times30\times600}{1000}$ $=18\pi$（m/min）。

切削速度應降低25%後$V=18\pi$（m/min），為原來的75%速度。

$\therefore$原來的切削速度為

$V=\dfrac{18\pi}{75\%}=\dfrac{18\pi}{0.75}=24\pi$

$=75.36$（m/min）。

19 (A)。Rz為最大高度粗糙度。要得到愈小的Ra值，車刀刀鼻半徑需愈大。車削時進給率愈小，得到的Ra值愈小。

20 (D)。量表可用於四爪夾頭上安裝圓桿之同心度校正。車削錐度時，使用複式刀座需以手動進給方式進行加工，複式刀座無法以自動進給方式進行加工。車床尾座軸孔所使用的是莫斯錐度（錐度值約1/20）。

21 (B)。工件材質延性較高,較易產生連續切屑。刀具之斜角及間隙角較大,切削阻力較小。刀鼻半徑較大、進給量較小及切削速度較快,工件表面粗糙度較良好。

P.156 **22 (C)**。車削工件端面與車削工件外徑均會形成毛邊,由於車削工件端面與車削工件外徑進刀方向不同,毛邊尖端方向會不同。

23 (D)。不論粗車刀或精車刀,其刃口高度必須與主軸中心等高。車刀安置於刀塔(刀座)時,要使用墊片,使刃口高度與主軸中心等高。車刀刃口高度不足時,須使用墊片,其數量應越少越好。

24 (B)。車床縱向進給為10mm/rev(轉),車削60mm長度需6rev(轉),主軸轉數為200rpm,每轉時間$T = \dfrac{1}{200}$(min)$= \dfrac{60}{200}$(sec),故6rev(轉)所需花費時間$T = 6 \times \dfrac{60}{200} = 1.8$(sec)。

25 (C)。(A)工件的硬度及延展性愈高,切削性愈差。(B)切削速度對刀具壽命的影響最大。(D)刀具斜角較大,較易形成連續切屑。

26 (C)。由$V = \dfrac{\pi DN}{1000}$得知V與D成正比;當工件直徑變成原來的2倍,且車床主軸的轉數維持不變時,則新的切削速度會變成原來的2倍。

27 (B)。刀具切邊角60°較30°形成的切屑薄。提高切削速度無法明顯降低刀具的切削力。連續切屑造成的

刀具磨損大都在刀尖後方的刀頂面上,不連續切屑造成的刀具磨損大都在刀尖下方的刀腹上。

28 (B)。$\emptyset 30 \begin{smallmatrix} -0.01 \\ -0.02 \end{smallmatrix}$加工後容許之軸徑尺寸範圍為29.98〜29.99(mm)。

P.157 **29 (A)**。公差乃最大極限尺度與最小極限尺度之差。基孔制中孔的最小尺度為基本尺度。一般測定表面粗糙度之公制單位為μm。

30 (B)。公差等級之選擇:IT01〜IT4:用於規具公差。IT5〜IT10:用於配合機件公差。IT11〜IT18:用於不配合機件或初次加工之公差。

31 (B)。Ra為輪廓的算術平均偏差之表面粗糙度值,Rz為輪廓的最大高度之表面粗糙度值。使用Ra及Rz來表示同一個加工面之表面粗糙度時,通常Rz>Ra。且CNS舊標準Rz≒4Ra。

32 (A)。實際尺度(actual size):有關實體特徵之尺度,實際尺度由量測而得,為滿足要求實際尺度應介於上限尺度及下限界尺度之間。標稱尺度(nominal size):由工程製圖技術規範所定義理想形態之尺度,係應用上及下限界偏差得知限界尺度之位置。公差(tolerance):係零件所允許之差異,為上限界尺度與下限界尺度之差。公差為絕對值,無正負號。

33 (B)。∅10H7代表基本尺度(基本尺寸)為10mm的孔,公差等級為IT 7級,且其下限界偏差(下偏差)為零。

P.158 **34 (B)**。下限界尺度＝上限界尺度－公差＝35.007－0.025＝34.982（mm）。

35 (A)。國際標準（ISO）公差及中華民國國家標準（CNS）公差等級大小500mm以下分為20級，由IT01、IT0、IT1、IT2、IT3……至IT18。依公差大小排列，以IT01級公差最小，IT18級公差最大。

36 (A)。級數相同時，尺度越大，公差越大。IT11不適用於軸承加工之公差。IT5～IT10級適用於配合機件之公差。

37 (B)。乙類精密規具之公差等級為第一級：IT01～IT4；甲類不需配合機件之公差等級為第三級：IT11～IT18。

38 (B)。Ø10h7代表基本尺度為10mm的軸，公差等級為IT7級，且其上限界偏差為零。

39 (C)。使用表面粗糙度量測儀時，應將工件表面之刀痕方向與探針運動方向呈垂直方式放置。

40 (D)。表面粗糙度值最常用的公制單位為μm。
$1\mu m＝10^{-6}m＝10^{-3}mm$。

第8單元　外徑階級車削操作

P.163 1 (C)　　2 (A)　　3 (D)　　4 (B)
5 (C)　　6 (B)　　7 (A)　　8 (D)
9 (A)

10 (C)。車削工件之階級長度尺度最宜選用游標卡尺。

11 (A)　**12 (B)**

P.164 **13 (A)**　**14 (A)**

15 (B)。車削偏心，工件形狀不規則時宜選用四爪單動夾頭。

16 (D)

17 (B)。車削深度2.5mm時，其外徑會少5mm。

18 (A)

19 (B)。應最先車削之部位為端面B處（長度之基準）。

第9單元　鑄造設備之使用

P.170 **1 (A)**。翻砂為業界鑄造之俗稱。

2 (B)。(A)鑄模不為一般鑄造流程之優先項目。(B)模型製作為一般鑄造流程之優先項目。(C)模型製作與鑄模製作不可同時完成。(D)模型製作優先於鑄模製作。

3 (C)。鑄造為工作母機之本體基座之製造方法。

4 (D)。熔鐵爐常用於熔煉鑄鐵之用。

5 (C)。鐵鉗為金屬要送入熔解爐應使用之工具。

6 (C)。耐酸鹼手套為鑄造作業時若遇調配化學溶液時應配戴之配備。

7 (A)。平底搗鎚為用於大面積模砂搗實之工具。

8 (B)。澆鑄時盛裝金屬液的容器為澆斗。

9 (D)。澆道棒為砂模製作時用來作為將金屬液澆入鑄模內之引道工具。

10 (C)。匙形抹刀為常用於抹平或修整澆池與豎澆道或橫澆道與澆口連接處之工具。

11 (D)。起模針為拔模時取出模型時會使用之工具。

12 (B)。澆鑄過程，若有漏模或金屬熔液溢出時，應立刻以鑄砂覆蓋。

P.171 **13 (A)**。安全眼鏡為研磨鑄件配戴之裝備。

14 (D)。太陽眼鏡非安全保護器具，應使用安全眼鏡。

15 (D)。鑄造工場不宜跑步。

第10單元　整體模型之鑄模製作

P.179 **1 (C)**。耐蝕性與模砂性質無關。

2 (D)。氧化矽為翻砂用之型砂。

3 (B)。泥土不為鑄砂之主要成分。

4 (B)。2%～8%約為一般濕砂模含水量。

5 (B)。劃線為方便合模常在上下模作之動作。

6 (A)。通氣針為讓砂模有良好的透氣性會使用之工具。

7 (C)。冒口（Riser）具有補充收縮、排氣、除渣、檢視金屬液是否充滿的功能。

8 (A)。明冒口型態為開敞式，從上模頂端可以看到冒口的位置及形狀者。

9 (D)。輸送金屬液為澆口的功用。

10 (A)。澆池具有調節澆鑄壓力及控制澆鑄速度的功能。

11 (B)。澆鑄速度要快為澆鑄薄工件之要素。

P.180 **12 (A)**。懸吊式澆鑄法適合中大型鑄造之澆鑄。

13 (C)。(A)溫度太高，易造成模砂熔燒。(B)溫度太高，易造成縮孔現象。(C)溫度太高，易造成鑄件內含氣泡。(D)溫度太低，易形成金屬液滯流現象。

14 (B)。鑄件厚度愈薄其澆鑄速度要愈快，即為快速澆鑄。

15 (D)。鑄砂主要添加物煤粉、瀝青、氧化鐵、石墨粉、穀粉、木粉、燃料油、糖蜜與糊精。

第11單元　分型模型之鑄模製作

P.185 **1 (D)**。砂心用途為形成鑄件的中空部分。

2 (A)。鑄件之中空部分或外型凹入部分為砂心主要的功能。

3 (C)。濕砂心為與砂模相同的模砂所製作完成。

4 (B)。應具備密不通氣的結構不為砂心應具備之性能。

5 (B)。乾砂心為用乾淨的河砂混入黏結劑，成形後，烘乾去除水分，增加其強度的砂心。

6 (A)。(A)濕砂心係於製作砂模時,與砂模同時製作完成。(B)砂心表面應做成較精光表面,以增加工件光度。(C)與砂模比較,砂心應有較高強度,應使之有孔隙。(D)在砂心表面塗上一層石墨液,可以增加耐熱度。

7 (D)。強化砂心為砂心骨之主要功能。

8 (D)。預防起模時的崩砂可用霧狀灑水器(或水筆)潤濕模型邊緣模砂。

9 (A)。溫度最高處為金屬凝固時體積收縮產生裂痕經常發生處。

10 (A)。乾燥無其他雜質為澆桶在盛裝熔融金屬液前,應保持之狀態。

11 (B)。懸吊式澆鑄不為人力澆鑄法。

12 (B)。安置砂心時為力求穩固不壞砂心,可使用紙片包覆放入砂模中。

13 (D)。模砂之主要成分為二氧化矽(SiO_2)。

14 (B)

15 (B)。橫澆道尾之主要功用是為了使浮渣集結至橫澆道最末端。

第12單元 電銲設備之使用

1 (C)。電弧銲接為利用銲條與金屬本體間持續放電,所產生的熱量來熔化本體金屬與銲條,而予以接合的方法。

2 (A)。(A)AW為電弧銲之代號。(B)AHW為原子氫弧銲之代號。(C)GMAW為氣體遮護金屬電弧銲之代號。(D)GTAW為惰氣遮護鎢極電弧銲之代號。

3 (B)。低電壓高電流為電弧銲電源機採用之參數。

4 (C)。預防電擊為電銲機機殼接地之目的。

5 (A)。適度的提高電流為使電銲條能有較強的滲透力。

6 (C)。尖頭錘為清除銲渣所用之工具。

7 (C)。產生保護層以免銲道氧化為電弧銲銲條其外層塗層藥劑的目的。

8 (D)。熔填金屬抗拉強度為E7010電銲條中「70」之代表意義。

9 (B)。(A)平銲以F符號代表。(B)橫銲以H符號代表。(C)立銲以V符號代表。(D)仰銲以OH或O符號代表。

10 (A)。電銲條為CNS E4311電銲條中的「E」字代表。

11 (B)。腳套為銲接時用來保護腿與腳踝的護具。

12 (D)。面罩為銲接時用來保護眼睛的護具。

13 (C)。防止電弧強光為面罩濾光玻璃之主要功用。

14 (B)。電擊為穿戴潮濕手套進行電銲工作時引起之危害。

15 (D)。防止銲渣和弧光灼傷為電銲工作時穿戴皮製手套之主要作用。

第13單元　電銲之基本工作法操作

P.202

1 (A)。摩擦法為直流電銲機電弧產生之方法。

2 (D)。引弧為銲條碰觸母材，瞬間發生電弧之動作。

3 (C)。90°為平銲工作時，銲條與銲接物最佳之角度。

4 (C)。以不消耗性的銲條為電極。

5 (D)。90°為氬銲運行操作手把與母材兩邊須保持之角度。

6 (C)。鎢為氬銲銲接時，銲把上電極之材料。

7 (A)。鎢極棒直徑1.5倍為最佳電弧長度。

8 (B)。(A)TIG為惰氣遮護鎢極電弧銲接簡稱。(B)MIG為惰性氣體金屬電極電弧銲接簡稱。(C)LBW為雷射銲接簡稱。(D)USW為超音波銲接簡稱。

9 (A)。DCRP為MIG銲接通常採用之極性。

10 (A)。銲道能見度佳為前進法之優點。

11 (C)。正極發熱量約佔總發量之 $\frac{2}{3}$ 為使用直流電弧銲接機施行電弧銲接時之情況。

P.203 12 (B)。平銲：工作物銲接部位朝著上方者。橫銲：工作物銲接部位與水平線成90度者。立銲：工作物銲接部位垂直與水平面者。仰銲：工作物銲接部位朝著下方者。

13 (C)。銲接起弧時不可直接在工作檯面直接起弧，應在廢料工件上起弧。

14 (A)。電弧長度太長：銲接時銲道容易有銲渣飛濺。電弧長度太短：銲接時如銲條與銲接物容易黏在一起。電流過大：銲道波紋會較粗，溶池會下凹產生銲蝕。電流過小：容易斷弧，表面有夾渣。移動速度太慢：銲道易變寬變高，銲接物容易積熱變形。移動速度太快：銲道形成波紋較長及寬度過窄，且熔池有氣孔。

15 (C)。銲接工作完成時工件溫度很高，應使用火鉗夾持取工件。

第14單元　電銲之對接操作

P.209

1 (D)。滲透不足為對接銲時，根部沒有間隙產生之原因。

2 (C)。厚度6mm以下鋼板為平銲對接之尺寸。

3 (D)。間隙為對接銲中，兩母材之間的距離。

4 (C)。氬銲銲接終了為了確實將熔池凹坑填滿可將母材末端銲點稍作重疊。

5 (B)。氬氣氣體3kgf/cm²為氬銲操作時之工作壓力。

6 (A)。點銲為氬銲對接銲時首先之操作。

7 (B)。2°～3°為二氧化碳對接銲接時工件需預留之應變變形量。

8 (A)　**9 (D)**　**10 (A)**

第15單元　近年試題與解析

108年　統一入學測驗

P.210 **1 (D)**。(A)小型螺絲起子的規格一般以刀桿長度大小表示。(B)梅花扳手常使用於外六角螺帽的裝卸工作。(C)鋼錘（硬錘）的規格一般以錘頭重量表示。

2 (A)。$S=12+(0.01×42)=12.42$（mm）。

3 (D)。欲在一工件平面上以組合角尺劃一角度線，劃線分解成下列五個步驟：(1)將工件、組合角尺及平板擦拭乾淨；(2)調整組合角尺至所需角度；(3)在工件欲劃線處做記號；(4)將組合角尺貼緊於工件之基準邊；(5)手壓緊組合角尺貼緊工件，劃線針往劃線方向劃線。

P.211 **4 (D)**。(A)虎鉗規格以鉗口寬度距離表示。(B)虎鉗鉗口製成齒型紋路的作用為增加夾持力。(C)不可使用套管於虎鉗手柄上增加力矩。

5 (A)。$V=\dfrac{\pi DN}{1000}$，$12=\dfrac{3.14×20×N}{1000}$ $\therefore N=190$（rpm）。

6 (A)。鋸切時不可添加切削劑或潤滑油，潤滑油或機油可能使鋸屑填塞齒間和打滑，無法切削。

7 (C)。10mm的鉸孔裕量約0.2～0.3mm。d=D−S=10−0.2=9.8（mm）。

8 (C)。順序螺絲攻的第二攻切削負荷最大，約為55%。第一攻負荷約為25%。第三攻切削負荷約為20%。

9 (D)。床帷包含有縱向進給手輪、橫向自動進給與縱向自動進給機構、螺紋切削機構等機構。

10 (C)。以砂輪研磨車刀，在檢視砂輪外觀、調整扶料架、調整安全護罩後，尚包括下列五個步驟：(1)開啟電源啟動砂輪機；(2)如砂輪片有鈍化則使用修整器修銳；(3)雙手握著待研磨車刀進行研磨；(4)關閉砂輪機電源；(5)清潔砂輪機上的粉塵與切屑。

P.212 **11 (A)**。①為刀端角；②為切邊角；③為邊間隙角；④為前間隙角。

12 (C)。由 $V=\dfrac{\pi DN}{1000}$ 得知V與D成正比；當工件直徑變成原來的2倍，且車床主軸的轉數維持不變時，則新的切削速度會變成原來的2倍。

13 (B)。乙類精密規具之公差等級為第一級（IT01～IT4）。甲類不需配合機件之公差等級為第三級（IT11～IT18）。

14 (B)。一般機械加工程序，從詳閱工作圖、選擇適當尺寸的材料，直到完成製品，尚包括四項工作：(1)決定加工方法與步驟；(2)加工基準面；(3)劃線與加工；(4)檢測與組合。

109年　統一入學測驗

P.213

1 (B)。增徑螺絲攻，不論通孔或盲孔，三支螺絲攻均應依序使用。

2 (B)。以車床自動車削外螺紋時，導螺桿、刀具溜座、主軸齒輪都會被使用到，而尾座手輪不會被使用。

3 (C)。尾座只有縱向進給手輪，並無橫（徑）向進給手輪。

4 (A)。後斜角具有引導切屑流向及控制刀端刃口鋒利度的功能。

5 (B)。底部間隙
$S = 20 \times \tan 10° = 20 \times 0.176$
$= 3.52$（mm）。

P.214

6 (C)。$V = \dfrac{\pi DN}{1000}$，$12 = \dfrac{3.14 \times 20 \times 1200}{1000}$
$= 75.36$(m/min)。故選用條件三。

7 (C)。合適的加工程序不宜任意變換加工基準面。

8 (B)。鉗工會使用到鑽床但並不會使用到車床。

9 (C)。(A)指式量錶測軸應儘量與測量面垂直。(B)磁力量錶架之測桿不宜過長，以免造成測量誤差。(D)指示量錶之精度為1條，並非精密量具。

10 (A)。平板為劃線工作之基準，故不可在上面進行捶打，以免損傷檯面。

11 (C)。沾有紅丹油的部分應為工件凸起之處。

P.215

12 (A)。(B)鋸切薄圓管應分次並轉動圓管進行鋸切。(C)鋸切行程愈長效率愈高，一般鋸削行程，應在鋸條全長的80%以上。(D)鋸切順序應為：劃線→工件夾於虎鉗→起鋸→鋸切。

13 (D)。(A)旋臂鑽床的規格一般以旋臂長度來表示。(B)靈敏鑽床主軸轉數變化是以皮帶與階級塔輪來控制。(C)靈敏鑽床無自動進刀機構。

14 (C)。(A)鉸刀鉸削的目的是為了獲得正確的孔徑及真圓度等。(B)鉸孔完成後只能正轉退刀，不可反轉退刀。(D)機械鉸削量較大，宜採低轉數大進給鉸削。

110年　統一入學測驗

P.216

1 (C)。曲切齒適於銼削黃銅、鋁條等材質。

2 (D)。鉸孔不可反轉。

3 (B)。鑽頭直徑愈大，進刀量愈大。

4 (C)。

5 (B)。游標卡尺之量測值須0.05mm的倍數尺度。

P.217

6 (B)。鑽削不鏽鋼件比鑽削銅件，必須使用較小的螺旋角。

7 (A)。32齒適合鋸切薄鋼板或厚度較薄的管材。

8 (B)。同心度為屬於定位公差符號。

9 (C)。(A)第二攻切削負荷為55%。(B)第一攻前端有7～10牙倒牙。(D)增徑螺絲攻第三攻主要作為校正之用。

10 **(A)**。

11 **(#)**。 (A)P類：刀柄端塗藍色。適於切削鋼、鑄鋼、合金鋼、鋁等連續切屑材料。(B)陶瓷刀具係利用粉末冶金技術燒結而成，具有良好的抗壓能力及耐磨性，故適合連續性切削。本題官方公告選(A)(B)均給分。

P.218 12 **(D)**。

13 **(D)**。工件加工完成，主軸停止時，才可量測工件尺寸。

14 **(B)**。高碳鋼比低碳鋼硬，粗車削進給速度要較慢。

111年 統一入學測驗

P.219 1 **(A)**。 應選用綠色鎢棒頭銲接鋁合金。

2 **(C)**。 氬銲使用不消耗鎢棒作為電極，且使用惰性保護氣體如氬氣、氦氣，作為氣罩以避免銲接溶融過程中的空氣進入銲道。常見施工電流100A以下使用氣冷式銲炬，100A以上使用水冷式銲炬。

3 **(D)**。 砂心撐可克服金屬溶液的浮力，使澆鑄時不易浮動與移位。

4 **(D)**。 鉸孔加工可改善孔的表面精度及提升真圓度，無法改善其正位度。

P.220 5 **(A)**。一般來說，搗砂鎚可以分為手動式及氣動式，又可再細分為長柄與短柄兩種。造模時，先用尖底搗砂鎚將砂模底部模砂搗實。搗砂先由砂箱邊緣開始錘起，漸漸向中心捶製。

6 **(B)**。 模砂以二氧化矽砂為主，純矽砂本身不具黏性。鋯砂、鉻砂與橄欖砂屬於特殊基砂，石英砂屬於天然砂。山砂主要成分為石英、長石，約含5～20% 以上黏土。

7 **(C)**。 E4311高纖維素型銲藥會產生多量保護氣體，滲透力強、火花量大，常用於多層銲道的第一道。

8 **(A)**。 以游標式高度規進行畫線時，其步驟包括：(1)將劃刀測量面接觸平板面做歸零檢查；(2)將游尺移動至概略高度；(3)鎖緊滑塊固定螺絲；(4)轉動微調鈕至指定高度；(5)鎖緊游尺固定螺絲。

9 **(B)**。 推銼法常用單銼齒銼刀適於精銼面細長的工件。

P.221 10 **(#)**。精車階級外徑及長度的加工程序應為先車削整個工件端面，其次車削階級端面，最後車削外徑。本題官方公告選(A)(B)均給分。

11 **(C)**。游標卡尺深度桿主要量測深度。槓桿量錶的測軸應與工件測量面平行，避免產生餘弦誤差。使用活動扳手時應朝扳手的活動鉗口方向旋轉，使固定鉗口承受主要作用力。

12 **(C)**。電極與母材間距離太大時，電弧變大，電弧不安定，但電流不會增加。噴嘴高度太高時，能清楚看見銲接線。銲接速度太慢時，銲道寬大，易產生過熔、燒缺。

P.222 13 **(C)**。床台多以灰鑄鐵鑄成，有吸震效果。一般車削加工時，自動進給操作桿應撥放於空檔位置。刀塔

夾爪上的方牙螺桿不應上油,以免打滑。

14 **(D)**。 MIG銲接時,銲鎗用前進法進行銲鎗織動,適合實心銲線的CO_2銲接使用。

15 **(#)**。(A)煉鋼以平爐、轉爐與電爐為主。(D)鼓風爐製造生鐵時,添加石灰石、焦炭、鐵礦石的比例約為1:2:3。本題官方公告選(B)(C)均給分。

16 **(D)**。 使用退鑽銷卸下錐柄鑽頭或鑽頭夾頭時,退鑽銷的平面需朝向鑽柄處。鑽床調整轉速時,皮帶移動的順序是以大皮帶輪調整至小皮帶輪為原則。一般鑽削鋼料之鑽頭鑽唇角為118°。

鑽削時間$T = \dfrac{L}{f \times N}$

$= \dfrac{(0.3 \times 10 + 10)mm}{100mm / min} \times 60 = 7.8$秒

112年 統一入學測驗

P.224 1 **(C)**。

(A)精度$= \dfrac{主(本)尺1格長}{副(游)尺格數}$

$= \dfrac{1}{20} = 0.05mm$。

(B)精度$= \dfrac{導程(L)}{外套筒刻度(N)}$

$= \dfrac{0.5}{50} = 0.01mm$。

(D)正弦桿兩圓柱中心距離為100 mm,正弦桿與工作平板間夾一角度30°,若圓柱一端置於平板上,則墊於另一端圓柱下方塊規的高度為100sin 30°mm。

2 **(C)**。雙銼齒銼刀之右切齒由右上向左下傾斜與銼刀邊成70°~80°,銼齒較粗具有切削作用。

3 **(A)**。右手握銼刀柄,原則上右手由輕而重。右手與左手壓力分配百分比前段銼削約30:70、中段銼削約50:50、後段銼削約70:30。

P.225 4 **(C)**。(A)花崗石平台採用花崗岩石材須經研磨拋光製程,不須經鏟花製程。(B)中心衝的尖端角度約60°~90°,用以衝中心,作為鑽頭起鑽。(D)高度規可做精密劃線工作,其劃刀為鎢鋼材質,質硬不可以碰撞及劇烈撞擊。

5 **(B)**。增徑螺絲攻由第一攻、第二攻和第三攻等三枚螺絲攻組合而成。增徑螺絲攻第一攻主要為引導,切削負荷約為25%,直徑最小。第二攻主要為攻絲,切削負荷約為55%,負荷最大。第三攻主要為校正,切削負荷約為20%,直徑為所需直徑。

6 **(B)**。(A)車床安全操作不可戴手套操作車床,亦不可穿著寬鬆服裝和打領帶。(C)刀架板手不可為增加力矩套管施力,以免破壞刀塔夾爪上的方牙螺桿。(D)夾爪上的方牙螺桿不應上油,以免過度打滑,無法鎖緊刀具。

7 (A)。(B)砂輪之刀具扶料架與砂輪面之間隙應調整約3mm。(C)使用砂輪機砂輪之正面研磨刀具或工件，不宜使用砂輪側面研磨。(D)砂輪研磨碳化鎢車刀，冷卻時宜以刀柄先浸入水中徐徐冷卻，立即將刀片浸水冷卻易產生龜裂。

P.226 **8 (C)**。

(A)切削時間$T = \dfrac{L}{f \times N} = \dfrac{50}{5 \times 500}$

　　$= 0.02$（min）$= 1.2$（sec）。

(B)在機力車床橫向進刀手輪上，顯示最小刻度為$\varnothing 0.04$mm，表示進一格直徑少0.04mm，若工件直徑要減少2.0mm，則正確的進刀格數$N = 2.0 \div 0.04 = 50$（格）。

(C)$V = \dfrac{DN}{1000}$，$120 = \dfrac{3.14 \times 50 \times N}{1000}$，

　　$N = 764$（rpm）。

(D)太古油切削劑調配比例油與水之比為1：10～1：100，需以潤滑為主的加工，太古油比自來水約1：10～1：20。

9 (A)。(B)一般精車削使用較小的進給率。(C)一般粗車削使用較低的切削速度。(D)外徑及長度量測工具常選用游標卡尺。

10 (C)。操作轉動機具不應配載防滑手套，防止捲入。

11 (B)。(A)鑄砂顆粒愈粗，耐火性愈佳。(C)鑄砂顆粒愈粗，砂模強度愈差。(D)鑄砂顆粒愈細，鑄件表面愈細緻。

12 (C)。整體模型砂模製作先插置通氣孔後，再完成合模記號。

P.227 **13 (A)**。(B)乾砂心強度通常比濕砂心高。(C)濕砂心製作常與模型一起完成。(D)濕砂心常使用相同的模砂完成。

14 (D)。電銲參考電流值（電流單位：安培）如下表所示。

銲條直徑（mm）	平銲	橫銲、立銲、仰銲
2.6	50～85A	40～70A
3.2	80～120A	60～110A
4	130～170A	110～160A

15 (C)。氬銲（TIG）進行引弧銲接時，將噴嘴前端輕靠母材表面使銲鎗穩定，鎢棒尖端距母材表面約2mm，銲槍與母材角度為$20°$～$30°$為宜。

16 (D)。前進銲法與後退銲法之比較如下表所示。

特徵	前進銲法	後退銲法
銲道能見度	能見度佳，易於觀察	銲嘴阻擋視線，不易觀察
銲冠高度	銲冠低，銲道成扁平狀	銲冠高，銲道成窄小
打底銲道穩定性	佳	不穩定
銲渣	往前飛濺	飛濺量少
滲透	熔填金屬往前跑，滲透淺	滲透深
遮護效果	佳	稍差，易生氣孔

17 (A)。手工電銲進行平銲採取織動法，工作角度為$90°$，移行角度為$70°$～$85°$。

P.229 **18 (C)**。①處其長度較短並塗紅漆為不通過端，可控制孔的最大尺度，塞規取大尺度$8.3 + 0.05 = 8.35$ mm。②處其長度較長為通過端，可控制孔的最小尺度，塞規取小尺度$8.3 - 0.05 = 8.25$mm。

19 (B)。(B)MRR為必須去除材料。(A)、(D)沒有這種符號。(C)為不得去除材料（NMR）。

20 (A)。(A)為管制圖，每日將生產工廠中成品之品質公佈記錄於管制圖上，品管員再依此管制圖上之品質分佈是不是有變異，進一步探究原因而做適當之處理。(B)為無相關散布圖。(C)為負相關散布圖。(D)為正相關散布圖。

學習方法 系列

如何有效率地準備並順利上榜，學習方法正是關鍵！

作者在投入國考的初期也曾遭遇過書中所提到類似的問題，因此在第一次上榜後積極投入記憶術的研究，並自創一套完整且適用於國考的記憶術架構，此後憑藉這套記憶術架構，在不被看好的情況下先後考取司法特考監所管理員及移民特考三等，印證這套記憶術的實用性。期待透過此書，能幫助同樣面臨記憶困擾的國考生早日金榜題名。

榮登金石堂暢銷排行榜

—— 連三金榜 黃禕 ——

翻轉思考 破解道聽塗説	適合的最好 調整習慣來應考	一定學得會 萬用邏輯訓練

三次上榜的國考達人經驗分享！
運用邏輯記憶訓練，教你背得有效率！
記得快也記得牢，從方法變成心法！

作者線上分享

網 路 書 店

最強校長 謝龍卿

榮登博客來暢銷榜

作者線上分享

經驗分享＋考題破解
帶你讀懂考題的know-how！

open your mind！
讓大腦全面啟動，做你的防彈少年！

108課綱是什麼？考題怎麼出？試要怎麼考？書中針對學測、統測、分科測驗做統整與歸納。並包括大學入學管道介紹、課內外學習資源應用、專題研究技巧、自主學習方法，以及學習歷程檔案製作等。書籍內容編寫的目的主要是幫助中學階段後期的學生與家長，涵蓋普高、技高、綜高與單高。也非常適合國中學生超前學習、五專學生自修之用，或是學校老師與社會賢達了解中學階段學習內容與政策變化的參考。

國家圖書館出版品預行編目(CIP)資料

(升科大四技)機械基礎實習完全攻略 / 劉得民, 蔡忻芸編

著. -- 第二版. -- 新北市：千華數位文化股份有限公

司, 2023.09

　　面 ; 　公分

ISBN 978-626-380-004-5 (平裝)

1.CST: 機械工程

446　　　　　　　　　　　112014744

[升科大四技] **機械基礎實習 完全攻略**

編　著　者：劉得民、蔡忻芸

發　行　人：廖　雪　鳳
登　記　證：行政院新聞局局版台業字第 3388 號
出　版　者：千華數位文化股份有限公司
　　　　　　地址／新北市中和區中山路三段 136 巷 10 弄 17 號
　　　　　　電話／ (02)2228-9070　　傳真／ (02)2228-9076
　　　　　　郵撥／第 19924628 號　千華數位文化公司帳戶
　　　　　　千華公職資訊網：http://www.chienhua.com.tw
　　　　　　千華網路書店：http://www.chienhua.com.tw/bookstore
　　　　　　網路客服信箱：chienhua@chienhua.com.tw

法律顧問：永然聯合法律事務所
編輯經理：甯開遠
主　　編：甯開遠
執行編輯：陳資穎
校　　對：千華資深編輯群
排版主任：陳春花
排　　版：翁以倢

出版日期：2023 年 9 月 10 日　　第二版／第一刷

本書如有勘誤或其他補充資料，
將刊於千華公職資訊網　http://www.chienhua.com.tw
歡迎上網下載。

機械基礎實習 完全攻略 [升科大四技]

編 著 者：許．劉得民、黃建志

發 行 人：陳 養賢

登 記 證：行政院新聞局局版台業字第 3388 號

出 版 者：千華數位文化股份有限公司

地址/新北市中和區中山路三段 136 巷 10 弄 17 號

電話/(02)2228-9070　傳真/(02)2228-9076

郵撥/第 19924628 號　千華數位文化公司帳戶

千華公司網站：http://www.chienhua.com.tw

千華網路書店：http://www.chienhua.com.tw/bookstore

網路客服信箱：chienhua@mail.chienhua.com.tw

法律顧問：永然聯合法律事務所

編輯經理：甯開遠

主　　編：甯開遠

執行編輯：陳資穎

校　　對：千華資深編輯群

排版主任：陳春花

排　　版：陳春花

出版日期：2023 年 9 月 10 日　第二版/第一刷

本教材內容非經本公司授權同意，任何人均不得以其他形式轉用
（包括做為錄音教材、網路教材、講義等），違者依法追究。

．版權所有　翻印必究．

本書如有缺頁、破損、裝訂錯誤，請寄回本公司更換

本書如有勘誤或其他補充資料，
將刊於千華公司網站 http://www.chienhua.com.tw
歡迎上網下載。